강구조 압축재
설계 매뉴얼

최창식 · 황기수 · 이병희 · 박무용 공저

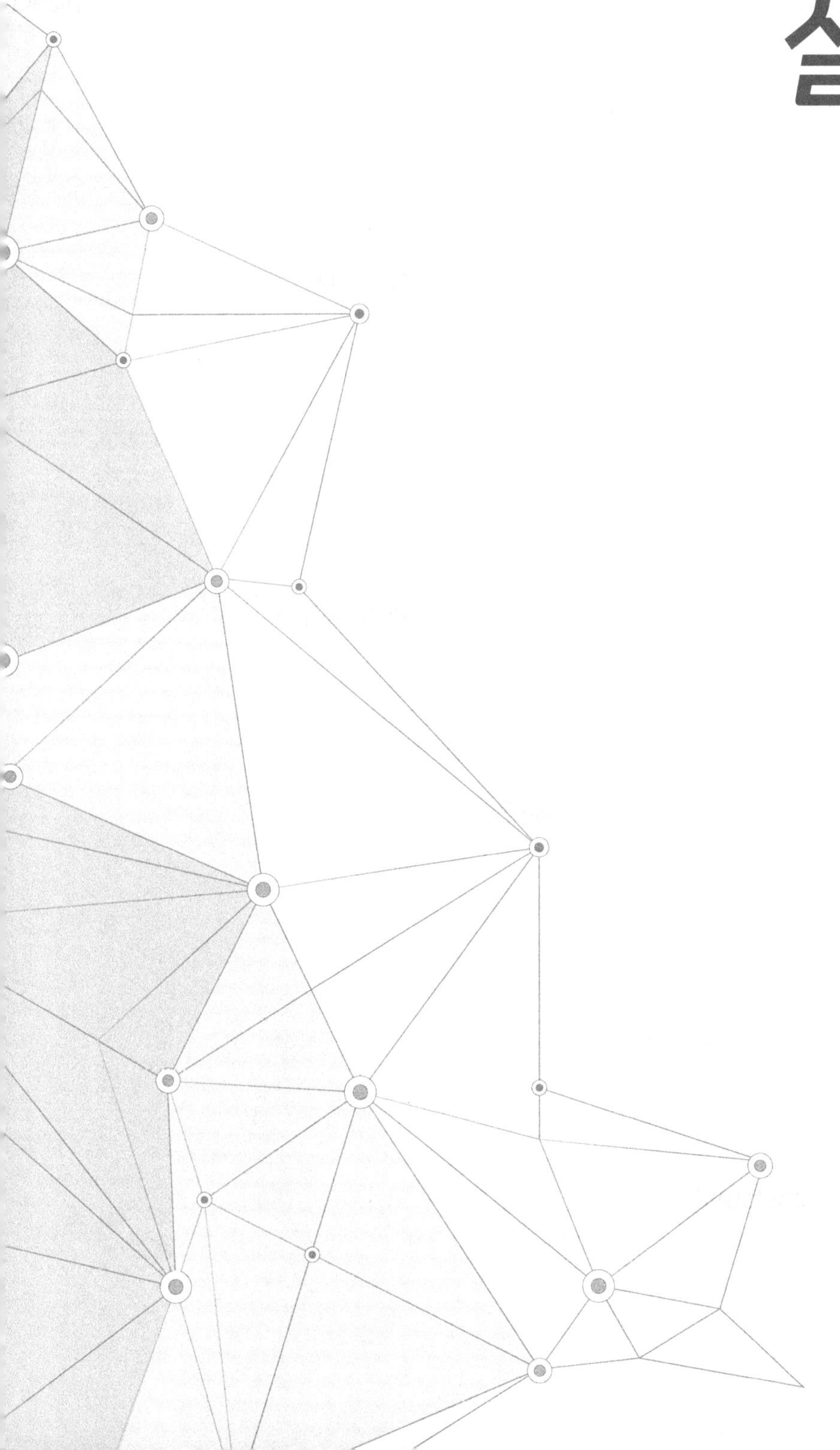

머리말

현대의 컴퓨터 기술 발전으로 인해 강구조 압축재 설계가 이전과는 다른 복잡한 과정을 거치게 되었습니다. 기준의 이해를 근거로 한 간단한 수식으로 구조설계가 가능했던 과거와는 달리 복잡한 수식이 다수 필요한 현대에는 컴퓨터의 영향력은 설계에 필수불가결한 요소로서, 이제는 컴퓨터의 도움 없이 설계를 할 수 없는 경우도 많아졌습니다. 따라서 이러한 변화에 대응할 수 있는 새로운 매뉴얼을 작성할 필요가 있다고 판단하였습니다.

이 책은 강구조 압축재 설계를 위한 오일러의 좌굴하중, 비탄성 좌굴, 비틀림에 의한 좌굴, 전단 중심, 국부좌굴, 관련 설계기준 요약 및 해설, 압축재 설계 절차 및 예제 등을 실무 중심으로 집필되었습니다. 개정된 최신 기준을 가능한 반영하고자 했으며 특히 실무엔지니어들이 과거와 현재의 구조기준 개정에 대한 흐름과 복잡한 수식을 쉽게 이해하고 적용할 수 있도록 하였습니다.

과거의 설계 프로그램 및 흐름도 형식으로 구성된 압축부재 설계절차를 최신 기준에 맞추어 작성함으로써, 가능한 많은 경우에 대한 예제를 제공하여 충분한 이해를 돕고자 하였습니다. 이 책은 실무엔지니어들에게 기준의 이해와 실무에서의 적용을 지원하고자 복잡한 이론적 근거를 제시하기보다는 실무중심으로 집필했으므로 현업에서 근무하는 실무엔지니어들에게 이 책이 기준에 대한 이해와 실무에 유용하게 사용될 수 있기를 바랍니다.

따라서 이 책이 실무자들에게 조금이라도 도움이 되어 기준의 이해와 실무의 효율성에 기여할 수 있다면, 그것이 큰 의미와 보람일 것입니다. 많은 분들의 의견과 성원으로 완성됨에 감사의 말씀을 전하며, 독자 여러분의 지속적인 의견과 피드백을 소중히 받아들여 향후 개정 시에 충실히 수정 및 보완을 할 것입니다.

공동지자인 황기수 대표, 이병희 박사 그리고 특히 작고하신 故 박무용 대표께 감사의 말씀을 전합니다. 마지막으로 출판을 기꺼이 결정해주고 번거러운 수정보완 작업을 해주신 기문당 관계자 모든 분들께 마음으로 고마움을 표합니다.

2023년 7월

저자 일동

목 차

제1장 일반사항

부재의 중심에 압축력이 작용하는 부재는 그 부재의 길이 혹은 높이의 변화에 따라 거동이 달라진다. [그림 1.1]에 길이가 다른 압축력을 받는 두 개의 부재를 나타내었다. [그림 1.1(가)]에서와 같이 부재의 길이가 짧은 경우에는 좌굴이 발생하지 않고 부재 단면이 보유한 하중저항능력을 온전히 발휘하는 것이 가능하다. 그러나 [그림 1.1(나)]에서와 같이 부재의 길이가 긴 경우에는 좌굴이 발생하여 부재 단면의 하중저항능력을 온전히 발휘하기 이전에 파괴가 발생할 수 있다. 골조의 기둥, 트러스의 압축재 등이 이와 같은 거동을 하는 부재에 속한다. 여기에서 골조의 기둥은 휨과 압축력을 동시에 지지해야 하는 부재이다. 이러한 부재는 일반적으로 보-기둥 부재라고 지칭한다. 다만, 본 매뉴얼에서는 좌굴에 대한 설명에 집중하기 위해 휨 없이 축하중만 작용하는 압축부재에 대해서만 다루며, 참조한 구조설계 기준은 다음과 같다.

- KDS 41 10 05 : 2022 건축구조기준 총칙
- KDS 41 30 10 : 2022 건축물 강구조 설계기준
- KDS 14 31 05 : 2017 강구조설계 일반사항(하중저항계수설계법)
- KDS 14 31 10 : 2017 강구조 부재 설계기준(하중저항계수설계법)

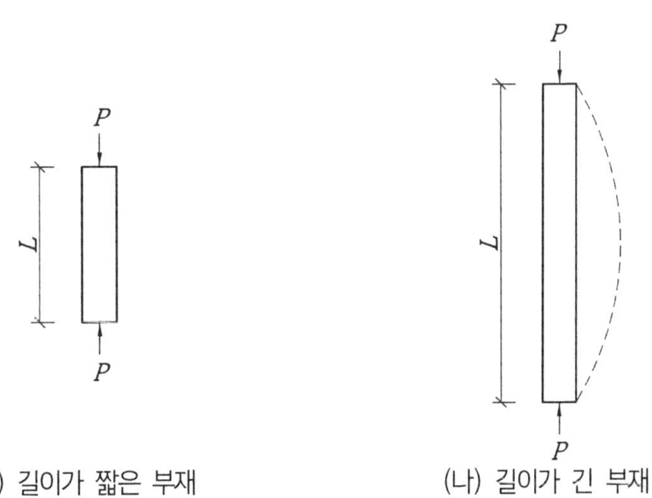

[그림 1.1] 중심 압축을 받는 부재

제2장 오일러 좌굴하중

단순 지지 되어있으며 압축력이 작용하는 부재를 생각해보자. 이 기둥은 완전히 곧은 상태이며, 후크의 법칙(Hooke's Law)을 만족하는 선형 탄성재료로 제작되어 있다. 본 장에서는 이러한 이상기둥(ideal column)의 거동을 해석하고 분석한다. 축하중 P에 의해 압축을 받는 이상기둥의 거동은 임계하중 P_{cr}에 대하여 다음과 같이 요약할 수 있다.

$P < P_{cr}$ 이면, 곧은 상태의 안정평형상태,

$P = P_{cr}$ 이면, 곧은 상태 또는 미소 처짐 상태의 중립평형상태,

$P > P_{cr}$ 이면, 곧은 상태의 불안정상태로 좌굴이 발생한다.

[그림 2.1]은 이상기둥에 축하중 P가 작용하여 좌굴이 발생한 상황을 나타낸 것이다. [그림 2.1 (나)]에 나타난 좌굴 발생 이후의 기둥에 대하여 힌지로부터 x만큼 떨어진 위치에서의 자유물체도를 [그림 2.1 (다)]에 나타내었다.

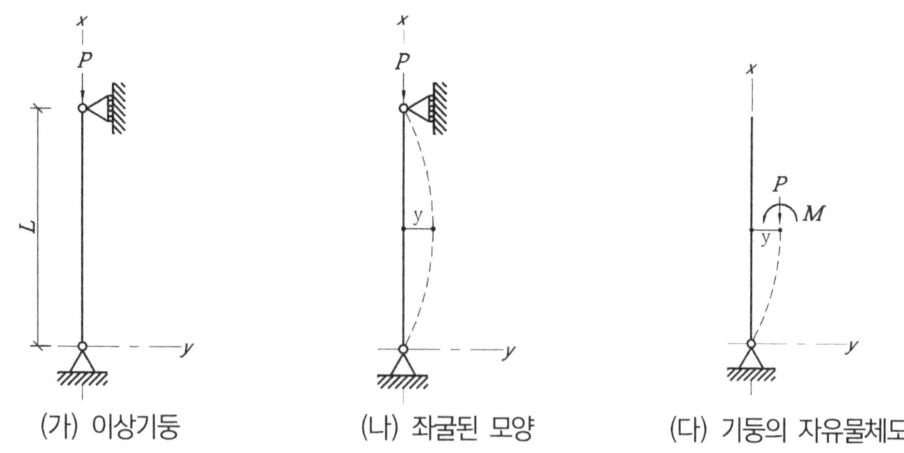

[그림 2.1] 양단이 핀으로 지지된 기둥

길이의 변화에 따른 부재의 압축거동에 대하여 오일러(Leonhard Euler, 1707~1783)는 다음과 같은 방식을 통해 임계하중(critical load)을 산정하는 방법을 도출하였다. 임의의 위치 x에서 모

멘트에 대한 평형방정식은 좌굴 이후 발생하는 변위와 작용 압축력의 곱을 활용한 모멘트를 이용하여 식 (2.1)과 같이 구할 수 있다. 여기서 P는 부재의 중심축에 작용하는 압축력, y는 임의의 위치 x에서 측정된 처짐의 크기를 의미한다.

$$Py - M = 0 \tag{2.1}$$

재료 역학에서 확인할 수 있는 모멘트-곡률 관계 또는 휨재의 처짐곡선에 관한 미분방정식을 참고하면 식 (2.2)와 같은 관계를 얻을 수 있다.

$$M = -EIy'' \tag{2.2}$$

식 (2.1)에 모멘트-곡률 관계식을 대입하면 식 (2.3)과 같이 처짐곡선에 대한 선형 미분방정식을 도출할 수 있다.

$$EIy'' + Py = 0 \tag{2.3}$$

여기서, EI는 부재 단면의 휨 강성을 의미한다.

식 (2.3)의 일반해(general solution)를 적용하기 위해 편의상 $k^2 = \dfrac{P}{EI}$ 를 도입하여, 식 (2.4)와 같이 간략하게 표현할 수 있다.

$$y'' + k^2 y = 0 \tag{2.4}$$

식 (2.4)에 대한 일반해는 식 (2.5)와 같은 형태가 된다.

$$y = A\sin kx + B\cos kx \tag{2.5}$$

이며, A, B를 결정하기 위해 경계조건 두 가지 $y(0) = 0$와 $y(L) = 0$을 이용하여 식 (2.5)에 대입하여 풀게 되면 두 개의 조건으로 부터 아래 (a), (b)와 같은 식을 도출할 수 있다.

$(a) \quad y(0) = 0\,;\, B = 0$

$(b) \quad y(L) = 0\,;\, A\sin kL = 0$

식 (b)로부터 $A = 0$ 혹은 $\sin kL = 0$ 이라는 두 가지 결론을 도출할 수 있다. $A = 0$이 되는 경우 식 (2.5)에서 미분방정식의 일반해(처짐량) kL값과 관계없이 $y = 0$이 된다. 본 장에서는 축 하중 작용에 따른 기둥의 좌굴에 대해 검토하고 있기 때문에 해당 경우는 고려하지 않는다. 두 번째 경우인 $\sin kL = 0$으로부터 $k = n\pi\,(n = 1, 2, 3, ...)$이 되며, 이에 따른 k는 식 (2.6)과 같다.

$$k = \frac{n\pi}{L} \tag{2.6}$$

앞서 도입한 $k^2 = P/EI$에 식 (2.6)에 대입하여 풀게 되면 미분방정식의 해로부터 식 (2.7)과 같은 P값을 도출할 수 있으며 이를 해당 기둥에 대한 "임계하중"이라고 한다.

$$P = \frac{n^2\pi^2 EI}{L^2},\ \ n = 1,2,3\ ... \tag{2.7}$$

또한, 좌굴변형의 형태 y는 [그림 2.2]와 같이 n값에 따라 달리지며 이를 수식으로 나타내면 $y = A\sin n\pi x/L$ 이 된다. 그러나, 실제로 압축재가 저항할 수 있는 하중은 $n = 1$인 경우 (P가 최솟값을 가지는 경우)이며 $n = 2$ 이상의 거동은 발생하지 않는다. 이를 기둥의 최소 임계하중(smallest crtical load)라 하며 식 (2.8)과 같다.

$$P_{cr} = \frac{\pi^2 EI}{L} \tag{2.8}$$

여기서, P_{cr} : 오일러 하중, 임계하중

I : 부재 좌굴축에 대한 단면2차모멘트

E : 부재 탄성계수

L : 부재의 비지지길이

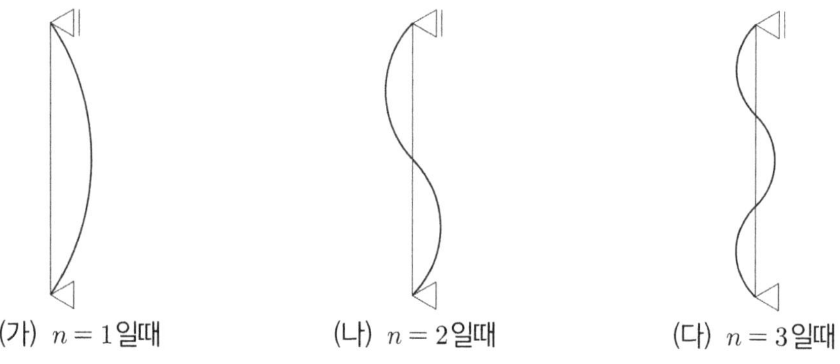

(가) $n = 1$일때　　(나) $n = 2$일때　　(다) $n = 3$일때

[그림 2.2] n값에 다른 좌굴 형상

기둥에 대한 최소 임계하중($n = 1$인 경우)을 구한 후, 하중을 단면적으로 나누게 되면 이를 임계응력이라고 한다. 임계응력을 좀 더 유용한 형태로 쓰기 위해 $r^2 = I/A$를 도입하여 식 (2.8)을 재정리 하게 되면 식 (2.9)와 같은 임계응력 식을 도출할 수 있다.

$$F_{cr} = \frac{P_{cr}}{A} = \frac{\pi^2 EI}{L^2 A} = \frac{\pi^2 E}{(L/r)^2} \tag{2.9}$$

여기서, A : 부재단면적 (mm^2)

$r = \sqrt{\frac{I}{A}}$: 부재의 단면 2차반경 (mm)

지금까지는 양단이 핀으로 지지된 가장 기본적인 기둥의 지지조건에서 좌굴이 발생하는 경우를 확인하였다. 실제로 기둥 설계 시 고정단, 자유단 등 다양한 지지조건을 접하게 되며 지지조건에 따라 임계하중이 달라진다. 지점조건에 따른 기둥의 임계하중은 앞서 오일러하중을 유도하는 방법과 동일하게 할 수 있으며, 다양한 지지조건에 따른 임계하중을 [표 2.1]에 정리하였다.

【표 2.1】 좌굴하중 및 좌굴길이

설명	경계조건	좌굴하중
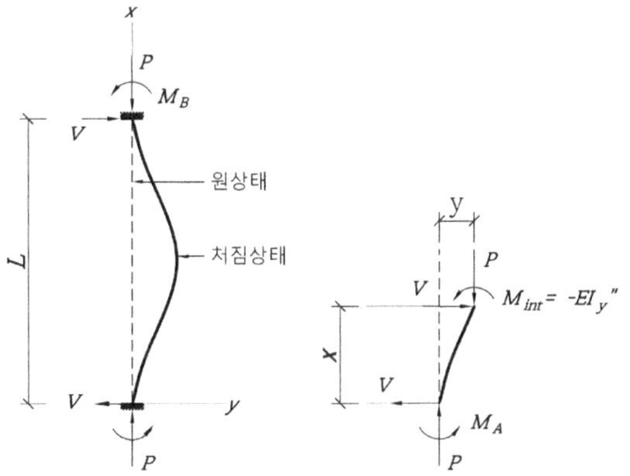 x, P, M_B, V, 원상태, 처짐상태, L, V, y, P; y, P, V, $M_{int} = -EIy''$, x, V, M_A, P	양단고정 $y(0)=0$ $y'(0)=0$ $y(L)=0$ $y'(L)=0$	$P_{cr} = \frac{4\pi^2 EI}{L^2}$ $= \frac{\pi^2 EI}{(L/2)^2}$
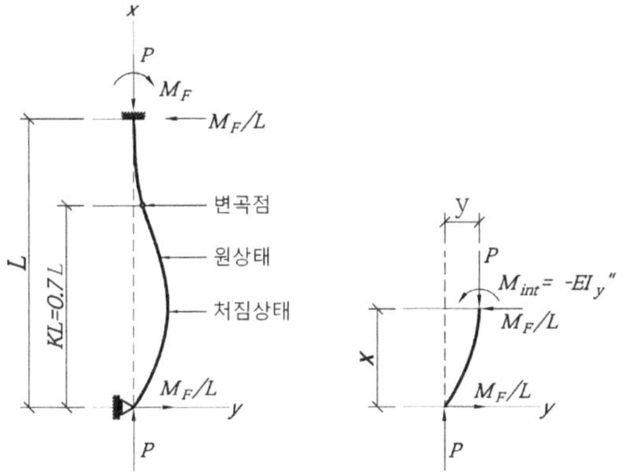 x, P, M_F, M_F/L, 변곡점, 원상태, 처짐상태, L, $KL=0.7L$, M_F/L, y, P; y, P, $M_{int} = -EIy''$, M_F/L, x, M_F/L, y, P	일단고정 타단힌지 $y(0)=0$ $y(L)=0$ $y'(L)=0$	$P_{cr} = \frac{20.19EI}{L^2}$ $= \frac{\pi^2 EI}{(0.7L)^2}$
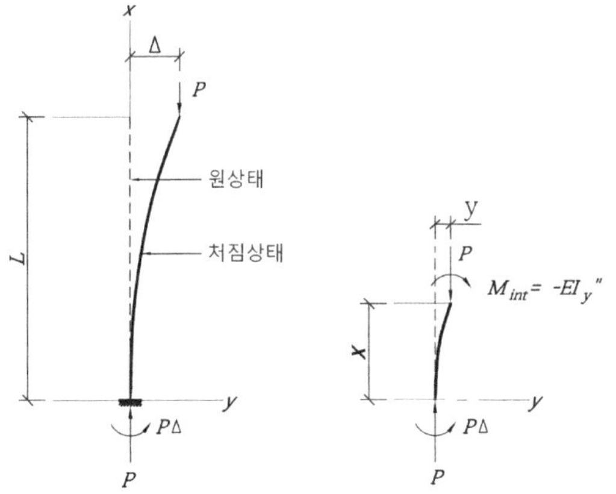 x, Δ, P, 원상태, 처짐상태, L, y, $P\Delta$, P; y, P, $M_{int} = -EIy''$, x, y, $P\Delta$, P	일단고정 타단자유 $y(0)=0$ $y'(0)=0$	$P_{cr} = \frac{\pi^2 EI}{(2L)^2}$

강구조 부재 설계기준 "KDS 14 31 10 : 2017"의 [표 4.2-4]는 각각의 단부조건에 따른 좌굴형태에 대해 양단 핀 형태와 동일한 처짐 곡선을 갖는 길이인 등가길이를 얻기 위한 계수 K에 대한 이론 및 설계값을 제시하고 있으며, 이 계수 K를 유효 좌굴길이계수라고 한다. 유효좌굴길이계수 K는 [표 2.1]에 제시된 각 지점조건에 따른 좌굴하중과 식 (2.8)에 제시된 양단 핀 조건에서의 오일러 좌굴하중을 이용하여 식 (2.10)과 같이 계산할 수 있다.

$$P_{cr} = \frac{\pi^2 EI}{(KL)^2},\ K = \sqrt{\frac{P_e}{P_{cr}}} \tag{2.10}$$

여기서, P_e : 양단조건이 핀인 오일러 좌굴하중

P_{cr} : 경계조건에 따른 좌굴하중

참고로, 양단고정인 K값을 구해보면,

$P_e = \dfrac{\pi^2 EI}{L^2}$: 양단 핀조건의 오일러 좌굴하중,

$P_{cr} = \dfrac{\pi^2 EI}{(0.5L)^2}$: 양단 고정조건의 오일러 좌굴하중,

양단고정인 유효좌굴길이계수 $K = \sqrt{\dfrac{P_e}{P_{cr}}} = \sqrt{\dfrac{(0.5L)^2}{L^2}} = 0.5$ 가 됨을 알 수 있다.

【KDS 14 31 10 : 2017 표 4.2-4 유효좌굴길이계수 K】

기둥의 좌굴형태를 점선으로 표시	(a)	(b)	(c)	(d)	(e)	(f)
이론값	0.5	0.7	1.0	1.0	2.0	2.0
설계값	0.65	0.8	1.2	1.0	2.1	2.0
단부조건	(회전고정·이동고정 기호)	회전고정 및 이동고정				
	(회전자유·이동고정 기호)	회전자유 및 이동고정				
	□	회전고정 및 이동자유				
	(회전자유·이동자유 기호)	회전자유 및 이동자유				

제3장 휨 좌굴-탄성좌굴과 비탄성좌굴

앞 장에서 제시된 오일러 좌굴하중은 중심압축을 받음에 따라 기둥에 횡방향 처짐이 발생하고 이로 인해 기둥에 추가적인 휨이 작용하여 발생하는 휨좌굴이다. 휨좌굴하중 산정에 있어 [그림 3.1 (가)]와 같이 비례한도구간에서 탄성계수 E는 일정한 값을 갖지만, 비례한도를 초과하는 비탄성 영역에서는 변형률에 따라 값이 달라지므로 식 (2.1)의 탄성좌굴하중식을 그대로 적용할 수 없기 때문에 탄성구간과 비탄성 구간을 나누어 고려해야한다. [그림 3-1 (나)]에서 세장비가 큰 긴 기둥은 작은 응력값에서 좌굴이 발생한다. 세장비가 아주 작은 짧은 기둥은 반대로 재료의 항복과 파쇄에 의해 파괴되며 이때는 좌굴에 대해서는 고려하지 않아도 된다.

반면, 짧은 기둥과 긴 기둥 사이의 세장비 구간에서 탄성좌굴을 고려하기에는 파괴되는 압축응력의 값이 크고 재료의 항복응력을 기대하기에는 기둥의 길이가 긴 중간 정도의 구간이 존재한다. 이는 좌굴이 일어날 때의 최대 응력이 비례한도보다 크다는 것을 의미한다. 이러한 중간 구간에서 임계하중을 구하기 위해서는 비탄성 구간에 대해 고려해야 하며 본 장에서는 기둥에 작용하는 압축응력이 탄성영역을 넘어가는 비탄성 좌굴(inelastic buckling)에 대해 다루고자 한다. 비탄성 좌굴하중에 대한 이론적 연구는 1889년 엥게서(Engesser)가 제안한 접선계수이론, 1908년 폰 카트만(Theodore von Karman)감소계수이론 이후 Shanley(1947)에 의해 이론적, 실험적 연구결과가 발표되었으며, 많은 연구자가 Shanley의 이론을 확장해나갔다. 이에 대한 자세한 내용은 [참고문헌 15, 18]에 제시되어 있다.

AISC의 허용응력도 설계법(ASD)에서는 SSRC[1)]에서 제안한 다음의 곡률방정식을 기준으로 사용하고 있다.

$$F_{cr} \;=\; F_y[1-\frac{F_y}{4\pi^2 E}(\frac{KL}{r})^2] \tag{3.1}$$

이 SSRC식에 안전율을 고려하여, AISC-ASD에서는 비탄성역에서의 허용응력도식으로 사용하고 있다. 구조용강에서 비례한도는 일반적으로 항복응력 F_y로 가정하게 되나, 압축력을 받는 기

1) Structural Stability Research Council

둥의 강도는 형강의 제조 시 초기변형, 용접 등에 의한 잔류변형 등에 여러가지 요인에 의해 이론적인 값보다 상당히 떨어지게 된다. 이 경우 압축하중에 의한 응력은 항복응력 F_y의 1/2일 때 비례한도에 도달하게 된다. 이를 고려하여,

$F_{cr} = 0.5F_y (= F_y - F_{yr})$로 가정하여 이를 식 (3.1)에 대입하게 되면 식 (3.2)로 나타낼 수 있다.

$$0.5F_y \;=\; F_y[1 - \frac{F_y}{4\pi^2 E}(\frac{KL}{r})^2] \tag{3.2}$$

식 (3.2)의 KL/r값에 대해 정리하면 $KL/r \le C_c = \sqrt{\frac{2\pi^2 E}{F_y}}$가 된다. 여기서 C_c는 비탄성좌굴과 탄성좌굴 발생을 결정하는 한계 세장비이다. 한계 세장비 $C_c \le KL/r$일 경우 비탄성 좌굴이 발생하게 된다. AISC에서는 허용응력을 적절한 안전율 FS로 나누어 산정하고 있으며 이를 바탕으로 식 (3.2)에 앞선 C_c와 안전율 FS를 고려하여 비탄성구간에서의 허용압축응력 F_a를 계산하면 식 (3.3)과 같다.

$$F_a = \frac{F_y}{FS}\left[1 - \frac{(KL/r)^2}{2C_c^2}\right] \tag{3.3}$$

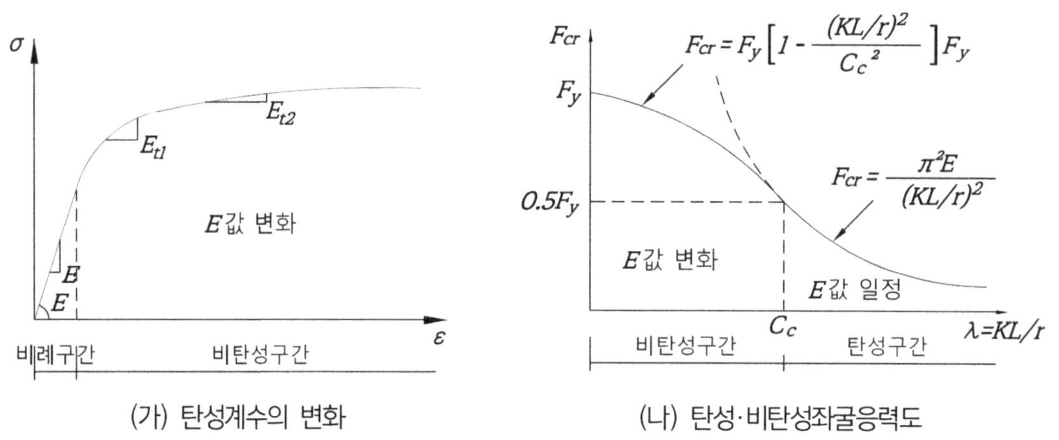

[그림 3.1] 탄성계수변화와 좌굴응력도

여기서 안전율 FS는 형강 제조 시 초기에 약간의 휨 변형이 있거나 용접 결함, 시공 시 뜻하지 않은 편심이 작용하기 때문에 고려하게 된다. 하중의 편심이 적거나 잔류응력에 의한 영향이 크지 않은 짧은 기둥 (세장비가 작은 기둥)은 비탄성좌굴이 발생할 우려가 적기 때문에 AISC에서는 $kL/r = 0$ 일때의 안전율을 $5/3(=1.67)$로 제시하고 있으며 세장비가 아주 큰 기둥에 대해서는 안전율을 약 15% 증가시켜 $23/12(=1.92)$까지를 최대값으로 제시하고 있다. 이에 따른 안전율을 AISC에서는 식 (3.4)과 같이 3차식으로 표현하였다.

$$FS = \frac{5}{3} + \frac{3}{8}\frac{KL/r}{C_c} - \frac{1}{8}(\frac{KL/r}{C_c})^3 \tag{3.4}$$

세장비가 $KL/r = C_c$를 초과하는 기둥에 대해서는 오일러좌굴방정식과 일치하는 탄성좌굴이 일어난다. 즉, 안전율을 고려한 탄성좌굴에 대한 허용응력은 식 (3.5)와 같다.

$$F_a = \frac{\pi^2 E}{FS(KL/r)^2} \tag{3.5}$$

이때, kL/r이 탄성좌굴을 일으킬 정도로 충분히 긴 기둥이라 가정하게 되면 안전율$FS = 23/12$이고 이를 식 (3.5)에 대입하면 식 (3.6)과 같은 탄성좌굴 상태에서 허용응력을 계산할 수 있다.

$$F_a = \frac{12\pi^2 E}{23(KL/r)^2} \tag{3.6}$$

가 된다.

비탄성좌굴을 받는 기둥의 허용응력은 다른 방법으로도 유도가 가능하다. [그림 3.1 (나)]에서 비탄성 좌굴을 받는 세장비 구간에서 기둥의 허용응력 F_{cr}은 $y = ax^2 + b$의 포물선 형태로 가정할 수 있다. [그림 3.1 (나)]와 같이 x축은 세장비 $(\lambda = KL/r)$,y축은 허용응력 F_{cr}로 함수의 형태를 다시 쓰면 식 (3.7)과 같다.

$$F_{cr} = a\lambda^2 + b \tag{3.7}$$

식 (3.7)에서 미정계수 a, b는 세장비 $\lambda = 0$와 $\lambda = C_c$ 두 가지 조건을 이용하여 도출할 수 있다.

1) $\lambda = 0$, $F_{cr} = F_y$를 대입하면$b = F_y$

2) $\lambda = C_c$, $F_{cr} = 0.5F_y$를 대입하면 $a = -\frac{1}{2}\frac{F_y}{C_c^2}$

위 두 조건으로 도출된 a, b값을 식 (3.7)에 대입하면 비탄성 구간에서의 허용응력은 식 (3.8)과 같이 도출할 수 있다.

$a = -\frac{1}{2}\frac{F_y}{C_c^2}$ 임으로 비탄성구간의 좌굴응력도식은

$$F_{cr} = -\frac{1}{2}F_y\frac{\lambda^2}{C_c^2} + F_y = F_y[1 - \frac{\lambda^2}{2C_c^2}] = F_y[1 - \frac{(KL/r)^2}{2C_c^2}] \tag{3.8}$$

식 (3.8)에 안전율 FS를 나누어주게 되면 AISC에서 제시하는 비탄성 좌굴하중의 허용응력인 식 (3.3)과 동일한 것을 확인할 수 있다.

KBC 2005 한계상태설계법에서는 세장변수 λ_c(Slenderness parameter)를 도입하여 [그림 3.2 (가)]와 같이 좌굴에 대한 허용응력 F_{cr}을 λ_c에 대한 함수로 제시하였다. KBC2005 에서 λ_c에 대한 공식은 아래 식 (3.9)와 같다.

$$\lambda_c^2 = \frac{F_y}{F_{cr}(EULER)} = \frac{F_y}{\frac{\pi^2 E}{(KL/r)^2}} = (\frac{KL}{r})^2 \frac{F_y}{\pi^2 E} \quad , \quad \lambda_c = \frac{KL}{r}\sqrt{\frac{F_y}{\pi^2 E}} \tag{3.9}$$

그러나, KBC2009 기준 이후에서는 세장 변수 대신 설계자에게 잘 알려지고 익숙한 세장비 $\lambda = KL/r$와 탄성좌굴응력인 $F_e = \pi^2 E/(KL/r)^2$을 사용하고 있다. 탄성좌굴과 비탄성좌굴의 한계는 $\lambda = 4.71\sqrt{E/F_y}$ 또는 $F_e = F_y/2.25$이며, 이 값을 구간경계점으로 하여 기둥의 휨좌굴응력 F_{cr}을 산정한 현행설계기준인 강구조 부재 설계기준 "KDS 14 31 10"에서 제시된 강재의 항복강도에 따른 세장비 변곡점 λ와 F_e값을 계산하여 [표 3.1]에 나타내었다.

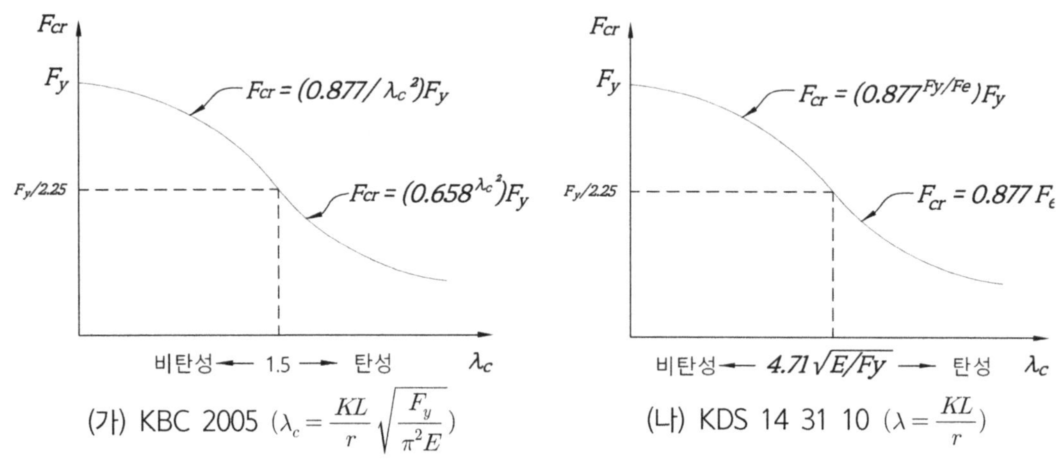

(가) KBC 2005 ($\lambda_c = \frac{KL}{r}\sqrt{\frac{F_y}{\pi^2 E}}$)   (나) KDS 14 31 10 ($\lambda = \frac{KL}{r}$)

[그림 3.2] 좌굴 응력도

【표 3.1】 KL/r의 변곡점 값

KL/r의 변곡점 값 (KDS 14 31 10)		
$F_y(MPa)$	$\lambda = 4.71\sqrt{(E/F_y)}$	$F_y/2.25(MPa)$
275	130	122.22
355	115	157.78
420	105	186.67
460	101	204.44

제4장 비틀림에 의한 좌굴

H형강과 같은 2축 대칭인 단면은 중심압축을 받을 경우 비틀림이 발생하지 않으나 1축대칭이나 비대칭 단면, 얇은 판으로 된 부재 등은 중심압축을 받는 경우 비틀림에 의한 좌굴을 고려해야 한다. 중심압축을 받는 경우 비틀림은 단면의 전단중심과 하중 작용점(도심)이 다를 경우 발생하게 된다. 이 비틀림에 의해 단면에 휨과 전단응력도가 발생하며, 이것은 비틀림이 없을 때 단면에 존재하는 휨응력도 및 전단응력도와 합하여 검토되어야 한다.

비틀림에는 순수비틀림(Pure torsion)과 뒤틀림(Warping torsion)의 두 가지 현상으로 분류할 수 있다. 순수비틀림은 생브낭비틀림(Saint Venant torsion)으로 불리기도 한다. 순수비틀림은 단면의 종단면이 비틀린 후에도 비틀리기 전의 종단면을 그대로 유지하고 있고 다만 단면에 회전만 발생하는 비틀림을 말하며, 뒤틀림(Warping torsion)은 비틀림을 받은 단면이 원래단면의 위치에서 벗어나 변위가 생기는 비틀림을 말한다. 순수비틀림은 원형단면에서만 발생하고, 대부분의 다른 단면은 순수비틀림(T_s)과 뒤틀림(T_w)이 동시에 발생한다. 본 장에서는 비틀림의 여부를 판단하기 위한 전단중심 위치를 도출하는 방법, 비틀림에 대한 개념을 이해하고자 한다.

4.1 순수비틀림

[그림 4.1]과 같은 원형단면에 비틀림하중 T가 작용하였을 때 원형단면축은 직선을 유지하고, 원형단면은 원형을 유지하면서 원형단면의 회전축을 중심으로 회전하게 된다. 비틀림 하중을 받는 동안 원형단면의 한끝은 다른 끝에 비해 각도 ϕ만큼 회전하게 되며, 이 각도를 비틀림각이라 한다. 또한, 원형단면의 표면은 원래 위치 ab에서 ab'로 이동하게 된다. 이와 같은 상태의 원형단면 미소부분을 [그림 4.1 (나)]와 같이 분리해서 생각한다.

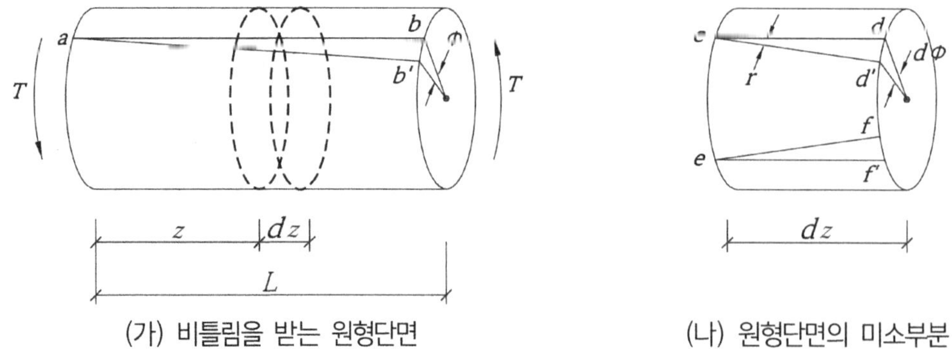

(가) 비틀림을 받는 원형단면

(나) 원형단면의 미소부분

[그림 4.1] 비틀림을 받은 원형단면

이 미소부분의 원래 표면은 cd, ef 위치이고, 비틀림하중이 작용하면 이 표면은 cd', ef' 위치로 이동하게 된다. 원래 표면 ce, df의 길이는 비틀림하중이 작용한 후 표면 ce, $d'f'$의 길이와 같으나 각도 ecd'는 이미 90°가 아니므로, 이 단면은 순수전단 상태에 있게 되고 전단변형률은 다음과 같은 식으로 표시된다.

$$\gamma = dd'/cd \tag{4.1}$$

길이 dd'는 반지름 R인 각 $d\phi$에 대한 작은 원호의 길이가 되며, 따라서

$$dd' = Rd\phi \tag{4.2}$$

가 된다. 또한 길이 cd는 작게 잘려진 요소의 길이 dz이므로 전단변형률은 다음과 같이 된다.

$$\gamma = Rd\phi/dz \tag{4.3}$$

여기서, $d\phi/dz$는 비틀림각 ϕ의 변화율을 나타내며 각 ϕ는 거리 z의 함수가 되며, 이것을 θ로 표시하면 부재의 단위 길이당 비틀림각이 된다.

$$\theta = d\phi/dz \tag{4.4}$$

순수 비틀림의 경우, 모든 단면이 같은 크기의 비틀림을 받는 경우에는 $d\phi/dz$가 원형단면의 길이에 따라 일정하게 된다. 그러므로,

$\theta = \phi/L$이 되고, 따라서 전단변형률은

$$\gamma = R\theta = R\phi/L \tag{4.5}$$

가 된다. 단면에 발생하는 전단응력도 ν는 전단변형률과 관계가 있으므로 Hooke의 법칙에 따라, 전단탄성계수를 G라 했을 때

$$\nu = G\gamma = GR\theta \tag{4.6}$$

이다. 원형단면 내부에 발생하는 전단응력도도 동일한 방법으로 얻어지며, 따라서 원형단면에 발생하는 전단응력도는 원형단면의 중심에서 0(Zero), 원형단면의 표면에서 최대가 되며 그 값은 단면의 중심으로부터의 거리에 비례하게 된다. 비틀림하중 T가 작용했을 때 [그림 4.1 (나)]의 미소부분에 가해지는 비틀림 dT는 미소부분의 전단응력도의 전체합이 되어야 하므로,

$$dT = R\nu dA = R(G\gamma)dA = R^2(d\phi/dz)GdA \tag{4.7}$$

따라서, 비틀림하중 T는 부재 전체의 길이에 걸쳐,

$$T = \int_A R^2 \frac{d\phi}{dz} G dA \tag{4.8}$$

여기서 $d\phi/dz$와 G는 일정한 값이므로,

$$T = \frac{d\phi}{dz} G \int_A R^2 dA = GJ\frac{d\phi}{dz} \tag{4.9}$$

따라서 비틀림 T는 비틀림강성 GJ에 비틀림곡률 $d\phi/dz$의 곱과 같다.

여기서, J는 비틀림상수이다. 전단응력도 ν는

$\nu = \gamma G = R\frac{d\phi}{dz}G$이고 $\frac{d\phi}{dz} = \frac{T}{GJ}$이므로,

$$\nu = \frac{TR}{J} \tag{4.10}$$

로 얻어진다.

지름이 D인 원형단면의 $J = \pi D^4/32$이므로, 원형단면에서의 전단응력도 ν는 다음과 같이 된다.

$$\nu = \frac{16T}{\pi D^3} \tag{4.11}$$

사각형단면에서 비틀림을 받는 경우는 부재의 뒤틀림(Wraping torsion)으로 인하여 전단응력도의 변화가 부재의 비틀림각에 영향을 받지 않게 된다.

[그림 4.2]의 사각형단면의 비틀림하중을 받는 경우 미소단면에서의 전단변형률은 대략

$$\gamma \fallingdotseq 2d\frac{\phi}{dz}\left(\frac{t}{2}\right) = \frac{d\phi}{dz}t \tag{4.12}$$

가 되고, 얇은 사각형단면의 경우, 전단응력도는

$$\nu = G\gamma = tGd\frac{\phi}{dt} \tag{4.13}$$

혹은 식 (4.10)에 의해,

$$\nu = \frac{Tt}{J} \tag{4.14}$$

비틀림을 받는 사각형단면에서 최대 전단응력도는 긴변쪽의 중앙점에서 발생하고 그 크기는 b/t (길이/폭)의 비율에 따라

$$\nu_{max} = \frac{k_1 T}{bt^2} \tag{4.15}$$

로 계산되며, 비틀림상수 J는 다음과 같다.

$$J = \frac{bt^3}{3}\left(1 - 0.630\frac{t}{b} + 0.052\frac{t^5}{b^5}\right) \tag{4.16}$$

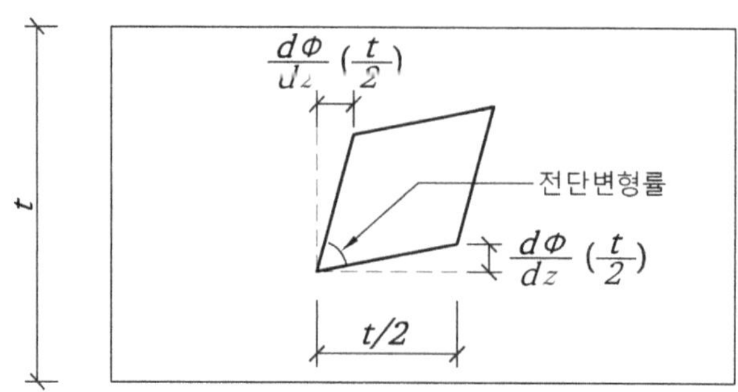

[그림 4.2] 비틀림 하중을 받는 사각형단면

H형강이나 ㄷ형강 혹은 T형강 등은 b/t의 비율이 큰 사각형단면이 조합되어 있는 상태로 볼 수 있으므로 비틀림상수 J는 식 (4.16)에서 두 번째, 세 번째 항을 무시하고,

$$J = \sum \frac{bt^3}{3} \tag{4.17}$$

로 사용할 수 있다. 각종 단면에 대한 비틀림 상수 J는 [표4.1~표4.3]로 나타내었다. 식(4.9)에서와 같이 순수비틀림에 대한 비틀림 모멘트는 다음 식으로 표현된다.

$$T_s = GJ\frac{d\phi}{dz} \tag{4.18}$$

여기서 $T_s =$ 순수비틀림에 의한 모멘트 $(Saint-Venant)$

【표 4.1】 각종 단면의 비틀림상수(J) 계산식

모양	비틀림상수 (Tortional Constant) J
a, a, a	$J=\dfrac{a^4\sqrt{3}}{80}$
a, a	$J=0.1406a^4$
b, a	$J=\dfrac{ab^3}{3}(1-0.630\dfrac{b}{a}+0.052\dfrac{b^5}{a^5})$
t, b, a	$J=\dfrac{4A_P{}^2t}{p}$ $A_p=(a-t)(b-t),\ p=2(a-t+b-t)$ (Salmon and Johnson 1980)
t, b, a	$J=\dfrac{4A_P{}^2t}{p}$ $A_p=(a-t)(b-t)-R^2(4-\pi)$ $p=2(a-t+b-t)-2R(4-\pi)$ $R\approx 1.5$ (Salmon and Johnson 1980)
ro, do	$J=\dfrac{1}{2}\pi r_o^4=\dfrac{1}{32}\pi d_o^4$
di, ro, ri, do	$J=\dfrac{1}{2}\pi(r_o^4-r_i^4)=\dfrac{1}{32}\pi(d_o^4-d_i^4)$ (Stelco 1981, Seaburg and Carter 1997)

모양	비틀림상수 (Tortional Constant) J
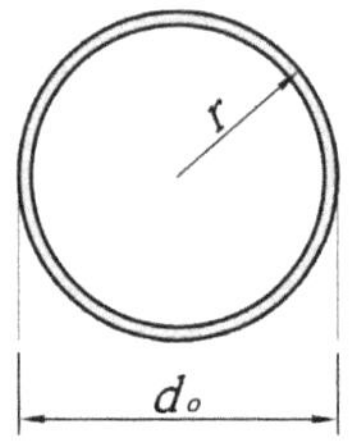	$J = 2\pi r^3 t$
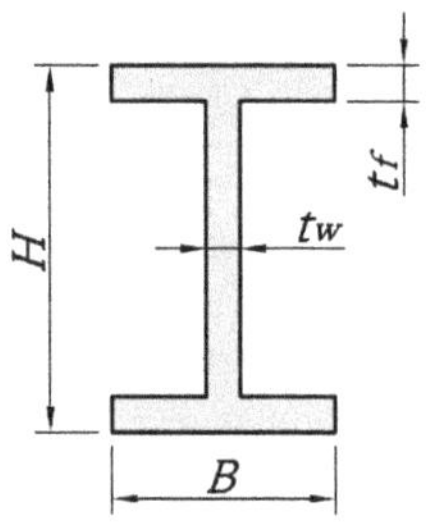	$J = \dfrac{2Bt_f^{\ 3} + (H - t_f)t_w^{\ 3}}{3}$ (Galambos 1968)
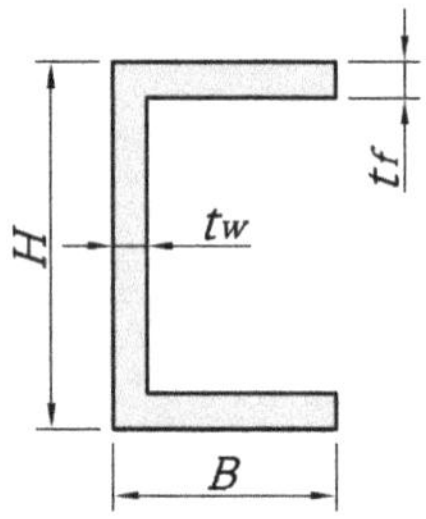	$J = \dfrac{2(B - t_w/2)t_f^3 + (H - t_f)t_w^{\ 3}}{3}$ (SSRC 1998)
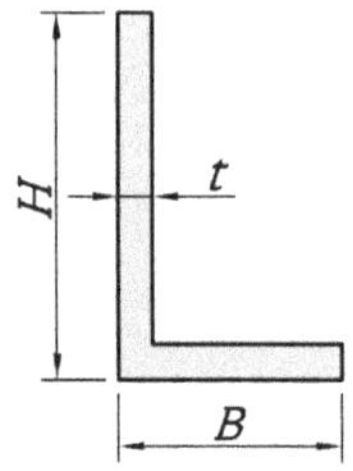	$J = \dfrac{(H - t/2 + B - t/2)t^3}{3}$
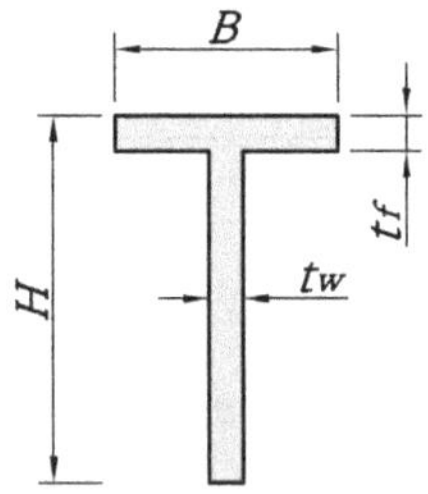	$J = \dfrac{Bt_f^{\ 3} + (H - t/2)t_w^3}{3}$
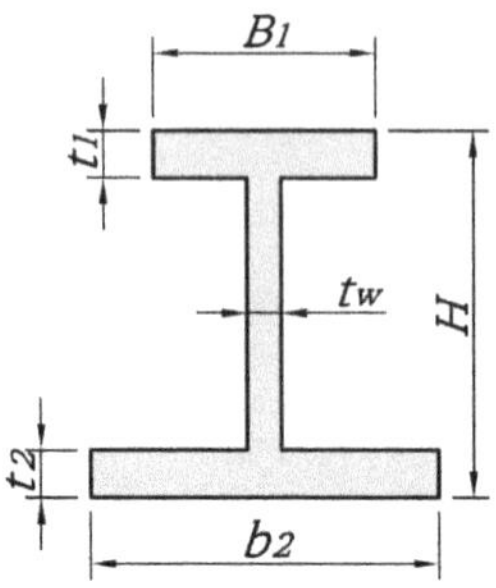	$J = \dfrac{B_1 t_1^{\ 3} + B_2 t_2^{\ 3} + ht_w^3}{3}$ $h = H - \dfrac{t_1 + t_2}{2}$ (SSRC 1998)

4.2 뒤틀림

H형강과 같은 단면은 비틀림 모멘트가 작용하면 이상의 순수비틀림 이외에 [그림 4.3]과 같이 형강의 상부플랜지와 하부플랜지가 반대방향으로 뒤틀리는 뒤틀림(Warping Torsion)이 발생하게 된다.

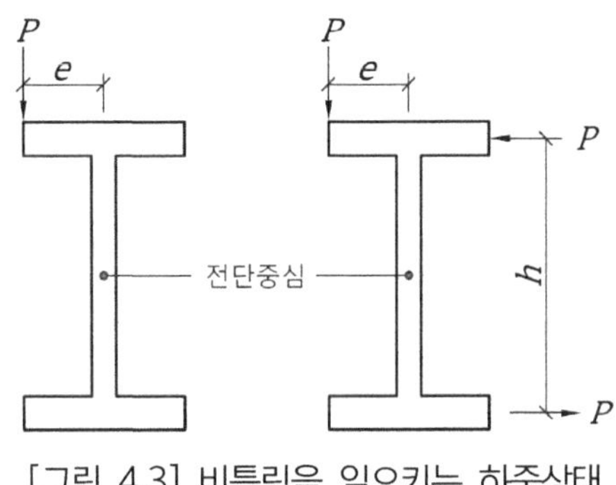

[그림 4.3] 비틀림을 일으키는 하중상태

따라서, 이러한 뒤틀림에 의한 비틀림에 의해 상·하 플랜지는 원래의 축으로부터 변위가 발생하게 되고, 이 변위에 의해 휨응력과 전단응력이 추가로 발생하게 된다.

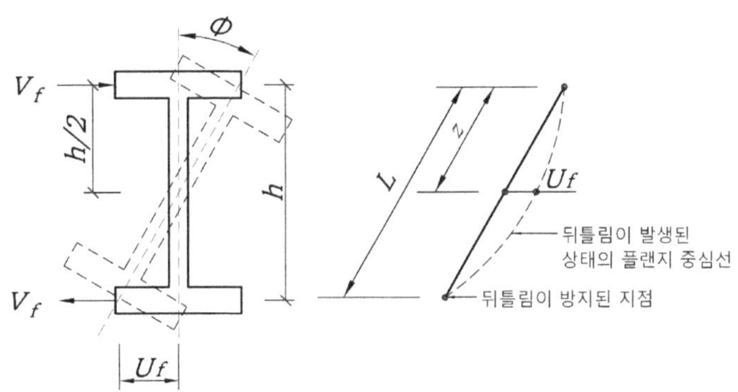

[그림 4.4] 뒤틀림(Warping Torsion)

[그림 4.4]에서와 같이 H형강이 비틀림을 받는 경우 부재단부에서 z만큼의 거리에 위치한 부분의 플랜지에 뒤틀림에 의한 변위를 u_f, 비틀림 각을 ϕ, 플랜지의 중심간거리 h, 비틀림을 유발시키는 상·하플랜지의 하중을 V_f라고 하자. 이때 보의 웨브는 비틀림이 발생한 후에도 비틀리기 전의 단면을 그대로 유지하고, 보의 플랜지만 뒤틀림에 의한 비틀림이 발생하는 것으로 가정한다. 즉, 이것은 일반적인 H형강 단면에서는 플랜지 부분이 뒤틀림에 충분히 저항하는 결과로 웨브 부분에는 비틀림하중이 작용하는 동안 뒤틀림에 의해 영향을 받지 않을 만큼 두께가 확보되어 있다는 것을 의미하며, 실무적으로 충분히 정확한 결과를 갖는 가정이다. [그림 4.4]에서 비틀림각 ϕ는 비교적 작으므로 다음과 같이 된다.

$$u_f = \phi \frac{h}{2} \quad (4.19)$$

이것은 부재의 비틀림각이 부재의 휨변위량에 직접 비례한다는 사실을 의미하며, 비틀림에 대한 해석은 부재의 횡변위에 대한 해석과 유사하게 적용될 수 있음을 알 수 있다.

식 (4.19)에 3차 미분을 적용하면 다음과 같다.

$$\frac{d^3 u_f}{dz^3} = \left(\frac{h}{2}\right)\frac{d^3 \phi}{dz^3} \quad (4.20)$$

한쪽 플랜지에 대한 휨곡율 관계식은

$$\frac{d^2 u_f}{dz^2} = \frac{-M_f}{EI_f} \quad (4.21)$$

이 되고, 여기서 M_f는 플랜지에 작용하는 모멘트, I_f는 플랜지의 보 약축에 대한 단면 2차모멘트이다.

또한, $V = \frac{dM}{dz}$이므로 식 (4.21)에서

$$\frac{d^3 u_f}{dz^3} = \frac{-V_f}{EI_f} \quad (4.22)$$

따라서, 식 (4.22)와 식 (4.20)에 의해

$$V_f = -EI_f\left(\frac{h}{2}\right)\frac{d^3 \phi}{dz^3} \quad (4.23)$$

[그림 4.4]에서 뒤틀림에 의한 비틀림 모멘트 성분 T_w의 크기는 보플랜지에 작용하는 V_f에 모멘트 팔길이 h를 곱한 것과 같고, 약축에 대한 전체 단면2차모멘트는 $I_y = 2I_f$로 근사할 수 있으므로

$$T_w = V_f h = -EI_f \frac{h^2}{2}\frac{d^3 \phi}{dz^3} = -E\frac{I_y}{2}\frac{h^2}{2}\frac{d^3 \phi}{dz^3} \quad (4.24)$$

여기에서 H형강의 뒤틀림 상수(Warping Constant)를 $C_w = I_y \frac{h^2}{4}$라고 정의하면 다음과 같다.

$$T_w = -EC_w \frac{d^3 \phi}{dz^3} \quad (4.25)$$

전체 비틀림 모멘트 T_z는 순수비틀림에 의한 모멘트 T_s(Saint-Venant torsion)와 뒤틀림에 의한 비틀림 모멘트 T_w(Warping torsion)의 합이 된다.

$$T_z = T_s + T_w = GJ\frac{d\phi}{dz} - EC_w \frac{d^3 \phi}{dz^3} \quad (4.26)$$

따라서, 비틀림모멘트 T_z의 크기는 비틀림하중과 부재 단부로부터 거리 z에 의해 결정되며, 여기서 사용되는 각종 단면에 대한 뒤틀림 상수(Warping Constant) C_w는 [표 4.4 ~ 표 4.5]와 같다.

【표 4.2】 전단 중심과 뒤틀림 상수

모양	전단 중심 위치 (e)	뒤틀림 상수 (C_w)
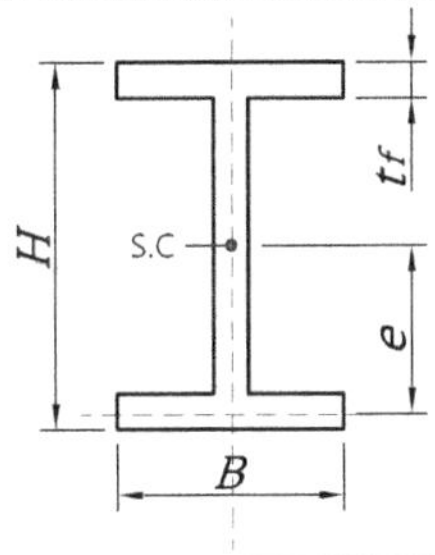 H, tf, S.C, e, B	$e=\frac{1}{2}(H-t_f)$	$C_w=\frac{(H-t_f)^2B^3t_f}{24}$ (Galambos 1968, Picard and Beaulieu 1991)
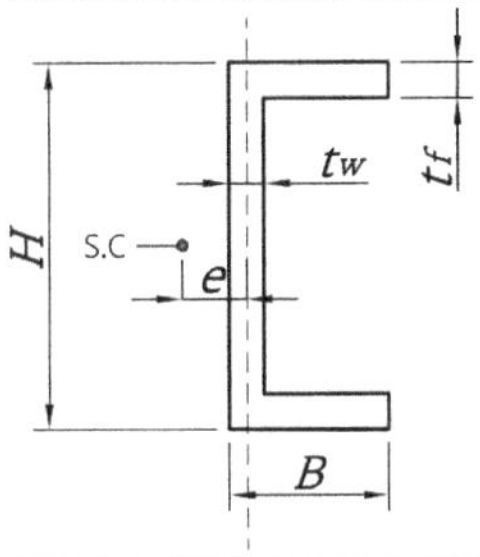 H, tw, tf, S.C, e, B	$e=\frac{3t_f\ b^2}{6bt_f\ +\ ht_w}$	$C_w=h^3b^3t_f\left[\frac{1-3\alpha}{6}+\frac{\alpha^2}{2}(1+\frac{ht_w}{6bt_f})\right]$ $h=H-t_f,\ b=B-t_w/2,\ \alpha=\frac{1}{2+\frac{ht_w}{3bt_f}}$ (Galambos 1968, SSRC 1998)
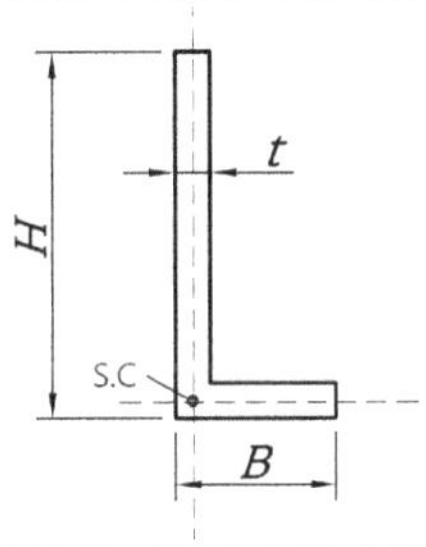 H, t, S.C, B	교차점	$C_w=\frac{t^3}{36}(h^3+b^3)$ $h=H-t/2,\ b=B-t/2$ (Bleich 1952, Picard and Beaulieu 1991)
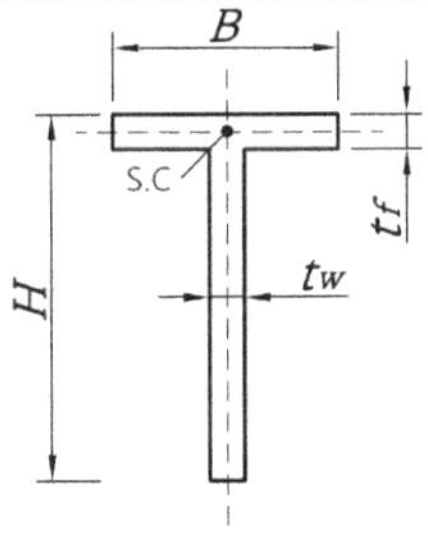 B, S.C, tf, H, tw	교차점	$C_w=\frac{B^3t_f^3}{144}+\frac{h^3t_w^3}{36}$ $h=H-t/2$ (Bleich 1952, Picard and Beaulieu 1991)
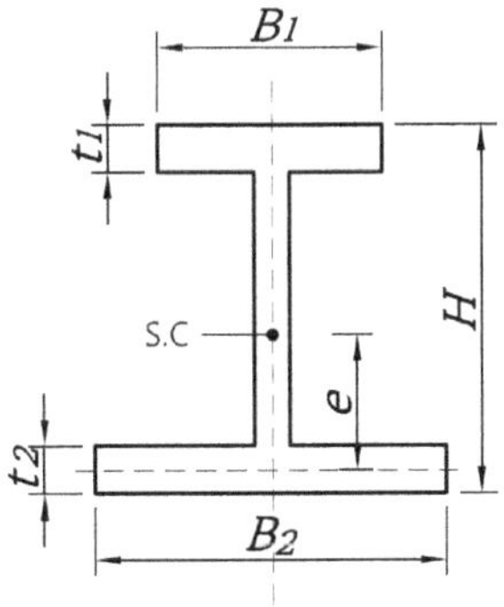 B_1, t_1, S.C, H, e, t_2, B_2	$e=\frac{t_1B_1^3h}{t_1B_1^3\ +\ t_2B_2^3}$	$C_w=\frac{h^2B_1^3t_1\alpha}{12}$ $h=H-\frac{t_1+t_2}{2}$ $\alpha=\frac{1}{1+(B_1/B_2)^3(t_1/t_2)}$ (SSRC 1998, Picard and Beaulieu 1991)

4.3 단면형상에 따른 좌굴형태

좌굴이란 인장이 아닌 압축을 받는 부재에서 발생하는 현상으로 전단면 압축을 받는 기둥부재에서의 좌굴현상은 1)휨좌굴, 2)비틀림 좌굴, 3)휨-비틀림좌굴로 나눌 수 있다. 기타 좌굴로는 부재가 강축에 휨을 받을 때 상부 압축 플랜지에 발생하는 횡좌굴 거동과 판이 세장할 경우 발생하는 국부좌굴이 있다. 철골을 이해하기 위해서는 이들 좌굴 현상에 대한 정확한 개념과 특징을 정확히 이해하는 것이 무엇보다 중요하다.

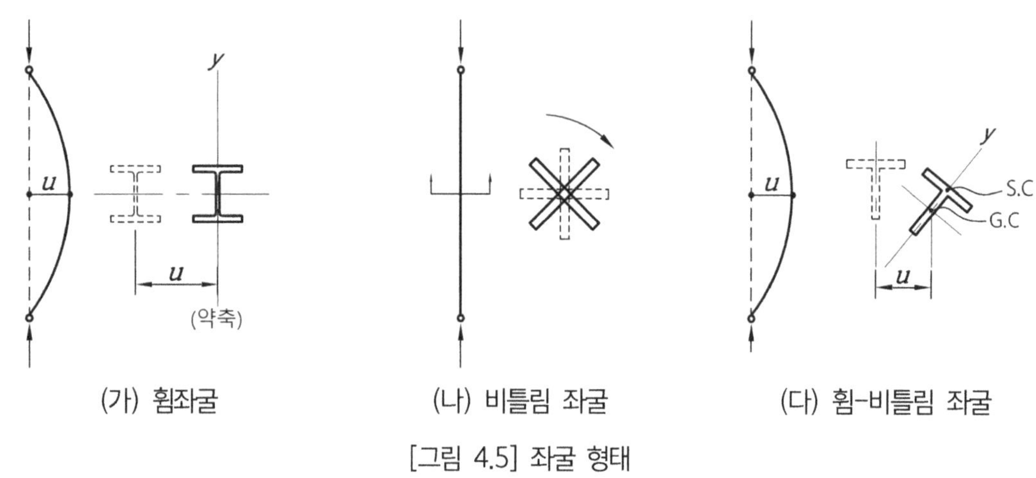

[그림 4.5] 좌굴 형태

1) 휨 좌굴 (Flexural Buckling)

가장 흔히 인식하고 있는 좌굴모드로 압축력에 의해 단면2차모멘트가 작은 약축 방향으로 횡방향 변위가 발생하고 이로 인해 부재에 모멘트가 추가로 발생하면서 생기는 좌굴모드로 통상적으로 오일러좌굴이라 한다. 국부좌굴과 대비되어 전체좌굴(Global Buckling)이라고도 하며 설계 시에는 가능한 국부좌굴이 발생하지 않도록 단면을 산정하여 전체좌굴 전에 국부좌굴이 발생하지 않도록 하거나, 전체좌굴 전에 국부좌굴이 발생할 경우에는 저감계수를 도입하여 설계강도를 감소시켜 설계하기도 한다. 이러한 좌굴형태는 어떤 단면 형상에서도 발생할 수 있다.

2) 비틀림 좌굴(Torsional Buckling)

세장판 요소를 갖는 2축대칭인 단면에서만 발생하는 좌굴형태이다. 그러나 2축대칭인 H형강의 경우에는 박판으로 제작된 경우에만 발생되나 압연제작 된 경우에는 후판 사용으로 비틀림 좌굴이 발생하기 어렵다. 비틀림 거동의 특징은 부재 중심축은 직선을 유지하고 회전축을 중심으로 회전한다. 열간압연기둥 설계에서는 휨좌굴이 지배적이어서 일반적으로 검토되지 않는 파괴형태이다.

3) 휨-비틀림좌굴(Flexural Torsion Buckling)

비대칭단면(예: 비정형 단면 또는 부등변ㄱ형강) 또는 1축대칭 단면(예: ㄷ형강, T형강 ,쌍ㄱ형강 또는 등변ㄱ형강)의 경우, 전단 중심과 단면중심이 일치하지 않아 휨과 비틀림이 함께 거동하여 좌굴이 발생한다. 압축부재의 좌굴거동은 부재단면형태에 따라 상기와 같이 거동이 달라짐을 알 수 있는데, 2축대칭 부재는 휨좌굴 또는 비틀림 좌굴이 발생하며 1축대칭 부재는 휨좌굴 또는 휨-비틀림좌굴이 발생한다. 1축대칭 부재의 경우에는 각축방향(x축 또는 y축)의 세장비 크기에 관계없이 비대칭축에 대해서는 휨좌굴응력이 발생 되고, 1축대칭축에서는 휨-비틀림좌굴이 발생하여, 각 축방향별로 휨좌굴응력과 휨-비틀림좌굴응력을 검토하여 기둥의 좌굴응력을 산정한다.

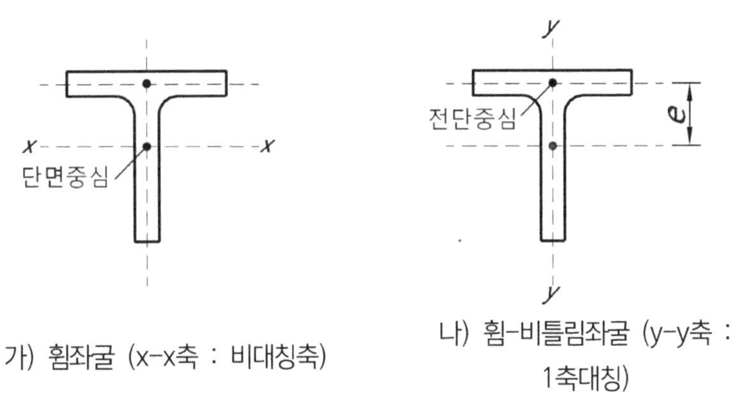

[그림 4.6] 1축대칭 부재 좌굴 형태

제5장 전단 중심

단면에 작용하는 하중이 전단 중심(Shear Center)을 지나게 되면 그 단면에는 비틀림이 작용하지 않게 된다. 반대로 하중작용점과 전단중심이 다를 경우 그 단면에는 비틀림이 발생하게 된다.

전단중심에 대한 개념을 이해하기 위해 [그림 5.1]과 같은 호 모양의 얇은 판 단면을 생각해보자. 단면에 작용하는 전단응력을τ, 단면의 두께를 t, 단면과 무게중심 사이의 거리를 l, 호 모양 단면의 길이를 s라 한다.

단면의 무게중심에서 전단응력에 의한 모멘트를 계산하게 되면 식 (5.1)과 같다.

$$\int_0^s (\tau t)l \ ds = M \tag{5.1}$$

여기서, M은 전단응력으로 인해 발생한 비틀림모멘트이다.

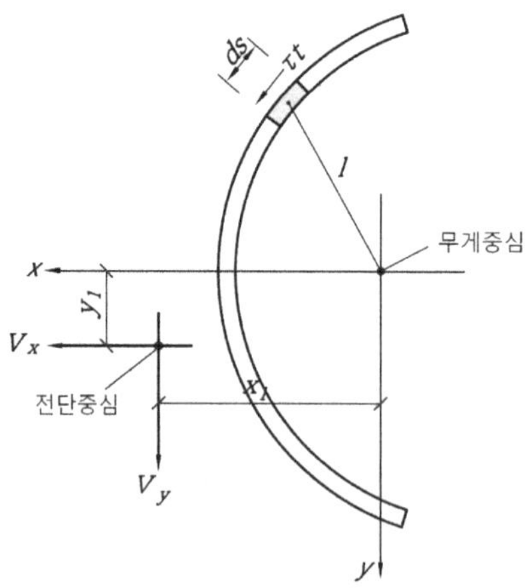

[그림 5.1] 휨을 받고 있는 개방된 얇은 판단면의 응력도

[그림 5.1]에 나타난 바와 같이 무게중심으로부터 x_1, y_1만큼 떨어진 위치에서 전단력 V_x, V_y가 작용하고 있다고 가정하자. 식 (5.2)와 같이 무게중심에서 단면에 작용하는 전단응력으로 인해 발

생하는 모멘트는 x_1, y_1 떨어진 임의의 점에서 V_x, V_y에 의한 모멘트와 같게 되면 작용하는 하중에 대한 비틀림은 발생하지 않게 되며 이러한 점을 전단중심이라고 한다.

$$V_y x_1 - V_x y_1 = \int_0^n (\tau t) l\, ds \tag{5.2}$$

식 (5.2)에 나타난 바와 같이 전단중심의 위치는 하중의 형태나 크기와는 상관이 없으며 오직 단면의 형태에 의해 결정되는 값이다.

전단 중심의 위치를 결정하기 위해 식 (5.2)에서 두 개의 전단력 중 하나를 0으로 하여놓으면, 즉 $V_y = 0$으로 하면, 식 (5.3)과 같이 표현할 수 있다.

$$y_1 = -\frac{1}{V_x}\int_0^n (\tau t) r\, ds \tag{5.3}$$

다시 식 (6.2)에서 $V_x = 0$으로 하면,

$$x_1 = \frac{1}{V_y}\int_0^n (\tau t) r\, ds \tag{5.4}$$

으로 얻어진다.

[그림 5.2]와 같은 ㄷ형강의 경우 전단 중심을 구하여 본다.

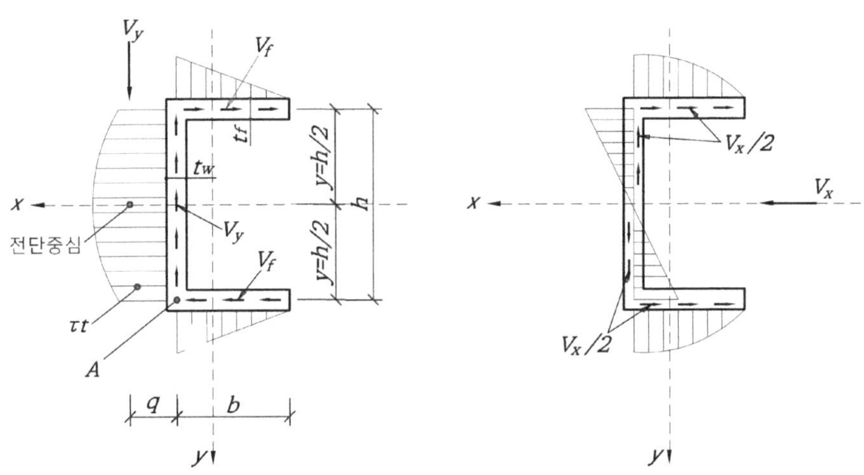

[그림 5.2] ㄷ형강의 전단 중심

단면의 전단 중심에 V_y만 작용하고 있다고 했을 때 A점을 기준으로 모멘트를 취하면,

$$V_y q = V_f h = \int_0^b (\tau t) h\, ds \tag{5.5}$$

가 되고 위 식에서 τt는 얇은 개방형 단면의 전단흐름으로 다음과 같이 표시된다.

$$\tau t = \frac{-V_y}{I_x}\int_0^s y t\, ds = \frac{-V_y}{I_x} y t s \tag{5.6}$$

식 (5.6)을 식 (5.5)에 대입하면,

$$V_y q = \int_0^b \frac{-V_y}{I_x}\left(\frac{-h}{2}\right) t_f h s ds = \frac{V_y t_f h^2}{2I_x}\int_0^b s ds = \frac{V_y t_f h^2 b^2}{4I_x}$$

따라서, X축에 대한 전단 중심 위치

$$q = \frac{t_f h^2 b^2}{4I_x}$$

이 되며, ㄷ형강 웨브의 왼편에 위치하게 된다. 1개축이 대칭이고 다른 축이 비대칭인 단면의 전단 중심 $S.C$(*Shear center*)는 보다 단순한 계산식으로,

$$S.C = \frac{\Sigma I_x X}{I_x} \tag{5.7}$$

으로 구해진다.

여기서, I_x : 대칭축에 대한 전체 단면의 2차모멘트

$\Sigma I_x X$: 대칭축에 대한 단면요소 각각의 단면 2차모멘트와 기준축에 대한 중심간 거리곱의 합

$S.C$: 전단 중심

전단 중심의 위치는 단면의 형상, 크기에 따라 정해지는 기하학적인 조건에만 관련되고 부재의 비틀림응력을 산정할 때 고려된다. [그림 5.3]과 같이 단면내에 2개의 대칭축이 있거나 점대칭이 있는 단면에서는 전단 중심과 무게중심은 일치하게 된다. 단면내에 1개의 대칭축이 있는 경우에는 전단 중심은 그 대칭축상에 있다. 앵글처럼 몇 개의 판요소가 1점에 모인 단면에서는 각판요소에 작용하는 면내전단응력(V_f)의 합력의 작용선이 그 점을 지나므로 비틀림모멘트를 발생시키지 못한다. 따라서, 그 모인점(합력의 중심점)이 전단 중심이 된다.

각 단면형태에 대한 전단 중심을 구하는 공식은 [표 4.4], [표 4.5]에 제시되어 있다.

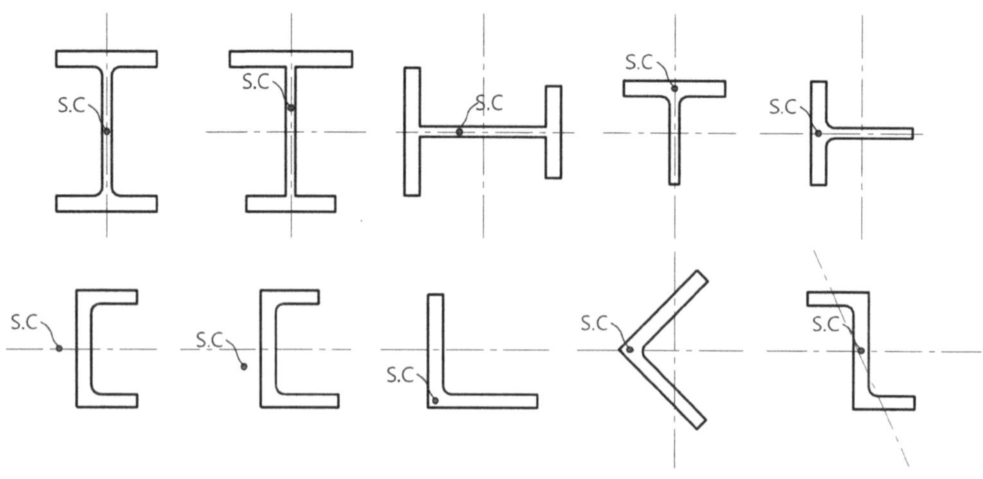

[그림 5.3] 단면형상별 전단 중심위치

제6장 국부좌굴

6.1 일반사항

압축재는 구성하는 판이 너무 얇아지면 부재 전체좌굴 이외에 국부좌굴이 발생하여 부재의 압축강도를 급격히 저하시킨다. 압연강재는 판요소로 구성되어 있으므로 압축력을 받는 경우 부재의 전체 세장비에 의한 부재강도는 부재를 구성하는 판 요소에 국부좌굴이 발생하지 않는 것을 전제로 한다. 부재의 일부요소에 국부좌굴이 발생하면 전체 단면이 제강도를 발휘하기 전에 파괴되거나, 최소한 응력의 불균등 분포가 발생하게 된다. 판이 압축력을 받을 때 판의 탄성좌굴응력은 Timoshenko 등에 의해 식 (6.1)과 같이 제시되었다.

$$F_{cr} = k\frac{\pi^2 E}{12(1-\mu^2)(b/t)^2} \tag{6.1}$$

여기서, k는 작용응력의 종류 및 판의 구속조건 그리고 판의 길이 대 폭(a/b)의 비에 의해 결정되는 계수이고, μ는 푸아송비, E는 탄성계수, b/t는 판의 폭과 두께의 비율이다.

【표 6.1】 판좌굴계수 k의 정의

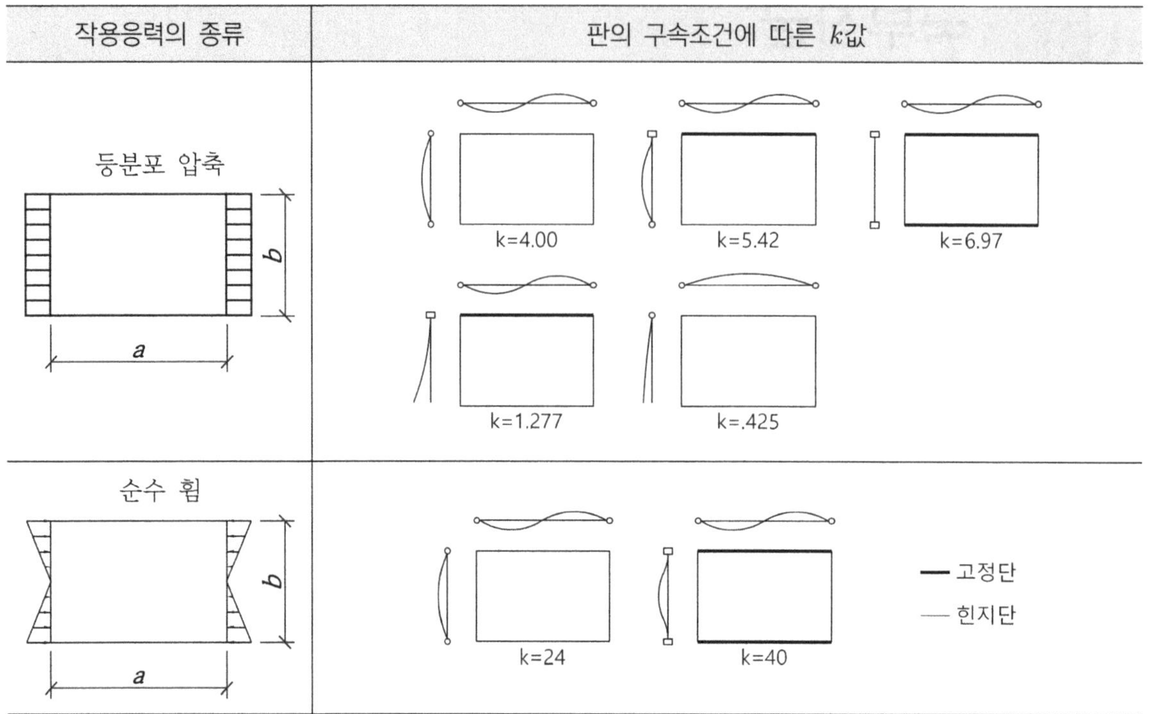

일반적으로 압축을 받는 판 요소는 판의 구속 여건에 따라 다음 두 종류로 구분된다.

1) 구속되지 않은 판

압축력이 작용하는 방향과 평행한 한쪽 단은 구속되어 있고, 한쪽 단은 자유인 경우로 [그림 6.1 (나)]에 해당

2) 구속된 판 : 압축력이 작용하는 방향과 평행한 방향의 판 양단부가 구속되어 있는 경우로 [그림 6.1 (가)]에 해당

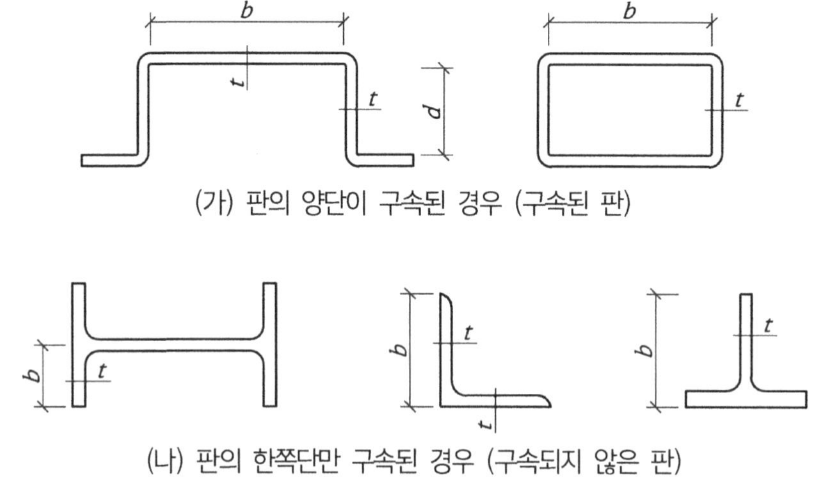

(나) 판의 한쪽단만 구속된 경우 (구속되지 않은 판)

[그림 6.1] 구속된 판과 구속되지 않은 판

구속된 판과 구속되지 않는 판이 압축력을 받았을 때 좌굴현상은 [그림 6.2]와 같이 나타난다.

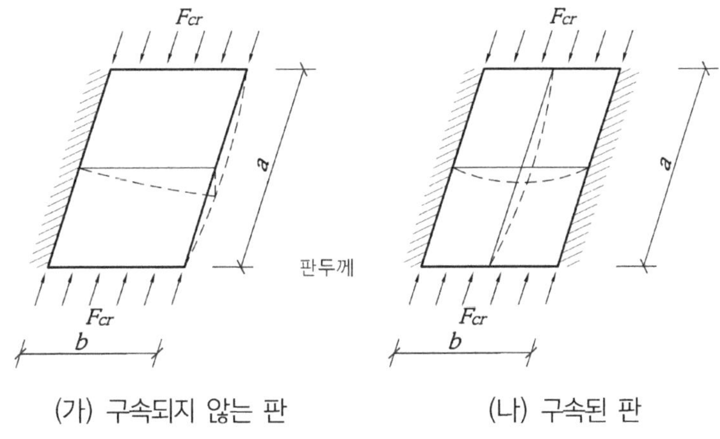

[그림 6.2] 판의 좌굴현상

압축을 받는 판에서 폭두께비(b/t)가 작은 경우는 판에 국부좌굴이 발생치 않는 상태에서 변형 경화역에 도달할 수 있으며, 폭두께비(b/t)가 매우 큰 경우는 부재가 항복에 도달하기 전인 탄성 상태에서 식 (6.1)에 의한 좌굴이 발생한다. 폭두께비가 위 두 상태의 중간일 경우에는 국부좌굴이 발생하기 전에 압축부재에서 항복응력을 발현할 수 있으나 완전 소성응력분포를 위해 요구되는 변형값에 도달하지 못하고 소성국부좌굴이 발생할 수 있다.

기둥에서 기둥을 구성하고 있는 판요소의 국부좌굴은 기둥의 전체세장비(KL/r)에 기인하는 전체 압축응력을 발휘하기 전까지 발생하여서는 아니 되므로 F_{cr}(국부좌굴이 발생할 때의 응력) $\geq$ F_{cr}(전체 기둥에 대한 좌굴이 발생하는 응력)이 되기 위한 폭두께비(b/t)가 결정되어야 한다. 국부좌굴이 발생하지 않는 상태에서 압축을 받는 요소들이 항복응력 F_y에 도달하기 위해서는 식 (6.2)를 만족해야 한다.

$$F_{cr} = \frac{k\pi^2 E}{12(1-\mu^2)(b/t)^2} \quad \geq F_y \tag{6.2}$$

여기서, $\mu = 0.3$ 으로 하면 식 (6.3)과 같이 표현할 수 있다.

$$(\frac{b}{t}) \leqq \ 0.95\sqrt{\frac{kE}{F_y}} \tag{6.3}$$

식 (6.3)은 $\lambda_c = 1.0$일 때의 값을 나타내고 잔류응력 등이 고려된 전이곡선의 상한치를 갖게 된다.

이러한 상황을 고려하여 $\lambda_c = 0.7$을 택하면 아래 식 (6.4)와 같다.

$$\frac{b}{t} \leqq 0.95\lambda_c\sqrt{\frac{kE}{F_y}} = 0.665\sqrt{\frac{kE}{F_y}} \tag{6.4}$$

압축을 받는 앵글일 경우 $k = 0.425$이므로 식 (6.4)에 이 값을 대입하면 식 (6.5)와 같다.

$$\frac{b}{t} \leqq 0.665\sqrt{\frac{0.425E}{F_y}} = 0.43\sqrt{\frac{E}{F_y}} \fallingdotseq 0.45\sqrt{\frac{E}{F_y}} \tag{6.5}$$

로 결정된다.

이렇게 결정되는 값이 판에 국부좌굴이 발생하지 않으면서 항복응력까지의 내력을 얻을 수 있는 폭두께비 한도가 λ_r이며, 이것을 세장판 단면의 폭두께비 제한값(비콤팩트(비조밀) 단면 한계)으로 한다.

다음은 소성변형을 얻을 수 있는 폭두께비 한도 λ_p (콤팩트(조밀) 단면 한계)를 고려하고자 한다. 축압축력을 받는 기둥의 경우는 기둥의 압축강도가 세장비 KL/r에 의해 결정되며 기둥에 있어서는 보통 소성변형까지 흡수하지 않아도 되기 때문에 조밀단면에서 폭두께비 제한값은 설정하지 않는다. 그러나 일부 축력을 받는 강관 혹은 휨을 받는 보의 경우는 플랜지에 국부좌굴이 발생하지 않고 휨압축응력에 대한 압축 플랜지의 소성변형 능력을 향상시켜 전단면이 소성상태가 될 수 있도록 충분한 변형을 가질 수 있도록 해야한다. 단면의 판요소가 항복변형률 ϵ_y를 초과하여 충분한 소성변형이 발생할 때까지 국부좌굴이 발생하지 않는 경우는 판이 폭두께비(b/t)가 상당히 작을 경우 (조밀 단면)이며 해당 폭두께비에서 국부좌굴 없이 더욱 많은 변형을 흡수할 수 있음을 뜻한다.

λ_c는 판에 좌굴이 발생하지 않는 상태에서 변형경화역에 도달하기 위해서는 λ_o를 초과할 수 없다. 이때 λ_c의 값은 구속되지 않는 판에서는 약 0.46, 구속된 판에서는 약 0.58의 값을 갖는다.

$$\lambda_c = \frac{b}{t}\sqrt{\frac{F_y(12)(1-\mu^2)}{\pi^2 Ek}}$$ 이므로

$\lambda_c = 0.46, \quad \mu = 0.3$이면

$$\frac{b}{t} \leqq 0.415\sqrt{\frac{kE}{F_y}}$$

이 되고, 여기에 좌굴계수 $k = 0.425$를 대입하면

$$\frac{b}{t} \leqq 0.27\sqrt{\frac{E}{F_y}}$$

소성영역에서는 잔류응력에 의한 영향이나 부재 내부의 결함 등에 의한 영향이 소멸되므로 해당 폭두께비 제한값을 너무 과대평가하게 된다. 변형경화가 시작될 시의 변형률은 ϵ_y의 15~20배 정도이고, 그 정도의 변형률은 소성모멘트를 얻기 위해서도 지나치게 많기 때문에 하중저항계수설계법(한계상태설계법)에서는 조밀(Compact) 단면에 대한 한계폭두께비 λ_p는 변형률을 ϵ_y의 7~9배의 값으로 하고, 변형경화에 달하는데 필요한 변형의 약 1.3~1.5배를 취하여 λ_p를 취한다.

따라서 구속되지 않는 판에 대한 λ_p의 한계는

$$\frac{b}{t} \leqq 0.38\sqrt{\frac{E}{F_g}} \tag{6.6}$$

구속된 판에 대해서 $\lambda_c = 0.58$을 대입하면

$$0.58 = \frac{b}{t}\sqrt{\frac{F_y \times 12(1-0.3^2)}{\pi^2 \times E \times k}}$$

$$\therefore \frac{b}{t} = 0.551\sqrt{\frac{E_k}{F_y}}$$

양변이 힌지상태로 구속된 판에서 k 최소값은 4이므로

$$\frac{b}{t} = 1.101\sqrt{\frac{E}{F_g}} = 1.12\sqrt{\frac{E}{F_g}} \tag{6.7}$$

압축을 받는 판요소의 상태에 따라 이상과 같은 방법으로 조밀 단면의 폭두께비 제한값 λ_p을 얻게 된다. 휨부재 또는 휨+압축부재의 경우에는 폭두께비(λ)에 의한 구분이 조밀 단면, 비조밀 단면 및 세장판단면으로 구분하나, 압축재의 경우에는 조밀 단면, 비조밀 단면 구분 없이 판요소가 세장한지 아닌지 만을 기준에서는 구분하고 있다. 압축재에서는 세장한 경우 좌굴 발생을 고려하여 저감계수(Q)를 도입하여 강도를 낮추어 설계한다. 폭두께비에 의한 경계 구분은 [그림 6.3 (가)]와 같이 세장한 구역을 두 구간으로 나누어 저감계수를 산정한다.

예: 압연부재의 비구속판 경우 저감계수

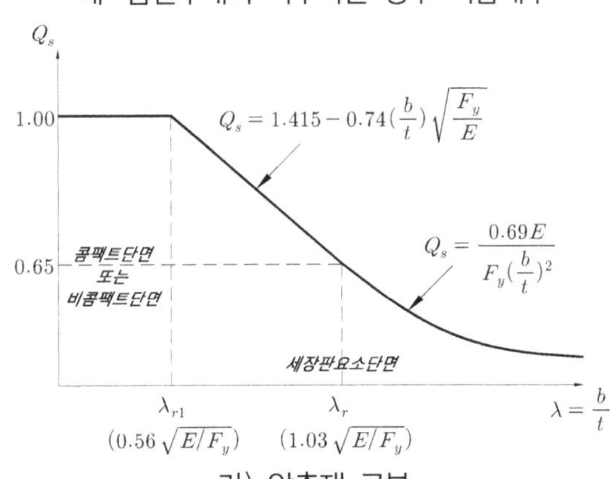

가) 압축재 구분

예: 폭두께비(λ)에 대한 휨재의 공칭휨강도

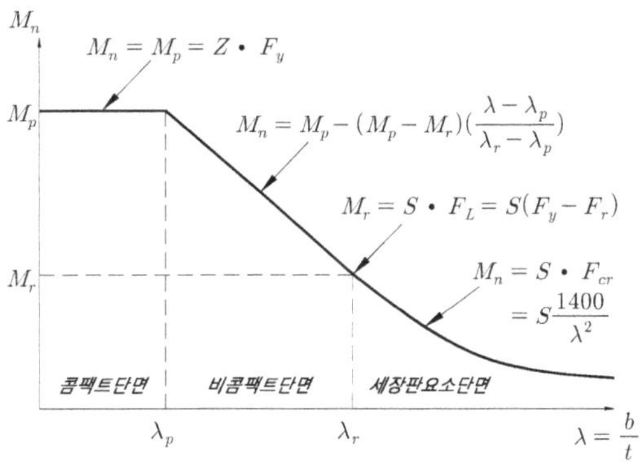

나) 휨 또는 휨+압축부재의 구분

[그림 6.3] 폭두께비(λ)에 따른 부재별 구분

6.2 폭두께비 검토

압축을 받는 부재단면의 폭두께비값이 기준 “KDS 14 31 10 : 2017”의 [표 4.2-2]의 값을 초과 할 경우 국부좌굴영향으로 단면내력이 저감됨에 따라 기준에서는 저감계수(Q)를 고려하고 있다. 참고로 압연 H-형강에 대한 폭두께비 검토를 아래와 같이 세 그룹으로 나누어 검토하여 본다.

1) 압연 H형강의 분류

H-형강 부재로 설계 시에는 먼저 H-형강 단면의 형태비에 따른 특징을 이해하고 부재를 선정하는 것이 최적설계에 도움이 될 것이다. H-형강은 단면의 형태비(보춤/보폭의 비)에 따라 아래와 같이 세 그룹으로 나눌 수 있다.

- 세폭계열 (보부재)

보폭은 75～200㎜이며 단면 형태비는 2～3정도인 부재로 보폭에 비해 춤이 커서 휨부재 설계에 유리하다. (예 H-200×100 .... H-600×200)

- 중폭계열 (보-기둥부재)

보폭은 100～300㎜이며 세폭에 비해 약간 크며 단면 형태비는 1.3～3정도인 부재로 “휨과 압축”을 받는 보～기둥 부재 설계에 유리하다. (예: H-150×100.............H-900×300)

- 광폭계열 (기둥부재)

보폭은 100～400㎜이며 단면 형태비는 대략 1.0～1.2정도인 부재로 압축부재 설계에 유리하다. (예 : H-100×100.............H-400×400)

2) H-형강의 폭두께비 검토

압연 H-형강에 대한 폭두께비 검토 결과를 [표 6.2], [표 6.3]에서 분석하여 보면,

- 세폭 또는 중폭계열 부재를 이용하여 압축부재로 설계할 경우 대부분의 부재가 세장한 단면으로 저감계수가 고려되어야 하나, 광폭계열 부재의 경우에는 모든 부재가 비세장(Nonslender)하여 단면감소 없이 설계가능 함을 알 수 있다.
- 세폭 및 중폭계열 부재를 휨부재로 설계할 경우에는 극히 일부 부재만 비조밀 단면이며 나머지 대부분은 조밀 단면으로 단면저감 없이 설계가 가능하다. 그러나 광폭계열 부재의 60%정도만 조밀 단면으로 광폭계열 부재를 휨재로 사용하기에는 단면성능뿐 아니라 폭두께비도 만족스럽지 않음을 알 수 있다.
- 이와 같이 압연형강의 경우에는 제조단계에서부터 각부재의 사용 특성에 맞게 세폭 및 중폭계열은 휨부재에, 광폭부재는 압축부재의 폭두께비 기준에 맞게 제조되었음을 알 수 있다.

【표 6.2】 압연 H-형강의 압축부재 단면에 대한 폭두께비 검토 (SHN355)

$F_y = 355\,MPa$, $E = 210{,}000\,MPa$: $\lambda_{rf} = 0.56\sqrt{E/F_y} = 13.62$, $\lambda_{rw} = 1.49\sqrt{E/F_y} = 36.24$, $KL = 100mm$ KDS 14 31 10 : 2017 <표 4.2-2> 참조

세폭계열				판폭두께비		저감계수	단면판정
H	B	t_w	t_f	$\frac{B}{2t_f}$	$\frac{d}{t_w}$	Q_a	(세장/비세장)
150	75	5	7	5.4	24.0	1.000	Nonslender
198	99	4.5	7	7.1	36.0	1.000	Nonslender
200	100	5.5	8	6.3	29.5	1.000	Nonslender
248	124	5	8	7.8	41.6	0.968	Slender
250	125	6	9	6.9	34.7	1.000	Nonslender
298	149	5.5	8	9.3	46.5	0.940	Slender
300	150	6.5	9	8.3	39.4	0.978	Slender
346	174	6	9	9.7	50.0	0.925	Slender
350	175	7	11	8.0	42.9	0.960	Slender
354	176	8	13	6.8	37.5	0.990	Slender
396	199	7	11	9.0	48.9	0.932	Slender
400	200	8	13	7.7	42.8	0.961	Slender
404	201	9	15	6.7	38.0	0.988	Slender
446	199	8	12	8.3	48.3	0.927	Slender
450	200	9	14	7.1	42.9	0.957	Slender
496	199	9	14	7.1	47.6	0.928	Slender
500	200	10	16	6.3	42.8	0.955	Slender
506	201	11	19	5.3	38.9	0.983	Slender
596	199	10	15	6.6	52.2	0.893	Slender
600	200	11	17	5.9	47.5	0.920	Slender
606	201	12	20	5.0	43.5	0.946	Slender
612	202	13	23	4.4	40.2	0.970	Slender
폭두께비 기준값				13.62	36.24		

중폭계열				판폭두께비		저감계수	단면판정
H	B	t_w	t_f	$\frac{B}{2t_f}$	$\frac{d}{t_w}$	Q	(세장/비세장)
148	100	6	9	5.6	17.8	1.000	Nonslender
194	150	6	9	8.3	25.0	1.000	Nonslender
244	175	7	11	8.0	27.1	1.000	Nonslender
294	200	8	12	8.3	29.3	1.000	Nonslender
298	201	9	14	7.2	26.0	1.000	Nonslender
336	249	8	12	10.4	34.0	1.000	Nonslender
340	250	9	14	8.9	30.2	1.000	Nonslender
386	299	9	14	10.7	34.9	1.000	Nonslender
390	300	10	16	9.4	31.4	1.000	Nonslender
434	299	10	15	10.0	35.6	1.000	Nonslender
440	300	11	18	8.3	32.4	1.000	Nonslender
482	300	11	15	10.0	36.4	0.998	Slender
488	300	11	18	8.3	36.4	0.998	Slender
582	300	12	17	8.8	41.0	0.969	Slender
588	300	12	20	7.5	41.0	0.972	Slender
594	302	14	23	6.6	35.1	1.000	Nonslender
692	300	13	20	7.5	45.8	0.940	Slender
700	300	13	24	6.3	45.8	0.946	Slender
708	302	15	28	5.4	39.7	0.977	Slender
792	300	14	22	6.8	49.4	0.915	Slender
800	300	14	26	5.8	49.4	0.923	Slender
808	302	16	30	5.0	43.3	0.954	Slender
890	299	15	23	6.5	52.5	0.891	Slender
900	300	16	28	5.4	49.2	0.914	Slender
912	302	18	34	4.4	43.8	0.947	Slender
918	303	19	37	4.1	41.5	0.962	Slender
폭두께비 기준값				13.62	36.24		

광폭계열				폭두께비		저감계수	단면판정
H	B	t_w	t_f	$\frac{B}{2t_f}$	$\frac{d}{t_w}$	Q	(세장/비세장)
100	100	6	8	6.3	10.7	1.000	Nonslender
125	125	6.5	9	6.9	13.4	1.000	Nonslender
150	150	7	10	7.5	15.4	1.000	Nonslender
200	200	8	12	8.3	18.8	1.000	Nonslender
200	204	12	12	8.5	12.5	1.000	Nonslender
208	202	10	16	6.3	15.0	1.000	Nonslender
244	252	11	11	11.5	17.3	1.000	Nonslender
248	249	8	13	9.6	23.8	1.000	Nonslender
250	250	9	14	8.9	21.1	1.000	Nonslender
250	255	14	14	9.1	13.6	1.000	Nonslender
294	302	12	12	12.6	19.5	1.000	Nonslender
298	299	9	14	10.7	26.0	1.000	Nonslender
300	300	10	15	10.0	23.4	1.000	Nonslender
300	305	15	15	10.2	15.6	1.000	Nonslender
304	301	11	17	8.9	21.3	1.000	Nonslender
310	305	15	20	7.6	15.6	1.000	Nonslender
310	310	20	20	7.8	11.7	1.000	Nonslender
338	351	13	13	13.5	20.9	1.000	Nonslender
344	348	10	16	10.9	27.2	1.000	Nonslender
344	354	16	16	11.1	17.0	1.000	Nonslender
350	350	12	19	9.2	22.7	1.000	Nonslender
350	357	19	19	9.4	14.3	1.000	Nonslender
388	402	15	15	13.4	20.9	1.000	Nonslender
394	398	11	18	11.1	28.5	1.000	Nonslender
394	405	18	18	11.3	17.4	1.000	Nonslender
400	400	13	21	9.5	24.2	1.000	Nonslender
400	408	21	21	9.7	15.0	1.000	Nonslender
406	403	16	24	8.4	19.6	1.000	Nonslender
414	405	18	28	7.2	17.4	1.000	Nonslender
428	407	20	35	5.8	15.7	1.000	Nonslender
458	417	30	50	4.2	10.5	1.000	Nonslender
498	432	45	70	3.1	7.0	1.000	Nonslender
폭두께비 기준값				13.62	36.24		

(주) 저감계수 : $Q = Q_s Q_a$ (KDS 14 31 10 의 4.2.7 참조)

【표 6.3】 압연 H-형강의 휨부재 단면에 대한 판폭두께비 검토 (SHN355)

$F_y = 355\ MPa \quad E = 210{,}000\ MPa \ : \ \lambda_{pf} = 0.38\sqrt{E/F_y} = 9.24 \quad \lambda_{pw} = 3.76\sqrt{E/F_y} = 91.45$ KDS 14 31 10 : 2017 <표 4.2-2> 참조

세폭계열 (보부재)				판폭두께비		단면판정
H	B	t_w	t_f	$\frac{B}{2t_f}$	$\frac{d}{t_w}$	(콤팩트/비콤팩트)
150	75	5	7	5.4	24.0	Compact
198	99	4.5	7	7.1	36.0	Compact
200	100	5.5	8	6.3	29.5	Compact
248	124	5	8	7.8	41.6	Compact
250	125	6	9	6.9	34.7	Compact
298	149	5.5	8	9.3	46.5	NonCompact
300	150	6.5	9	8.3	39.4	Compact
346	174	6	9	9.7	50.0	NonCompact
350	175	7	11	8.0	42.9	Compact
354	176	8	13	6.8	37.5	Compact
396	199	7	11	9.0	48.9	Compact
400	200	8	13	7.7	42.8	Compact
404	201	9	15	6.7	38.0	Compact
446	199	8	12	8.3	48.3	Compact
450	200	9	14	7.1	42.9	Compact
496	199	9	14	7.1	47.6	Compact
500	200	10	16	6.3	42.8	Compact
506	201	11	19	5.3	38.9	Compact
596	199	10	15	6.6	52.2	Compact
600	200	11	17	5.9	47.5	Compact
606	201	12	20	5.0	43.5	Compact
612	202	13	23	4.4	40.2	Compact
폭두께비 기준값				9.24	91.45	

세폭계열 (보부재)				판폭두께비		단면판정
H	B	t_w	t_f	$\frac{B}{2t_f}$	$\frac{d}{t_w}$	(콤팩트/비콤팩트)
147	100	6	9	5.6	17.8	Compact
194	150	6	9	8.3	25.0	Compact
244	175	7	11	8.0	27.1	Compact
294	200	8	12	8.3	29.3	Compact
298	201	9	14	7.2	26.0	Compact
336	249	8	12	10.4	34.0	NonCompact
340	250	9	14	8.9	30.2	Compact
386	299	9	14	10.7	34.9	NonCompact
390	300	10	16	9.4	31.4	NonCompact
434	299	10	15	10.0	35.6	NonCompact
440	300	11	18	8.3	32.4	Compact
482	300	11	15	10.0	36.4	NonCompact
488	300	11	18	8.3	36.4	Compact
582	300	12	17	8.8	41.0	Compact
588	300	12	20	7.5	41.0	Compact
594	302	14	23	6.6	35.1	Compact
692	300	13	20	7.5	45.8	Compact
700	300	13	24	6.3	45.8	Compact
708	302	15	28	5.4	39.7	Compact
792	300	14	22	6.8	49.4	Compact
800	300	14	26	5.8	49.4	Compact
808	302	16	30	5.0	43.3	Compact
890	299	15	23	6.5	52.5	Compact
900	300	16	28	5.4	49.2	Compact
912	302	18	34	4.4	43.8	Compact
918	303	19	37	4.1	41.5	Compact
폭두께비 기준값				9.24	91.45	

세폭계열 (보부재)				판폭두께비		단면판정
H	B	t_w	t_f	$\frac{B}{2t_f}$	$\frac{d}{t_w}$	(콤팩트/비콤팩트)
100	100	6	8	6.3	10.7	Compact
125	125	6.5	9	6.9	13.4	Compact
150	150	7	10	7.5	15.4	Compact
200	200	8	12	8.3	18.8	Compact
200	204	12	12	8.5	12.5	Compact
208	202	10	16	6.3	15.0	Compact
244	252	11	11	11.5	17.3	NonCompact
248	249	8	13	9.6	23.8	NonCompact
250	250	9	14	8.9	21.1	Compact
250	255	14	14	9.1	13.6	Compact
294	302	12	12	12.6	19.5	NonCompact
298	299	9	14	10.7	26.0	NonCompact
300	300	10	15	10.0	23.4	NonCompact
300	305	15	15	10.2	15.6	NonCompact
304	301	11	17	8.9	21.3	Compact
310	305	15	20	7.6	15.6	Compact
310	310	20	20	7.8	11.7	Compact
338	351	13	13	13.5	20.9	NonCompact
344	348	10	16	10.9	27.2	NonCompact
344	354	16	16	11.1	17.0	NonCompact
350	350	12	19	9.2	22.7	Compact
350	357	19	19	9.4	14.3	NonCompact
388	402	15	15	13.4	20.9	NonCompact
394	398	11	18	11.1	28.5	NonCompact
394	405	18	18	11.3	17.4	NonCompact
400	400	13	21	9.5	24.2	NonCompact
400	408	21	21	9.7	15.0	NonCompact
406	403	16	24	8.4	19.6	Compact
414	405	18	28	7.2	17.4	Compact
428	407	20	35	5.8	15.7	Compact
458	417	30	50	4.2	10.5	Compact
498	432	45	70	3.1	7.0	Compact
폭두께비 기준값				9.24	91.45	

제7장 관련 설계기준 요약 및 해설 (KDS 14 31 10 : 2017)

이 장은 기준 "KDS 14 31 10 : 2017" 강구조 부재 설계기준(하중저항계수설계법)의 기준과 이에 대한 해설이다. 재료의 강도는 기준 "KDS 14 31 05 ; 2017"의 3.4, 3.5장을 적용하며, 기준 "KDS 14 31 10 : 2017"에서 압축부재를 기술한 4.2장에 대해서만 작성하였다. (합성부재 제외)

【KDS 14 31 05 : 2017】강구조 설계 일반사항(하중저항계수설계법)

3.4 재료의 강도

3.4.1 강재의 강도

(1) 표 3.1-1에 나타낸 구조용 강재의 항복강도 F_y 및 인장강도 F_u는 표 3.4-1~표 3.4-3에 나타낸 값으로 한다. 다만, 표 3.4-1~표 3.4-3에 항복강도 및 인장강도가 정의 되지 않은 강재는 표 3.1-1의 관련 KS표준에 명시된 재료의 강도값을 사용한다.

【표 3.4-1】 주요 구조용 강재의 재료강도 (MPa)

강도	강재 기호 / 판 두께	SS235	SS275	SM275 SMA275[1]	SS315	SM355 SMA355[1]	SS410	SM420	SS450	SM460[2] SMA460[3]	SS550
F_y	16mm 이하	235	275	275	315	355	410	420	450	460	550
	16mm 초과 40mm 이하	225	265	265	305	345	400	410	440	450	540
	40mm 초과 75mm 이하	205	245	255	295	335	-	400	-	430	-
	75mm 초과 100mm 이하	205	245	245	295	325	-	390	-	420	-
	100mm 초과	195	235	235	275	305	-	380	-	-	-
F_u		330	410	410	490	490	540	520	590	570	690

주1) SMA275CW,CP, SMA355CW, CP 적용두께 100mm 이하
주2) SM460B, C는 주문자 제조자 협정에 따라 150mm 이하 강판 제조 가능
주3) SMA460W, P 적용두께는 100mm 이하

【표 3.4-1】 주요 구조용 강재의 재료강도 (MPa) (계속)

강도	강재 기호 / 판 두께	HSB380 HSM500[1]	HSB460	HSB690[2]	HSA650[2]	SM275-TM C[3]	SM355-TM C[3]	SM420-TM C3)	SM460-TM C[3]
F_y	100mm 이하	380	460	690	650	275	355	420	460
F_u	100mm 이하	500	600	800	800	410	490	520	570

주1) HSM500 적용두께는 22mm 이하
주2) HSA650, HSB690 적용두께는 80mm 이하
주3) 열가공제어(TMC)를 한 경우 두께에 따른 항복강도의 저감없이 기준값(16mm이하의 항복강도)을 적용한다
건축 강구조에 적용되는 TMC강재의 적용두께는 80mm 이하

【표 3.4-1】 주요 구조용 강재의 재료강도 (MPa) (계속)

강도	강재 기호 / 판 두께	SN275	SN355	SN460	SHN275[2]	SHN355[2]	SHN420[2]	SHN460[2]
F_y	6mm 초과 40mm 이하	275	355	460	275	355	420	460
	40mm 초과 100mm이하	255[1]	335	440				
F_u	100mm이하	410	490	570	410	490	520	570

주1) SN275A의 항복강도는 265MPa
주2) SHN강의 적용두께는 75 mm 이내

【표 3.4-2】 강관의 재료강도 (MPa)

강도 \ 강재 기호	SGT275[1] SRT275[2] STP275[5]	SGT355[1] SRT355[2] STP355[5]	SGT410[1] SRT410[2]	STP380 STKM500[4]	SGT450[1] SRT450[2] STP450	SGT550[1] SRT550[2] STP550	SHT410	SHT460[3]	SKY400	SKY490
F_y	275	355	410	380	450	550	410	460	235	315
F_u	410	500	540	500	590	690	550	590	400	490

주1) 적용두께는 40mm 이하
주2) 적용두께는 30mm 이하
주3) 적용두께는 25mm 이하, 세립 킬드강
주4) 적용두께는 22mm 이하
주5) STP275, STP355강의 인장강도(F_u)는 각각 400, 490MPa 이상
비고1) 강제갑판(SDP)의 재료강도는 모재의 강도 적용

【표 3.4-2】 강관의 재료강도 (MPa) (계속)

강도	강재 기호 / 판 두께	SNT275E SNT275A	SNT355E SNT355A	SNT460E SNT460A	SNRT295E[1]	SNRT360E[1]	SNRT275A[2]	SNRT355A[2]
F_y	40mm 이하	275	355	460	295	360	275	355
	40mm 초과 100mm이하	255	335	440	-	-	-	-
F_u	100mm이하	410	490	570	410	490	410	490

주1) SNRT-E 강관의 적용두께는 6~22mm, 두께 12mm를 기준으로 항복비와 연신률이 다름
주2) SNRT-A 강관의 적용두께는 6~40mm, 두께 12mm를 기준으로 항복비와 연신률이 다름

3.5 물리상수

설계 계산에 사용되는 강재의 물리상수의 값은 표 3.5-1을 사용한다.

【표 3.5-1】 물리상수

종류	물리상수의 값
강과 주강의 탄성계수(MPa)	210,000
PS강선, PS강봉의 탄성계수(MPa)	205,000
PS강연선의 탄성계수(MPa)	195,000
주철의 탄성계수(MPa)	100,000
강의 전단탄성계수(MPa)	81,000
강과 주강의 포아송비	0.30
주철의 포아송비	0.25
강의 열팽창계수(1/℃)	1.2×10^{-5}

【KDS 14 31 10 : 2017】강구조 부재 설계기준(하중저항계수 설계법)

4.2 압축부재

이 기준은 중심축 압축력을 받는 부재에 적용한다.

4.2.1 일반사항

설계압축강도 $\phi_c P_n$은 다음과 같이 산정한다. 공칭압축강도 P_n은 적용하는 휨좌굴, 비틀림좌굴, 휨-비틀림좌굴의 한계상태 중 작은 값으로 한다. 강도저항계수는 $\phi_c = 0.90$을 적용한다. 표 4.2-1은 압축부재 단면의 형상과 세장판 유무에 따라 적용하는 절과 그 한계상태를 나타낸다.

【표 4.2-1】 압축부재에 적용하는 절과 한계상태

단면	세장판이 없는 경우(비세장판 단면)		세장판이 있는 경우(세장판 단면)	
	절	한계상태	절	한계상태
I	4.2.3 4.2.4	휨좌굴 비틀림좌굴	4.2.7	국부좌굴 휨좌굴 비틀림좌굴
[I I	4.2.3 4.2.4	휨좌굴 휨비틀림좌굴	4.2.7	국부좌굴 휨좌굴 휨비틀림좌굴
□	4.2.3	휨좌굴	4.2.7	국부좌굴 휨좌굴
○	4.2.3	휨좌굴	4.2.7	국부좌굴 휨좌굴
T	4.2.3 4.2.4	휨좌굴 휨비틀림좌굴	4.2.7	국부좌굴 휨좌굴 휨비틀림좌굴
ㄱㄱ	4.2.3 4.2.4 4.2.6	휨좌굴 휨비틀림좌굴	4.2.6 4.2.7	국부좌굴 휨좌굴 휨비틀림좌굴
L ∧	4.2.5		4.2.5	
○ ▯	4.2.3	휨좌굴	해당없음	해당없음

4.2.1.1 국부좌굴에 대한 단면의 분류

압축력을 받는 판 단면은 비세장판 단면 및 세장판 단면으로 구분된다.

(1) 비세장판 단면 : 압축 판요소의 폭두께비 λ가 표 4.2-2의 λ_r를 초과하지 않는 단면 ($\lambda \leq \lambda_r$)

(2) 세장판 단면 : 압축 판요소의 폭두께비 λ가 표 4.2-2의 λ_r를 초과하는 단면 ($\lambda > \lambda_r$)

4.2.1.1.1 자유돌출판

압축력 방향과 평행한 면 중에서 한 쪽 면에만 지지되어 있는 자유돌출판의 폭은 다음 값을 취하고, 그 치수는 표 4.2-2에 따른다.

(1) I, H형강 및 T형강 플랜지에 대한 폭 b는 전체 플랜지폭 b_f의 반이다.

(2) ㄱ형강의 다리, ㄷ형강 및 Z형강의 플랜지에 대한 폭 b는 전체 공칭치수이다.

(3) 플레이트에 대한 폭 b는 자유단으로부터 연결재의 첫 번째 줄 혹은 용접선까지의 길이이다.

(4) T형강의 스템에 대한 d는 단면의 전체 공칭높이로 한다.

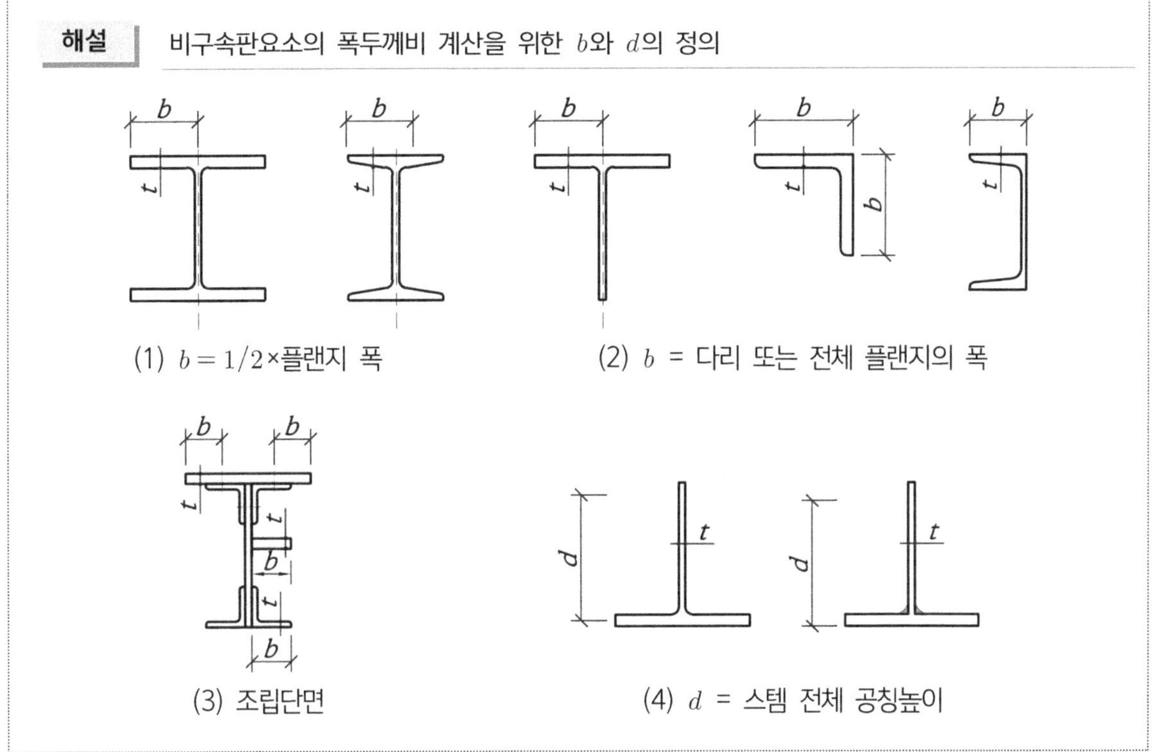

해설 비구속판요소의 폭두께비 계산을 위한 b와 d의 정의

(1) $b = 1/2$×플랜지 폭 (2) b = 다리 또는 전체 플랜지의 폭

(3) 조립단면 (4) d = 스템 전체 공칭높이

4.2.1.1.2 양연지지판

압축력 방향과 평행한 양쪽 면에 지지된 양연지지판의 폭은 다음 값으로 취하고, 그 치수는 표 4.2-2에 따른다.

(1) 압연이나 성형단면의 웨브에 대하여, h는 각 플랜지에서 필릿이나 모서리반경을 감한 플랜지사이의 순간격이다. h_c는 도심에서 필릿이나 모서리반경을 감한 압축플랜지의 내측 면까지 거리의 2배이다.

(2) 조립단면의 웨브에 대하여, h는 인접한 연결재의 열간거리 또는 용접한 경우 플랜지 사이의 순간격이며, h_c는 도심으로부터 압축플랜지에서 제일 가까운 연결재열까지 거리 또는 용접한 경우 압축플랜지의 내측면까지 거리의 2배이다. h_p는 소성중립축으로부터 압축플랜지에서 제일 가까운 연결재 열까지 거리 또는 용접한 경우 압축플랜지의 내측면까지 거리의 2배이다.

(3) 조립단면에서 플랜지 또는 다이아프램 플레이트에 대하여, 폭 b는 인접한 연결재의 열간거리 또는 용접선간의 거리이다.

(4) 각형강관 단면의 플랜지에 대하여, 폭 b는 각 변의 내측 모서리 반경을 감한 웨브 사이의 순간격이다. 각형강관 단면의 웨브에 대하여, h는 각 변의 내측 모서리 반경을 감한 플랜지 사이의 순간격이다. 만일 모서리 반경을 알 수 없으면 b와 h는 각 외측 치수에서 두께의 3배를 감한 값으로 취한다. 여기서, t는 설계벽두께이다. 여기서 t는 전기저항용접 각형강관의 경우는 공칭벽두께의 0.93배, 서브머지드 아크용접 각형강관의 경우는 공칭벽두께를 사용한다.

(5) 유공커버플레이트의 경우, b는 인접한 연결재의 열간 수직거리이고 플레이트의 순단면적은 가장 넓은 구멍이 있는 곳에서 취한다.

해설 구속판요소의 폭두께비 계산을 위한 b와 d의 정의

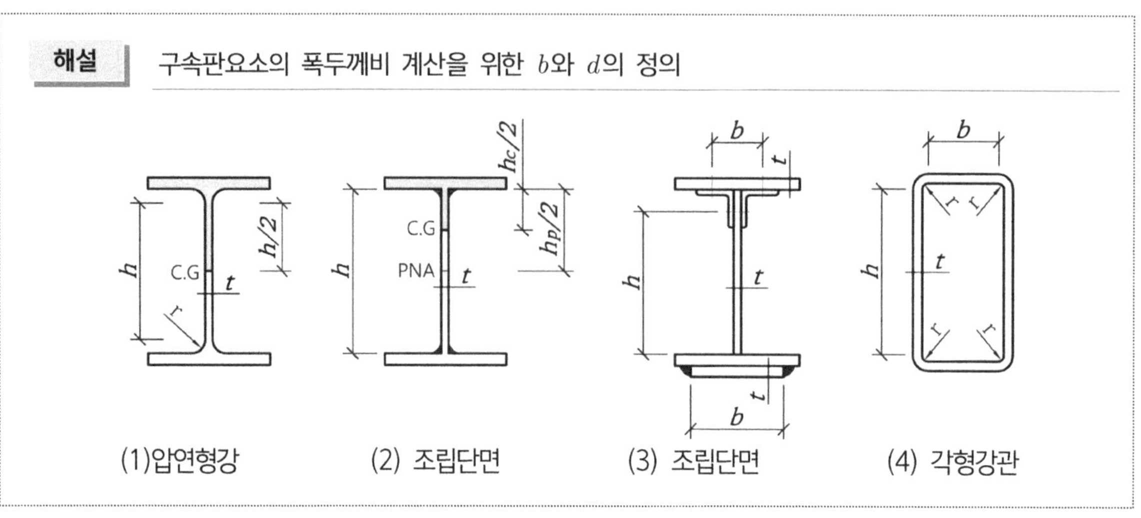

해설 h와 h_c의 정의

참고로 h와 h_c의 차이점을 살펴보면 전단면을 압축을 받는 기둥부재의 폭두께비 검토 시에는 h값을, 부분압축을 받는 휨재의 경우에는 h_c값을 적용하여 검토한다.

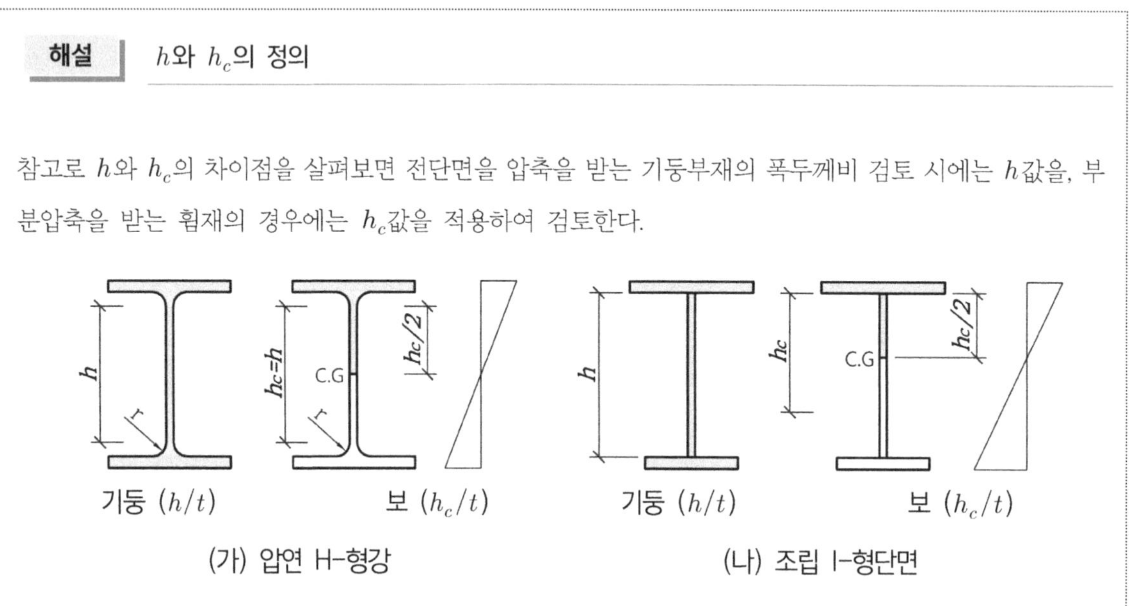

4.2.1.1.3 압축판요소의 폭두께비

압축력을 받는 압축판요소의 비세장판 요소와 세장판 요소를 구분하는 폭두께비 한계값은 표 4.2-2에 따른다.

【표 4.2-2】 압축력을 받는 압축 판요소의 폭두께비

단면	구분	판요소에 대한 설명	폭두께비	폭두께비 한계값 λ_r (비세장/세장)	예
자유돌출판	1	- 압연 H형강의 플랜지 - 압연 H형강으로부터 돌출된 플레이트 - 서로 접한 쌍ㄱ형강의 돌출된 다리 - ㄷ형강의 플랜지 - T형강의 플랜지	b/t	$0.56\sqrt{\frac{E}{F_y}}$	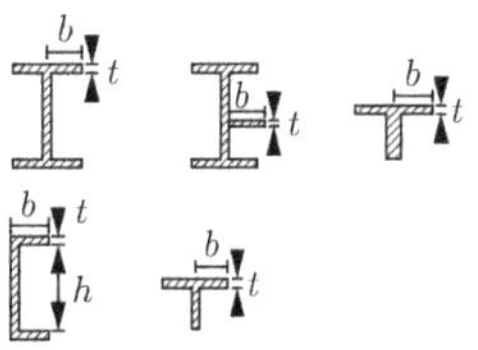
	2	- 용접 H형강의 플랜지 - 용접 H형강으로부터 돌출된 플레이트 또는 ㄱ형강 다리	b/t	$0.64\sqrt{\frac{k_c E}{F_y}}$	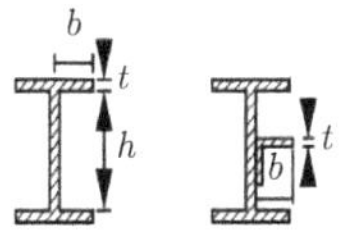
	3	- ㄱ형강의 다리 - 낄판을 낀 쌍ㄱ형강의 다리 - 그 외 모든 한쪽만 지지된 판 요소	b/t	$0.45\sqrt{\frac{E}{F_y}}$	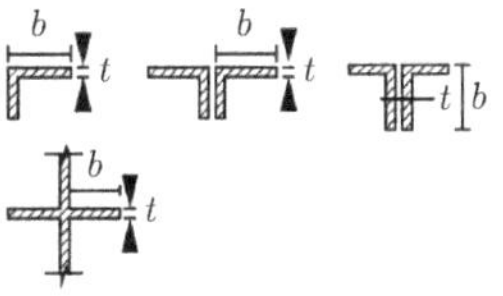
	4	- T형강의 스템	d/t	$0.75\sqrt{\frac{E}{F_y}}$	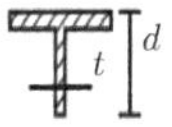
양연지지판	5	- 2축 대칭 H형강의 웨브와 ㄷ형강	h/t_w	$1.49\sqrt{\frac{E}{F_y}}$	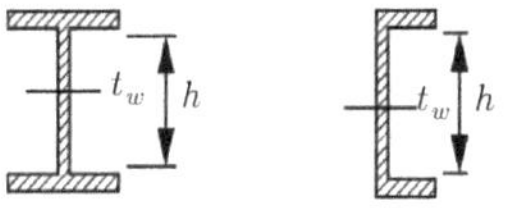
	6	- 균일한 두께를 갖는 각형강관과 박스의 벽	b/t	$1.40\sqrt{\frac{E}{F_y}}$	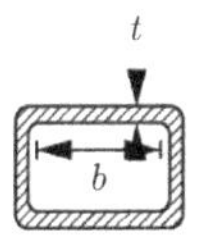
	7	- 플랜지 커버플레이트 - 연결재 또는 용접선 사이의 다이아프램 플레이트	b/t	$1.40\sqrt{\frac{E}{F_y}}$	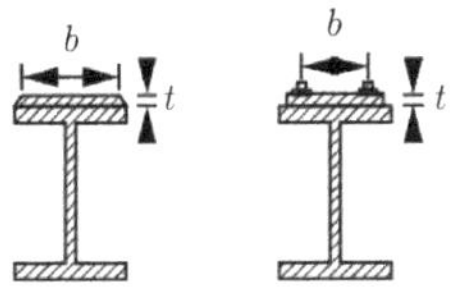
	8	- 그 외 모든 양쪽이 지지된 판요소	b/t	$1.49\sqrt{\frac{E}{F_y}}$	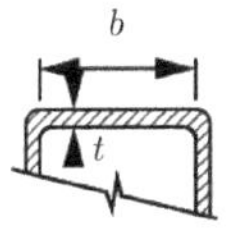
	9	- 원형강관	D/t	$0.11\frac{E}{F_y}$	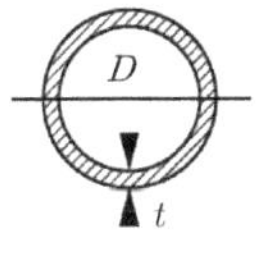

$k_c = \frac{4}{\sqrt{h/t_w}}$, 여기서 $0.35 \le k_c \le 0.76$

4.2.2 유효좌굴길이와 세장비 제한

(1) 건축물 강구조와 일반 강구조의 경우, 유효좌굴길이계수 K와 기둥의 세장비(KL/r)의 산정은 표 4.2-4에 따른다. 압축력에 기초하여 설계되는 부재의 세장비(KL/r)는 가급적 200을 넘지 않도록 한다.

(2) 교량 강구조의 경우, 압축부재의 세장비는 다음을 만족해야 한다.

① 주부재 : $KL/r \leq 120$

② 가새 : $KL/r \leq 140$

여기서, L : 횡좌굴에 대한 비지지길이 (mm)

r : 단면2차반경 (mm)

K : 표 4.2.2-1에서 결정되는 유효좌굴길이계수

(3) 다음 조건을 만족할 때 회전반경은 단면의 일부를 제외한 가상단면으로 계산할 수 있다.

① 실제 단면적과 회전반경에 의한 부재의 저항강도가 설계하중을 초과하고,

② 감소된 단면적과 그 회전반경에 의한 가상부재의 저항강도가 설계하중을 초과할 경우

【표 4.2-4】 유효좌굴길이계수 K

기둥의 좌굴형태를 점선으로 표시	(a) 	(b) 	(c) 	(d) 	(e) 	(f) 
이론값	0.5	0.7	1.0	1.0	2.0	2.0
설계값	0.65	0.8	1.2	1.0	2.1	2.0
단부조건	(고정 기호)	회전고정 및 이동고정				
	(핀 기호)	회전자유 및 이동고정				
	□	회전고정 및 이동자유				
	⚲	회전자유 및 이동자유				

해설

구조물에서 기둥은 통상적으로 보와 연결되어 골조를 형성하고 있으므로 유효길이계수는 <표 4.2-4>의 이론값과는 달라진다. 다층 다스팬 골조에서 기둥의 유효길이계수 K는 골조의 횡방향 변위가 구속되거나(braced) 혹은 구속되지 않는 것(unbraced)에 따라 달라진다. 다음 그림은 횡변위가 구속된 경우와 구속되지 않은 경우에 대한 기둥의 좌굴형태를 나타내고 있으며, (가)에서 횡변위에 대해 구속되어 있다는 것은 대각선 브레이싱이나 전단벽 혹은 동등한 부재에 의해 횡변위 발생에 의한 기둥좌굴이나 골조의 불안정성이 방지되는 것을 의미한다.

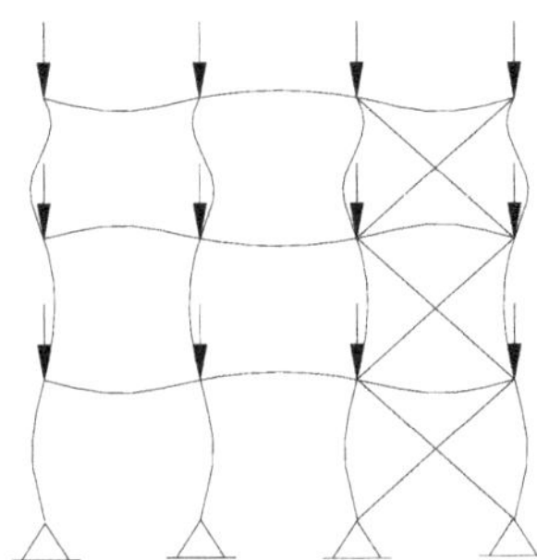

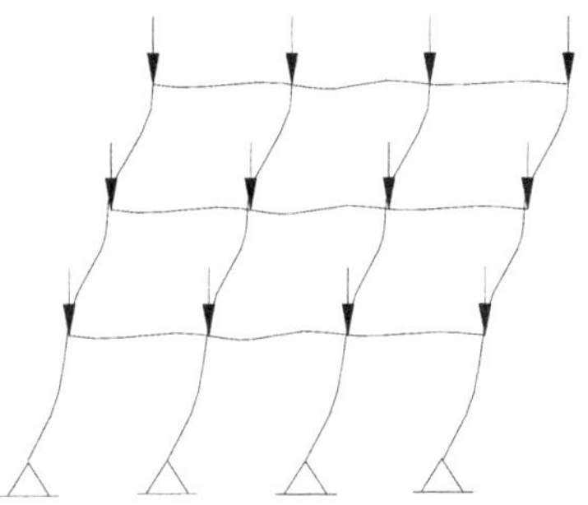

(가) 횡변위가 구속된 경우 (나) 횡변위가 구속되지 않은 경우

(횡변위가 구속된 경우와 구속되지 않은 경우)

표 4.2-4의 이론값과 설계값이 다른 이유는 실제 구조물의 지점을 이상화함에 있어 고정 또는 핀 등으로 가정하여 해석하게 된다. 그러나 실제로는 고정이라 하더라도 어느 정도 회전하게 되고 또한 핀이라 하더라도 회전에 대해 어느 정도 구속하게 됨에 따라 이러한 영향 등을 고려하여 실제 설계 시에는 보수적으로 검토되는 설계값을 사용하게 된다.

4.2.3 비세장판 단면을 가진 부재의 휨좌굴에 대한 압축강도

이 조항은 균일압축을 받는 비세장판 압축부재에 적용된다. 비틀림에 대한 비지지길이가 횡좌굴에 대한 비지지길이보다 큰 경우, H형강이나 그와 유사한 형상의 기둥의 설계는 4.2.4를 따른다. 공칭압축강도 P_n은 휨좌굴에 대한 한계상태에 기초하여 다음과 같이 산정한다.

$$P_n = F_{cr} A_g \tag{4.2-1}$$

좌굴응력 F_{cr}은 다음과 같이 산정한다.

(1) $\dfrac{KL}{r} \le 4.71\sqrt{\dfrac{E}{F_y}}$ 또는 $\dfrac{F_y}{F_e} \le 2.25$인 경우

$$F_{cr} = \left[0.658^{\frac{F_y}{F_e}}\right] F_y \tag{4.2-2}$$

(2) $\frac{KL}{r} > 4.71\sqrt{\frac{E}{F_y}}$ 또는 $\frac{F_y}{F_e} > 2.25$인 경우

$$F_{cr} = 0.877F_e \quad (4.2\text{-}3)$$

여기서, F_e : 탄성좌굴해석을 통하여 구하는 탄성좌굴응력

$$= \frac{\pi^2 E}{\left(\frac{KL}{r}\right)^2}(MPa) \quad (4.2\text{-}4)$$

A_g : 부재의 총단면적 (mm^2)

F_y : 강재의 항복강도 (MPa)

E : 강재의 탄성계수 (MPa)

K : 유효좌굴길이계수

L : 부재의 횡좌굴에 대한 비지지길이 (mm)

r : 좌굴축에 대한 단면2차반경 (mm)

4.2.4 비세장판 단면을 가진 부재의 비틀림좌굴 및 휨비틀림좌굴에 대한 압축강도

1축대칭 부재, 비대칭 부재, 균일압축을 받는 비세장판 요소를 가진 +형 또는 조립기둥과 같은 2축대칭 부재에 적용한다. 그리고 비틀림에 대한 비지지길이가 횡좌굴에 대한 비지지길이를 초과할 경우 비세장판 요소를 가진 모든 2축대칭 부재에 적용된다. 또한 $b/t > 20$인 단일ㄱ형강 부재의 경우에도 적용된다.

공칭압축강도 P_n은 비틀림좌굴과 휨비틀림좌굴에 대한 한계상태에 기초하여 다음과 같이 산정한다.

$$P_n = F_{cr}A_g \quad (4.2\text{-}5)$$

좌굴응력 F_{cr}은 다음과 같이 산정한다.

(1) 쌍ㄱ형강과 T형강 압축부재의 경우

$$F_{cr} = \left(\frac{F_{cry} + F_{crz}}{2H}\right)\left[1 - \sqrt{1 - \frac{4F_{cry}F_{crz}H}{(F_{cry} + F_{crz})^2}}\right] \quad (4.2\text{-}6)$$

여기서 F_{cry}는 y축대칭에 대한 휨좌굴에 대해서는 식 (4.2-2)와 식 (4.2-3)에서 구한 F_{cr}값, T형강 압축부재에 대해서는 $\frac{KL}{r} = \frac{K_yL}{r_y}$, 쌍ㄱ형강 압축부재에 대해서는 4.2.6으로부터 $\frac{KL}{r} = \left(\frac{KL}{r}\right)_m$을 사용한다.

$$F_{crz} = \frac{GJ}{A_g\overline{r_0}^2} \quad (4.2\text{-}7)$$

(2) 다른 모든 경우

F_{cr}값은 다음에서 산정되는 탄성비틀림좌굴응력과 탄성휨비틀림좌굴응력 F_e를 사용하여, 식

(4.2-2)와 식 (4.2-3)에 따라 산정한다.

① 2축대칭 부재의 경우

$$F_e = \left[\frac{\pi^2 EC_w}{(K_z L)^2} + GJ\right]\frac{1}{I_x + I_y} \tag{4.2-8}$$

② y축에 대칭인 1축대칭 부재의 경우

$$F_e = \left(\frac{F_{ey} + F_{ez}}{2H}\right)\left[1 - \sqrt{1 - \frac{4F_{ey}F_{ez}H}{(F_{ey} + F_{ez})^2}}\right] \tag{4.2-9}$$

③ 비대칭 부재의 경우 다음 방정식의 해 중 가장 작은 해를 F_e로 사용한다.

$$(F_e - F_{ex})(F_e - F_{ey})(F_e - F_{ez}) - F_e^2(F_e - F_{ey})\left(\frac{x_0}{\overline{r_0}}\right)^2 - F_e^2(F_e - F_{ex})\left(\frac{y_o}{\overline{r_0}}\right)^2 = 0 \tag{4.2-10}$$

여기서, A_g : 부재의 총단면적 (mm^2)

C_w : 뒤틀림상수 (mm^6)

$$F_{ex} = \frac{\pi^2 E}{\left(\frac{K_x L}{r_x}\right)^2}$$

$$F_{ey} = \frac{\pi^2 E}{\left(\frac{K_y L}{r_y}\right)^2}$$

$$F_{ez} = \left[\frac{\pi^2 EC_w}{(K_z L)^2} + GJ\right]\frac{1}{A_g \overline{r_0}^2}$$

G : 강재의 전단탄성계수

$$H = 1 - \frac{x_0^2 + y_0^2}{\overline{r_0}^2}$$

I_x, I_y : 주축에 대한 단면2차모멘트 (mm^4)

J : 비틀림상수 (mm^4)

K_x : x축에 대해서 휨좌굴에 대한 유효좌굴길이계수

K_y : y축에 대해서 휨좌굴에 대한 유효좌굴길이계수

K_z : z축에 대해서 비틀림좌굴에 대한 유효좌굴길이계수

$\overline{r_0}$: 전단 중심에 대한 극2차반경 (mm)

$$\overline{r_0}^2 = x_0^2 + y_0^2 + \frac{I_x + I_y}{A_g}$$

r_x : x축에 대한 단면2차반경 (mm)

r_y : y축에 대한 단면2차반경 (mm)

x_0, y_0 : 단면의 도심에서 전단 중심까지의 거리(mm)

2축대칭 H형단면의 경우, $C_w = I_y h_0^2/4$ 값을 사용할 수 있다. 여기서, h_0는 플랜지 도심 간의 거리를 나타낸다. T형강과 쌍ㄱ형강의 경우, F_{ez}를 계산할 때 C_w를 포함한 항을 삭제하고 x_0를 0으로 놓는다.

해설

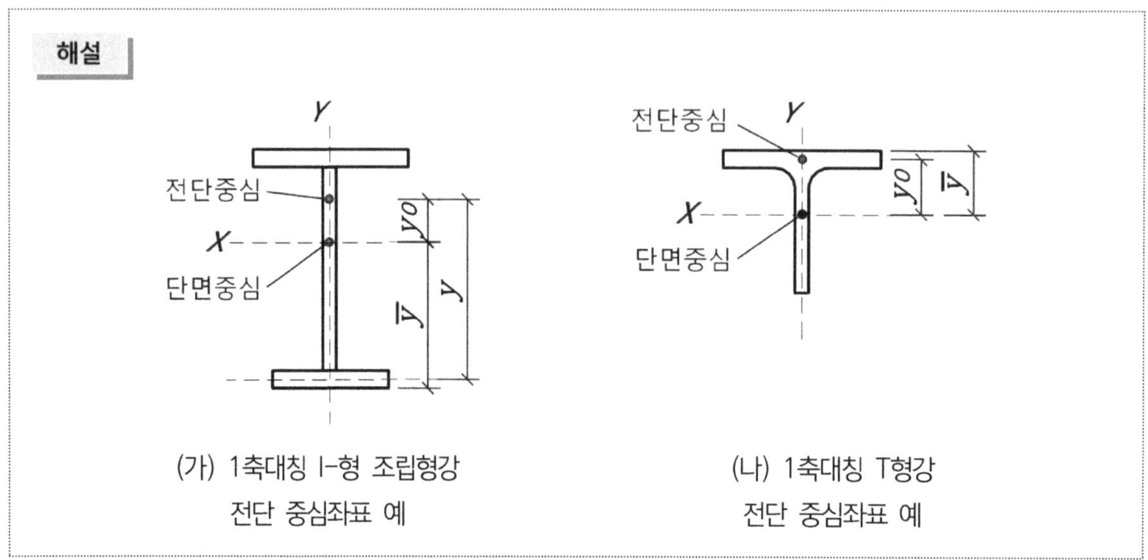

(가) 1축대칭 I-형 조립형강 전단 중심좌표 예

(나) 1축대칭 T형강 전단 중심좌표 예

4.2.5 단일ㄱ형강 압축부재

단일ㄱ형강 부재의 공칭압축강도 P_n은 4.2.5(1) 또는 4.2.5(2)에 규정한 유효세장비 KL/r을 사용하여 4.2.3 또는 4.2.7에 따라 산정한다. $b/t > 20$인 단일ㄱ형강 부재는 4.2.4에 따라 산정한다.

단일ㄱ형강 압축부재가 하나의 다리를 통하여 양단에서 압축력을 받고, 용접이나 최소한 2개의 볼트로 접합되고, 부재 중간에 횡하중을 받지 않는다면, 4.2.5(1) 또는 4.2.5(2)에 규정한 유효세장비 중 하나를 사용하여 압축부재를 평가할 때 단일ㄱ형강의 편심에 대한 효과는 무시할 수 있다.

단일ㄱ형강이 긴 다리와 짧은 다리의 비가 1.7 이상 또는 부재중간에 횡하중을 받고, 4.2.5(1) 또는 4.2.5(2)에 설명된 조건과 다른 단부조건일 경우 축력과 휨의 조합된 힘을 받는 부재에 대한 4.4의 규정에 따른다.

(1) 등변ㄱ형강 또는 긴 다리로 접합된 부등변ㄱ형강이 단일 부재이거나 또는 평면트러스의 웨브재로 인접한 웨브재와 거셋플레이트 또는 현재의 동일면에 접합된 경우

① $0 \le \dfrac{L}{r_x} \le 80$일 때

$$\frac{KL}{r} = 72 + 0.75\frac{L}{r_x} \tag{4.2-11}$$

② $\frac{L}{r_x} > 80$일 때

$$\frac{KL}{r} = 32 + 1.25\frac{L}{r_x} \le 200 \tag{4.2-12}$$

부등변ㄱ형강에서 다리길이의 비가 1.7 이하이고 ㄱ형강의 짧은 다리가 접합되면, 식 (4.2-11)과 식 (4.2-12)에 $4\left[(b_l/b_s)^2 - 1\right]$를 더하여 KL/r을 산정한다. 다만, 이 값은 $0.95L/r_z$ 이상이어야 한다.

(2) 등변ㄱ형강 또는 긴 다리로 접합된 부등변ㄱ형강이 박스형 또는 입체트러스의 웨브재로 인접한 웨브재와 거셋플레이트 또는 현재의 동일면에 접합된 경우

① $0 \le \frac{L}{r_x} \le 75$일 때

$$\frac{KL}{r} = 60 + 0.8\frac{L}{r_x} \tag{4.2-13}$$

② $\frac{L}{r_x} > 75$일 때

$$\frac{KL}{r} = 45 + \frac{L}{r_x} \le 200 \tag{4.2-14}$$

부등변ㄱ형강에서 다리길이의 비가 1.7 이하이고 ㄱ형강의 짧은 다리가 접합되면 식 (4.2-13)과 식 (4.2-14)에 $6\left[(b_l/b_s)^2 - 1\right]$를 더하여 KL/r을 산정한다. 다만, 이 값은 $0.82L/r_z$ 이상이어야 한다.

여기서, L : 부재길이 (mm)

b_l : ㄱ형강의 긴 쪽 다리의 길이 (mm)

b_s : ㄱ형강의 짧은 쪽 다리의 길이 (mm)

r_x : 접합된 다리와 평행한 축에 대한 단면2차반경 (mm)

r_z : 약축에 대한 단면2차반경 (mm)

해설 r_x, r_z 의 정의

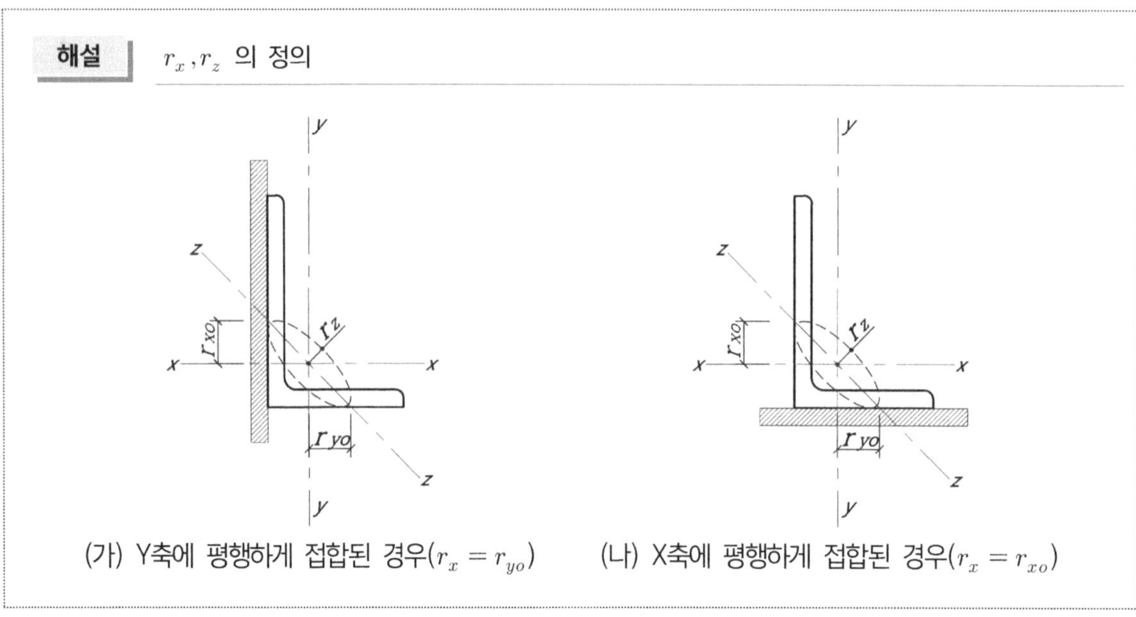

(가) Y축에 평행하게 접합된 경우($r_x = r_{yo}$)　　(나) X축에 평행하게 접합된 경우($r_x = r_{xo}$)

4.2.6 조립 압축재

4.2.6.1 압축강도

볼트나 용접으로 접합되거나 또는 유공커버플레이트나 타이플레이트를 갖는 가새와 접합된 개단면을 1개 이상 갖고 있는 2개의 부재로 구성된 조립부재에 적용한다. 단부 연결은 용접되거나 클라스 A 또는 B 접촉면의 프리텐션볼트로 연결된다.

볼트나 용접으로 접합된 2개의 부재로 구성된 조립재의 공칭압축강도는 아래와 같이 수정하여 4.2.3, 4.2.4 또는 4.2.7에 따라 산정한다. 만일 좌굴모드가 각 개별부재간의 접합재에 전단력을 발생시키는 상대변형을 포함하고 있다면 KL/r 대신에 아래와 같이 계산된 $(KL/r)_m$ 을 사용한다.

(1) 1차조임의 볼트로 접합된 경우

$$\left(\frac{KL}{r}\right)_m = \sqrt{\left(\frac{KL}{r}\right)_0^2 + \left(\frac{a}{r_i}\right)^2} \tag{4.2-15}$$

(2) 용접이나 볼트로 접합된 경우

① $\dfrac{a}{r_i} \leq 40$일 때

$$\left(\frac{KL}{r}\right)_m = \left(\frac{KL}{r}\right)_o \tag{4.2-16}$$

② $\dfrac{a}{r_i} > 40$일 때

$$\left(\frac{KL}{r}\right)_m = \sqrt{\left(\frac{KL}{r}\right)_0^2 + \left(\frac{K_i a}{r_i}\right)^2} \tag{4.2-17}$$

여기서, $\left(\dfrac{KL}{r}\right)_m$: 조립부재의 수정된 기둥세장비

$\left(\frac{KL}{r}\right)_0$: 고려하는 좌굴방향으로 단일부재로 거동하는 조립부재의 세장비

K_i = 0.5 (서로 맞닿은 ㄱ형강일 경우)

= 0.75 (서로 맞닿은 ㄷ형강일 경우)

= 0.86 (다른 모든 경우)

a : 접합재 사이의 길이 (mm)

r_i : 개별부재의 최소 단면2차반경 (mm)

해설

조립압축재의 강도는 압축재 개재강도 및 개재간의 접합상태에 의해 전체강도가 영향을 받게 된다. 조립압축재로 많이 사용되는 형상은 다음 그림과 같다.

조립압축재의 좌굴강도는 기본적으로 단일 압축재의 좌굴강도식에 의한 것과 같으나, 다만 조립압축재를 구성하는 각각의 부재에 대한 세장비를 추가로 검토하여야 하는 점이 다르다. 두 개의 ㄷ형강을 이용하여 조립압축재를 구성하였다고 하자. 만약 두 개의 ㄷ형강사이에 아무런 접합이 없는 상태에서 압축력이 작용하게 되면 두 개의 ㄷ형강은 압축력에 대해 각각 독립적으로 거동하여 (다)와 같은 상태가 될 것이다. 이런 경우 조립압축재로 저항할 수 있는 압축력은 각각의 ㄷ형강이 독립적으로 받을 수 있는 좌굴하중의 두 배로 계산된다.

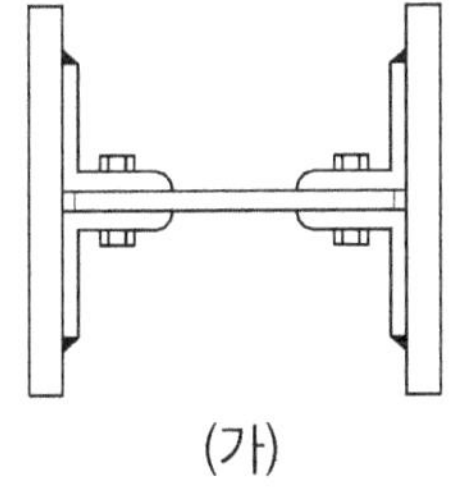
(가)

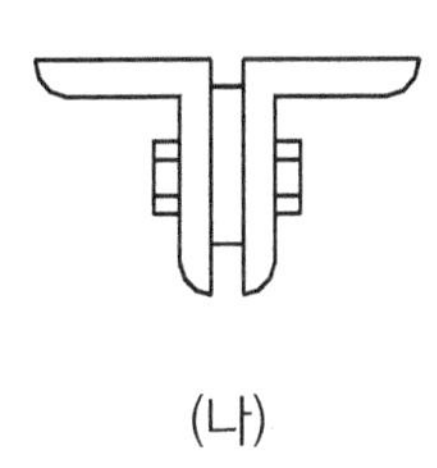
(나)

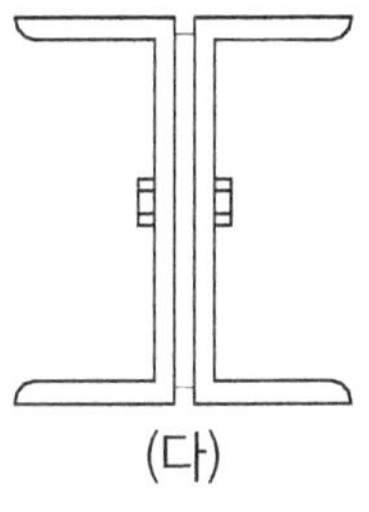
(다)

해설 조립압축재로 사용되는 단면들

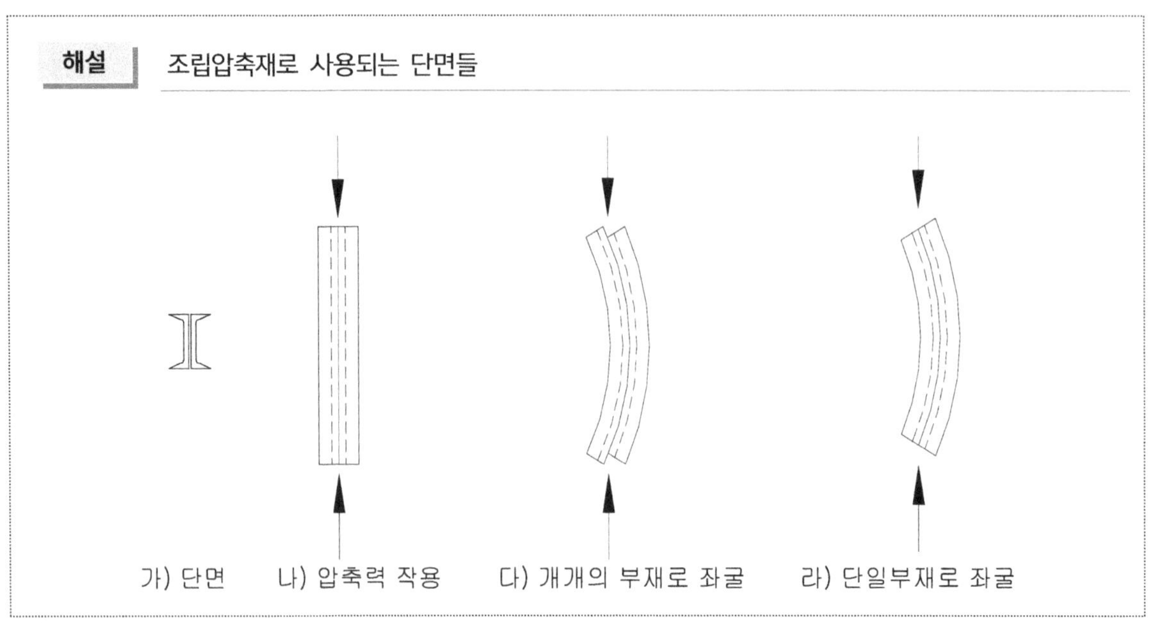

해설 두 개의 ㄷ형강을 이용한 조립 압축부재의 좌굴

이 경우 두 개의 ㄷ형강 사이에 슬립이 발생하게 되고, 이 슬립의 양은 부재의 단부에서 가장 커지게 된다. 이 두 개의 ㄷ형강이 하나의 부재로 거동할 수 있게 하려면 두 개의 부재 사이에 발생하는 슬립에 대해 저항할 수 있도록 일정한 간격으로 묶어줄 필요가 있다. 이 서로 묶어주는 일정한 간격은 개재의 세장비가 두 개의 부재가 하나로 거동했을 때의 세장비 이하로 조절될 수 있도록 하여야 한다.
조립된 부재를 하나의 부재로 취급하여 설계할 수 있는 경우, 세장비를 수정하여 수정된 세장비를 사용하는데 두 개 부재간 접합방법이 슬립을 허용하는 고력볼트 지압 접합형식과 슬립을 허용하지 않는 고력볼트 마찰접합 및 용접접합 형식에 대해 수정된 세장비를 기준식 4.2-15, 16, 17으로 계산하여 적용한다.

4.2.6.2 치수 요구조건

(1) 2개 이상의 형강들로 구성된 압축부재의 개별 구성요소들은 연결재 사이의 각 형강의 유효세장비 Ka/r_i가 조립부재의 최대세장비 KL/r의 3/4배를 초과하지 않도록 간격 a로 서로 접합한다. 여기서 r_i는 각 구성요소의 최소 곡률반경이다.

해설 개재의 최소단면2차 반경 정의

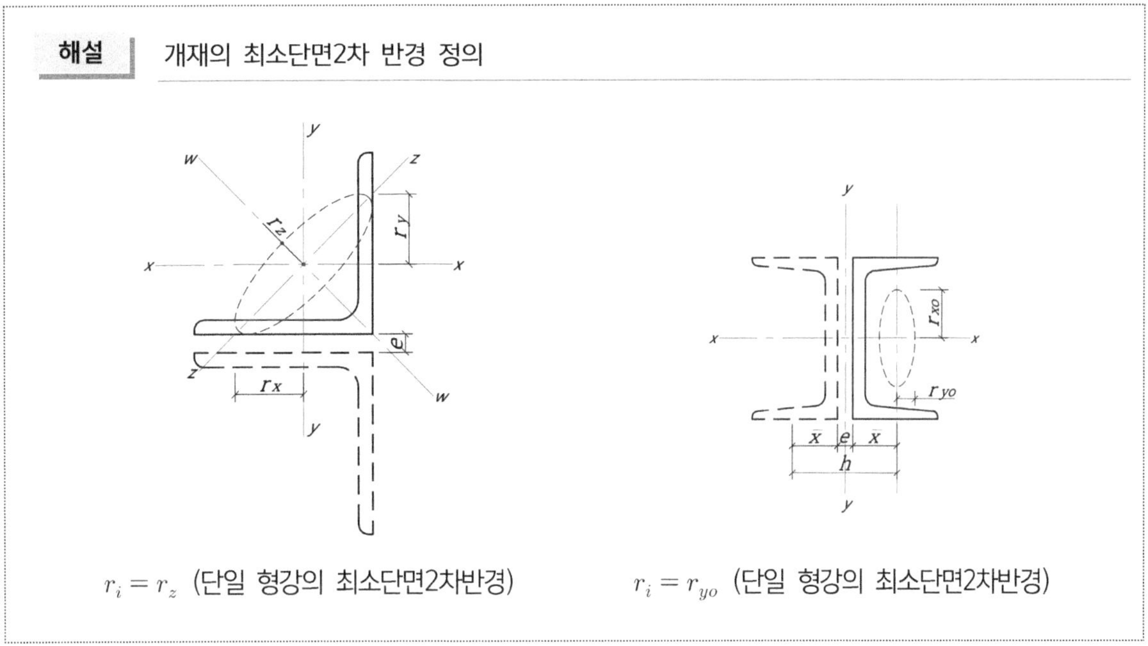

$r_i = r_z$ (단일 형강의 최소단면2차반경) $r_i = r_{yo}$ (단일 형강의 최소단면2차반경)

(2) 기초판 또는 완성된 면을 지압하는 조립 압축부재의 단부에서는 서로 접촉된 모든 구성요소들을 부재의 최대폭보다 길게 용접하거나, 부재 최대폭의 1.5배 이상의 구간에 대하여 길이방향으로 볼트직경의 4배 이하 간격으로 볼트접합한다.

(3) 단부 접합부 사이의 조립 압축부재의 길이를 따라 단속용접 또는 볼트접합의 길이방향 간격은 소요강도를 전달하기에 적절해야 한다. 연속적으로 접촉하는 판과 형강 또는 2개의 판요소들을 접합하는 연결재의 길이방향 간격에 대한 제한조건은 KDS 14 31 25(4.1.1.10)에 규정하고 있다. 조립 압축부재가 구성요소로서 커버플레이트를 가질 경우, 구성요소의 모서리를 따라 단속용접할 때 그 최대간격 또는 각 단면의 모든 게이지선에서 연결재의 최대간격은 가장 얇은 커버플레이트 두께의 $0.75\sqrt{E/F_y}$배, 그리고 $305mm$ 이하로 한다. 연결재가 불규칙배치될 경우 각 게이지선에서 연결재의 최대간격은 가장 얇은 커버플레이트 두께의 $1.12\sqrt{E/F_y}$배, 그리고 $460mm$ 이하로 한다.

판 또는 형강으로 조립한 압축부재의 개단면에는 일련의 작업구멍을 갖는 연속된 유공커버플레이트가 적용될 수 있다. 4.2.1.1에 규정한 유공커버플레이트의 비지지폭은 작업 개구부에서 다음의 요구조건을 만족할 때 설계강도 계산에 고려된다.

① 폭두께비는 4.2.1.1의 제한조건을 만족해야 한다. 표 4.2-2의 7번 경우에는 폭 b를 가장 가까운 연결재 열간 횡거리로 폭두께 한계비에 사용하면 보수적이다. 판의 순단면적은 가장 큰 구멍이 있는 곳에서 취한다. 이러한 방법 대신에 폭두께 한계비는 해석을 통해 결정될 수 있다.

② 응력방향의 개구부의 길이는 개구부 폭의 2배 이하로 한다.

③ 응력방향의 개구부 순거리는 가장 가까운 연결재 열 간 또는 용접선 간의 횡거리보다 길어야한다.

④ 개구부의 둘레 모든점에서의 곡률반경은 $38mm$ 이상으로 한다.

(4) 유공커버플레이트의 대안으로써, 래티스 설치에 지장이 있는 경우 단부와 중간부에 띠판을 설치할 수 있다. 띠판은 단부에 가깝게 설치하는 것이 실용적이다. 단부 띠판 폭은 부재의 구성요소와 띠판을 접합하는 연결재 열 간 또는 용접선 간 거리보다 길어야 하고, 중간부 띠판 폭은 이 거리의 1/2 이상이어야 한다. 띠판 두께는 부재의 구성요소와 띠판을 접합하는 연결재 열간 또는 용접선 간 거리의 1/15 이상이어야 한다. 띠판을 접합하는 각 용접선의 길이는 띠판 길이의 1/3 이상이어야 한다. 띠판에서 응력방향으로 볼트간격은 볼트직경의 6배보다 작아야 하며, 띠판은 각 구성요소에 3개 이상의 연결재로 접합되어야 한다.

(5) 평강, ㄱ형강, ㄷ형강 및 기타형강이 래티스로 사용되며, 이 래티스의 간격은 부재의 플랜지 요소의 세장비 L/r이 부재전체의 최대세장비의 3/4를 초과하지 않도록 한다. 래티스는 조립부재 설계압축강도의 2%와 같은 전단강도를 부재축에 수직하게 갖도록 배치해야 한다. 단일 래티스부재 세장비 L/r은 140 이하로 하고, 복 래티스의 경우에는 200 이하로 한다. 복 래티스부재들은 교차부분에서 연결되어야 한다. 압축을 받는 래티스부재의 길이 L은 단일 래티스의 경우 주부재와 래티스를 접합하는 용접 또는 연결재 사이의 래티스 비지지길이이고, 복 래티스의 경우 이 거리의 70%로 한다.

부재의 축에 대한 래티스부재의 경사각은 단일 래티스의 경우 60°, 복 래티스의 경우 45° 이상이어야 한다. 부재의 플랜지에서 용접선 간 또는 연결재 간 거리가 $380mm$ 이상이면, 래티스를 복 래티스로 하거나 ㄱ형강으로 하는 것이 바람직하다.

4.2.7 세장판단면을 갖는 압축부재

균일압축을 받는 단면에 대하여 4.2.1.1에서 정의된 것처럼 세장판단면을 갖는 압축부재에 적용한다. 공칭압축강도 P_n은 적용하는 휨좌굴, 비틀림좌굴 및 휨비틀림좌굴 한계상태 중 가장 작은 값으로 다음과 같이 산정한다.

$$P_n = F_{cr} A_g \tag{4.2-18}$$

좌굴응력 F_{cr}은 다음과 같이 산정한다.

(1) $\dfrac{KL}{r} \le 4.71\sqrt{\dfrac{E}{QF_y}}$ 또는 $\dfrac{QF_y}{F_e} \le 2.25$일 경우

$$F_{cr} = Q\left[0.658^{\frac{QF_y}{F_e}}\right]F_y \tag{4.2-19}$$

(2) $\dfrac{KL}{r} > 4.71\sqrt{\dfrac{E}{QF_y}}$ 또는 $\dfrac{QF_y}{F_e} > 2.25$일 경우

$$F_{cr} = 0.877F_e \tag{4.2-20}$$

여기서, F_e : 탄성좌굴응력, 2축대칭 부재는 식 (4.2-4)와 식 (4.2-8), 1축대칭 부재는 식 (4.2-4)와 식 (4.2-9)[2], 비대칭 부재는 식 (4.2-10)[3], 그리고 $b/t > 20$인 단일ㄱ형강은 식 (4.2-4)를 사용하여 산정한다.

Q : 모든 세장 압축요소를 고려하는 순감소계수로서, 균일압축을 받는 단면에 대해 4.2.1.1에서 정의된 것처럼 세장판요소가 없는 부재는 1.0, 세장판요소를 갖는 부재는 $Q_s Q_a$로 산정한다. 세장한 자유돌출판으로만 조합된 단면의 경우, $Q = Q_s (Q_a = 1.0)$, 세장한 양연지지판으로만 조합된 경우, $Q = Q_a (Q_s = 1.0)$, 양연지지판과 자유돌출판으로 조합된 단면의 경우, $Q = Q_s Q_a$로 산정한다. 여러 개의 세장한 자유돌출판으로 조합된 단면의 경우, 더 세장한 판으로 구해진 작은 Q_s를 사용하는 것이 보수적이다.

해설

판의 구속 여부와 관계없이 압축을 받는 판 부재는 좌굴이 발생한 후에도 어느 정도 강도를 보유하게 되는데, 구속된 판의 경우가 구속되지 않는 판에 비해 그 값이 크다. 구속된 판과 구속되지 않는 판이 압축력을 받고 있을 경우 응력분포상태는 다음 그림과 같이 된다.

---

2) KDS 14 31 10 : 2017에는 (4.2-5)로 명기하고 있으나, 설계식을 고려하여 (4.2-9)로 수정함.
3) KDS 14 31 10 : 2017에는 (4.2-6)로 명기하고 있으나, 설계식을 고려하여 (4.2-10)으로 수정함.

해설 (계속)

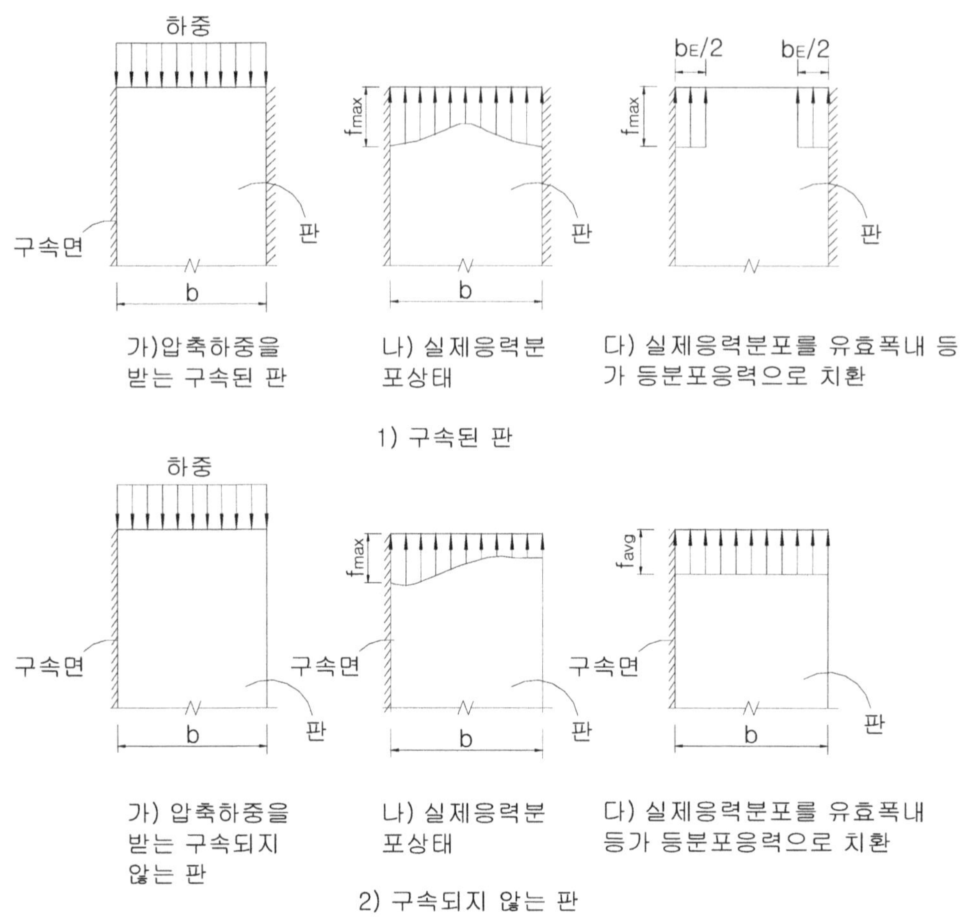

그림에서 보는 바와 같이 구속된 판의 일부에 집중되는 응력상태에 대해 등분포 응력상태로 볼 수 있는 유효폭의 개념을 도입하여 생각하면 다음과 같이 된다.

$$P_n = t\int_b^0 f(x)dx \fallingdotseq tb_E f_{\max} = A_E f_{\max} \text{ (구속된 판의 경우)}$$

여기서 , b_E는 유효폭, A_E는 유효단면적임.

구속되지 않는 판의 경우는 응력의 분포상태가 대칭이 아님으로 응력의 평균값을 사용하여 나타내면

$P_n = tbf_{avg} = A_{gross} f_{avg}$ 으로 표현할 수 있다.

따라서, 기둥의 전체적인 강도를 평가할 때 구속된 판의 경우에는 유효폭 개념이 도입되어,

$$P_n = \frac{A_{eff}}{A_{gross}} f_{\max} A_{gross} = Q_a f_{\max} A_{gross}$$

해설 (계속)

로 표시되고 , 구속되지 않은 판의 경우는 등가분포응력개념이 도입되어,

$$P_n = \frac{f_{avg}}{f_{\max}} f_{\max} A_{gross} = Q_s f_{\max} A_{gross}$$

로 표시할 수 있고, 여기서 사용되는 Q_a, Q_s는 저감계수가 된다.

압축력을 받는 부재가 구속된 판과 구속되지 않는 판으로 구성되어 있을 때 응력도는 구속되지 않는 판의 f_{avg}에 따르며, 구속된 판의 유효폭에 대해 $f_{\max} = f_{avg}$로 산정하게 된다.

그러므로, 전체 강도는 $P_n = f_{avg} A_{eff}$ 가 되고 이것은 다음식으로 표시된다.

$$P_n = \frac{f_{avg}}{f_{\max}} (f_{\max}) \frac{A_{eff}}{A_{gross}} (A_{gross}) = Q_a Q_s f_{\max} A_{gross}$$

따라서, 이와 같은 저감계수 Q에 의해 압축재의 전강도가 얻어지기 전에 발생하는 국부좌굴의 효과를 고려할 수 있게 된다. 압축재에서 세장비에 의해 전체적으로 좌굴이 발생했을 때 평균응력도 P_u/A_g는 항상 F_y값보다 적은 값이 될 것이고, 이때 Q_s는 탄성좌굴응력 F_{cr}과 항복응력도 F_y와의 비, 즉 F_{cr}/F_y로서 정의되는 값으로 정의될 수 있다.

이것은 구속되지 않는 판의 국부좌굴에서 판의 국부좌굴에 대한 좌굴하중 F_{cr}(판)이 기둥의 좌굴하중 F_{cr}(기둥)보다 적은 경우 기둥 전체단면의 효율성을 감소시킨다는 것을 의미한다.

4.2.7.1 세장한 자유돌출판

세장한 자유돌출판의 저감계수 Q_s는 다음과 같이 산정한다.

(1) 압연기둥 또는 다른 압축부재로부터 돌출된 플랜지, ㄱ형강 및 플레이트

① $b/t \le 0.56\sqrt{E/F_y}$일 경우

$$Q_s = 1.0 \tag{4.2-21}$$

② $0.56\sqrt{E/F_y} < b/t < 1.03\sqrt{E/F_y}$일 경우

$$Q_s = 1.415 - 0.74\left(\frac{b}{t}\right)\sqrt{\frac{F_y}{E}} \tag{4.2-22}$$

③ $b/t \ge 1.03\sqrt{E/F_y}$일 경우

$$Q_s = \frac{0.69E}{F_y\left(\frac{b}{t}\right)^2} \tag{4.2-23}$$

해설 저감계수 Q_s

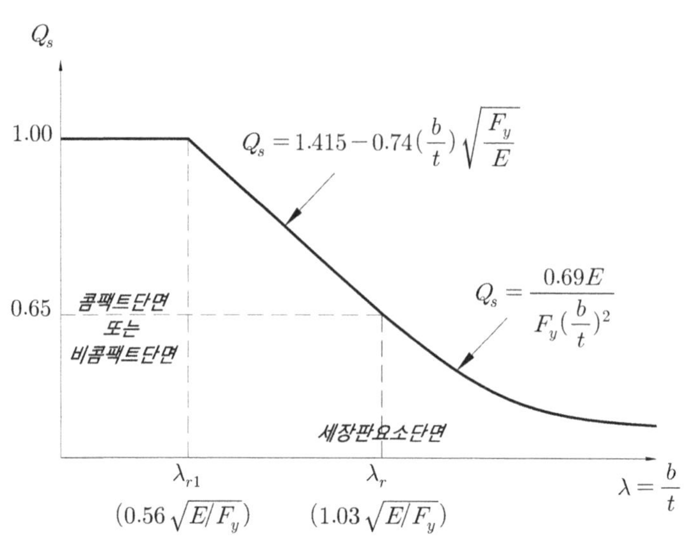

(2) 조립된 H형강 기둥 또는 다른 압축부재로부터 돌출된 플랜지, ㄱ형강 및 플레이트

① $b/t \le 0.64\sqrt{Ek_c/F_y}$일 경우

$$Q_s = 1.0 \tag{4.2.-24}$$

② $0.64\sqrt{Ek_c/F_y} < b/t \le 1.17\sqrt{Ek_c/F_y}$일 경우

$$Q_s = 1.415 - 0.65\left(\frac{b}{t}\right)\sqrt{\frac{F_y}{Ek_c}} \tag{4.2-25}$$

③ $b/t > 1.17\sqrt{Ek_c/F_y}$일 경우

$$Q_s = \frac{0.90Ek_c}{F_y\left(\frac{b}{t}\right)^2} \tag{4.2-26}$$

여기서, b : 4.2.1.1에서 정의된 자유돌출판의 폭 (mm)

$$k_c = \frac{4}{\sqrt{h/t_w}},\ 0.35 \le k_c \le 0.76$$

t : 부재의 두께 (mm)

(3) 단일ㄱ형강

① $b/t \le 0.45\sqrt{E/F_y}$일 경우

$$Q_s = 1.0 \tag{4.2-27}$$

② $0.45\sqrt{E/F_y} < b/t \le 0.91\sqrt{E/F_y}$일 경우

$$Q_s = 1.34 - 0.76\left(\frac{b}{t}\right)\sqrt{\frac{F_y}{E}} \quad (4.2\text{-}28)$$

③ $b/t > 0.91\sqrt{E/F_y}$일 경우

$$Q_s = \frac{0.53E}{F_y\left(\frac{b}{t}\right)^2} \quad (4.2\text{-}29)$$

여기서, b : ㄱ형강의 가장 긴 다리의 폭 (mm)

(4) T형강의 스템

① $d/t \le 0.75\sqrt{E/F_y}$ 일 경우

$$Q_s = 1.0 \quad (4.2\text{-}30)$$

② $0.75\sqrt{E/F_y} < d/t \le 1.03\sqrt{E/F_y}$일 경우

$$Q_s = 1.908 - 1.22\left(\frac{d}{t}\right)\sqrt{\frac{F_y}{E}} \quad (4.2\text{-}31)$$

③ $d/t > 1.03\sqrt{E/F_y}$일 경우

$$Q_s = \frac{0.69E}{F_y\left(\frac{d}{t}\right)^2} \quad (4.2\text{-}32)$$

여기서, d : T형강의 공칭높이 (mm)

4.2.7.2 세장한 양연지지판

세장한 양연지지판의 저감계수 Q_a는 다음과 같이 산정한다.

$$Q_a = \frac{A_e}{A_g} \quad (4.2\text{-}33)$$

여기서, A_g : 부재의 총단면적 (mm^2)

A_e : 감소된 유효폭 b_e를 고려하여 산정한 유효단면적의 합 (mm^2)

감소된 유효폭 b_e는 다음과 같이 산정한다.

해설 H-형강단면의 유효단면적 A_{eff}의 정의

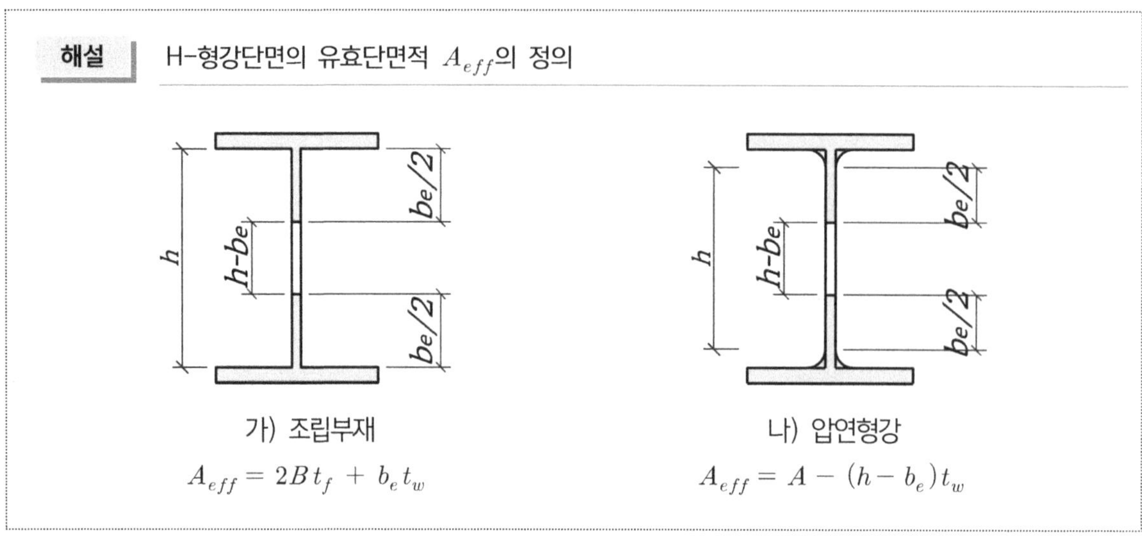

가) 조립부재

$A_{eff} = 2Bt_f + b_e t_w$

나) 압연형강

$A_{eff} = A - (h - b_e)t_w$

(1) 균일한 두께를 갖는 정방형이나 장방형 단면의 플랜지를 제외하고, 균일압축을 받는 세장판 단면 $\left(\frac{b}{t} \geq 1.49\sqrt{\frac{E}{f}}\right)$

$$b_e = 1.92t\sqrt{\frac{E}{f}}\left[1 - \frac{0.34}{(b/t)}\sqrt{\frac{E}{f}}\right] \leq b \quad (4.2\text{-}34)$$

여기서, f는 $Q = 1.0$일 때의 F_{cr}의 값이다.

(2) 균일한 두께를 갖는 정방형이나 장방형의 세장판 단면의 플랜지

$\left(\frac{b}{t} \geq 1.40\sqrt{\frac{E}{f}}\right)$

$$b_e = 1.92t\sqrt{\frac{E}{f}}\left[1 - \frac{0.38}{(b/t)}\sqrt{\frac{E}{f}}\right] \leq b \quad (4.2\text{-}35)$$

여기서, $f = P_n/A_e$. 반복계산을 요하는 $f = P_n/A_e$를 구하는 대신, f는 F_y와 같다고 할 수 있다. 이 경우에는 기둥의 유효강도를 약간 보수적으로 추정한다.

(3) 축력을 받는 원형단면 $0.11\frac{E}{F_y} < \frac{D}{t} < 0.45\frac{E}{F_y}$일 경우

$$Q = Q_a = \frac{0.038E}{F_y(D/t)} + \frac{2}{3} \quad (4.2\text{-}36)$$

여기서, D : 원형강관의 외경 (mm)

t : 부재의 두께 (mm)

제8장 압축부재 설계 절차 및 예제

8.1 압축부재 설계 절차

하중저항계수설계법에서 2축대칭인 H-압연형강의 경우 허용좌굴응력 산정은 종래의 허용응력도 설계법과 유사하게 각방향의 세장비 검토 후 최대 세장비 값을 이용하여 탄성좌굴응력 F_e를 구한 후 허용휨좌굴응력을 산정한다.

2축대칭부재인 +형조립부재나 조립형 I-형강은 휨좌굴 외에 비틀림좌굴을 고려해야한다. H-압연형강의 경우 대부분 휨좌굴에 지배되어 비틀림좌굴을 검토할 필요가 없으나, 좌굴길이가 짧은 광폭계열의 H형강 기둥부재의 경우에는 비틀림좌굴에 지배되므로 유의해야 한다.

1축대칭 부재인 쌍ㄱ형강 및 T형강은 휨좌굴과 휨-비틀림좌굴을 검토하되, 비대칭축(x-x축)에 대해서는 휨좌굴을, 1축대칭축(y-y축)에서는 휨-비틀림좌굴을 고려하며 또한 판요소가 세장한지 아닌지에 따라 좌굴응력산정과정이 달라진다. 그리고 상하플랜지 크기가 다른 조립형 I-형강의 경우와 2축대칭부재의 경우에도 판요소의 세장유무에 관계없이 동일한 계산 과정으로 산정됨을 알 수 있다.

【2축 대칭】 휨좌굴응력 적용공식 요약

단면형상	구분	탄성좌굴응력	탄성비틀림 좌굴응력	허용휨좌굴응력 F_{cr}
x x	모든 경우 $Q=1$ 또는 $Q<1$	$\lambda = MAX[\frac{K_x L_x}{r_x}, \frac{K_y L_y}{r_y}]$ $F_{e1} = \frac{\pi^2 E}{\lambda^2}$	$F_{e2}=$ 식(2)적용	$F_e = MIN[F_{e1}, F_{e2}]$ $F_{cr}=$ 식(1)적용
x x / x x	모든 경우 $Q=1$ 또는 $Q<1$	$\lambda = MAX[\frac{K_x L_x}{r_x}, \frac{K_y L_y}{r_y}]$ $F_{e1} = \frac{\pi^2 E}{\lambda^2}$	$F_{e2}=$ 식(2)적용	$F_e = MIN[F_{e1}, F_{e2}]$ $F_{cr}=$ 식(1)적용

【1축 대칭】 휨좌굴응력 적용공식 요약

단면형상	구분	휨좌굴 응력 < X-X 축 >	휨-비틀림좌굴응력 < Y-Y 축 >	허용휨좌굴응력 F_{cr}
	세장판요소 없는 경우 $Q=1$	$F_{ex}=\frac{\pi^2 E}{{\lambda_x}^2}$ F_{ecrx} = 식(1)적용	$F_{ey}=\frac{\pi^2 E}{{\lambda_y}^2}$ $(F_{cr})_y$ = 식(4)적용	$F_{cr}=MIN[F_{crx},(F_{cr})_y]$
	세장판요소 있는 경우 $Q<1$	$F_{ex}=\frac{\pi^2 E}{\lambda_x^2}$	$F_{ey}=\frac{\pi^2 E}{{\lambda_y}^2}$ $(F_{cr})_y$ = 식(3)적용	$F_e=MIN[F_{crx},(F_{cr})_y]$ F_{cr} = 식(1)적용
	모든 경우 $Q=1$ 또는 $Q<1$	$F_{ex}=\frac{\pi^2 E}{\lambda_x^2}$	$F_{ey}=\frac{\pi^2 E}{{\lambda_y}^2}$ $(F_{cr})_y$ = 식(3)적용	$F_e=MIN[F_{crx},(F_{cr})_y]$ F_{cr} = 식(1)적용

(주1) 적용 공식

휨좌굴 검토식

식(1) $\frac{KL}{r}\leq 4.71\sqrt{\frac{E}{QF_y}}$ 또는 $\frac{QF_y}{F_e}\leq 2.25$일 경우

$$F_{cr}=\ Q[0.658^{\frac{QF_y}{F_e}}]F_y$$

또는,

$\frac{KL}{r}>4.71\sqrt{\frac{E}{QF_y}}$ 또는 $\frac{QF_y}{F_e}>2.25$ 일 경우

$$F_{cr}=\ 0.877F_e$$

비틀림좌굴 또는 휨-비틀림 좌굴 검토식

【2축대칭 부재 (비틀림좌굴)】

식(2) $F_{e2}=\ [\frac{\pi^2 EC_w}{(K_z L)^2}+GJ]\frac{1}{I_x+I_y}$

【1축대칭 부재 (휨-비틀림좌굴)】

식(3) $(F_e)_y=\ (\frac{F_{ey}+F_{ez}}{2H})[1-\sqrt{1-\frac{4F_{ey}F_{ez}H}{(F_{ey}+F_{ez})^2}}\,]$

【1축대칭 부재 (휨-비틀림좌굴)】

식(4) $(F_{cr})_y = (\frac{F_{cry} + F_{crz}}{2H})[1 - \sqrt{1 - \frac{4F_{cry}F_{crz}H}{(F_{cry} + F_{crz})^2}}]$

(주2) 압연 H-형강의 경우 대부분 휨좌굴 한계상태가 지배하여 비틀림 한계상태를 고려할 필요가 없으나, 비틀림에 대한 비지지길이가 횡좌굴에 대한 비지지길이를 초과할 경우(길이가 대략 3m 미만으로 좌굴길이가 짧은 광폭계열의 기둥부재)에는 휨좌굴거동보다 비틀림거동이 우세하여 비틀림한계 상태를 고려해야 한다.

8.2 압축부재 설계 흐름도

설계프로그램밍 과정과 동일하게 흐름도(Flow Chart)형식으로 다음과 같은 강구조 압축부재에 대하여 설계절차를 현행 구조기준에 맞게 작성하였다.

· H형강 설계흐름도
· 2축대칭 +형 조립형강의 설계흐름도
· T형강 설계흐름도
· 쌍ㄱ형강 설계흐름도
· 비대칭 용접H형강 설계흐름도
· ㄱ형강 설계흐름도
· 각형강관 설계흐름도
· 원형강관 설계흐름도

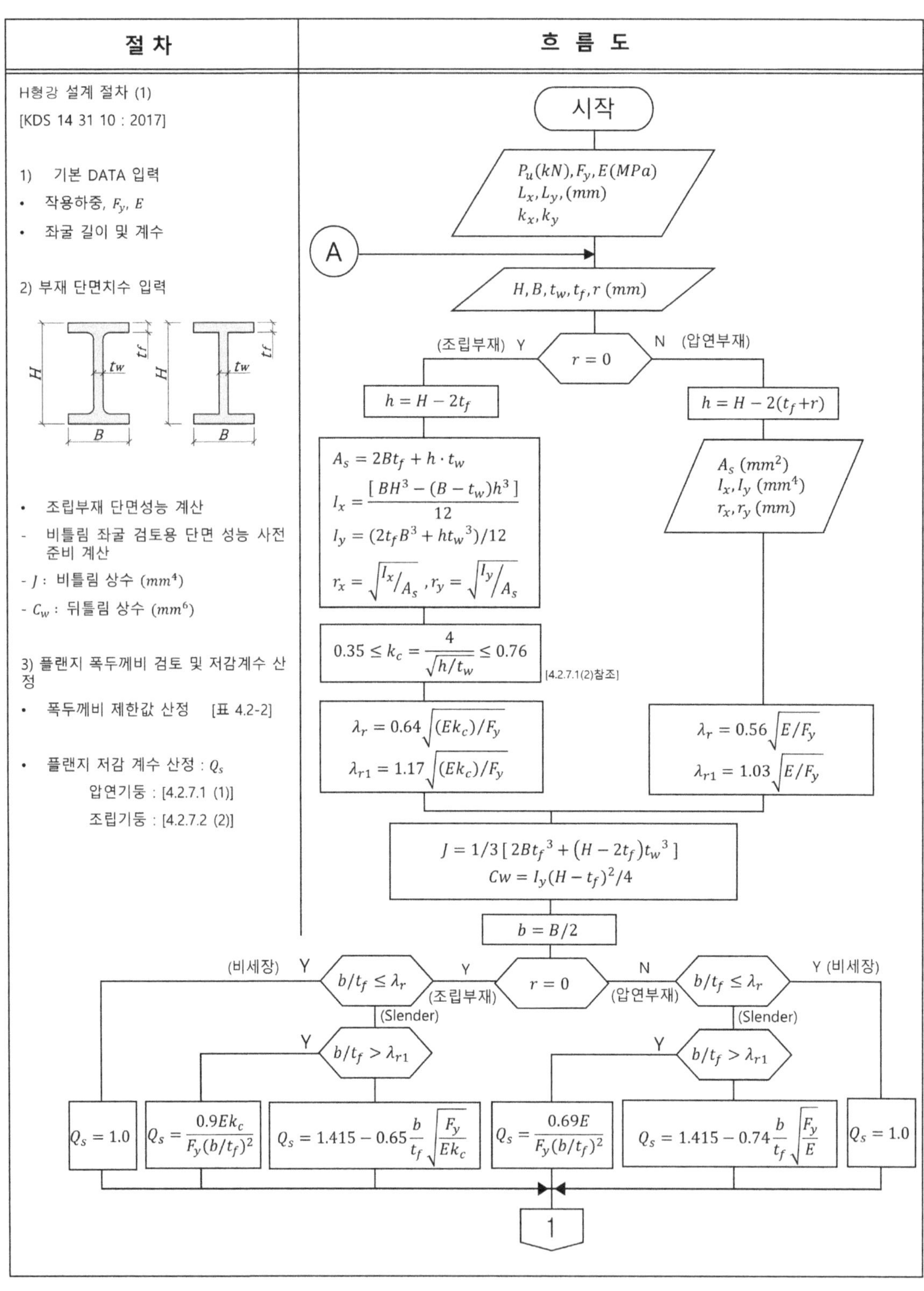

절 차
흐 름 도
H형강 설계 절차 (1)
[KDS 14 31 10 : 2017]
1) 기본 DATA 입력
• 작용하중, F_y, E
• 좌굴 길이 및 계수
2) 부재 단면치수 입력
H
tw
tf
B
• 조립부재 단면성능 계산
- 비틀림 좌굴 검토용 단면 성능 사전 준비 계산
- J : 비틀림 상수 (mm^4)
- C_w : 뒤틀림 상수 (mm^6)
3) 플랜지 폭두께비 검토 및 저감계수 산정
• 폭두께비 제한값 산정 [표 4.2-2]
• 플랜지 저감 계수 산정 : Q_s
압연기둥 : [4.2.7.1 (1)]
조립기둥 : [4.2.7.2 (2)]
시작
$P_u(kN), F_y, E(MPa)$
$L_x, L_y, (mm)$
k_x, k_y
A
$H, B, t_w, t_f, r\ (mm)$
(조립부재) Y
$r = 0$
N (압연부재)
$h = H - 2t_f$
$h = H - 2(t_f + r)$
$A_s = 2Bt_f + h \cdot t_w$
$I_x = \frac{[BH^3 - (B - t_w)h^3]}{12}$
$I_y = (2t_f B^3 + h t_w{}^3)/12$
$r_x = \sqrt{I_x / A_s}, r_y = \sqrt{I_y / A_s}$
$A_s\ (mm^2)$
$I_x, I_y\ (mm^4)$
$r_x, r_y\ (mm)$
$0.35 \le k_c = \frac{4}{\sqrt{h/t_w}} \le 0.76$
[4.2.7.1(2)참조]
$\lambda_r = 0.64\sqrt{(Ek_c)/F_y}$
$\lambda_{r1} = 1.17\sqrt{(Ek_c)/F_y}$
$\lambda_r = 0.56\sqrt{E/F_y}$
$\lambda_{r1} = 1.03\sqrt{E/F_y}$
$J = 1/3\,[\,2Bt_f{}^3 + (H - 2t_f)t_w{}^3\,]$
$Cw = I_y(H - t_f)^2/4$
$b = B/2$
(비세장) Y
$b/t_f \le \lambda_r$
Y
(조립부재)
$r = 0$
N
(압연부재)
$b/t_f \le \lambda_r$
Y (비세장)
(Slender)
(Slender)
Y
$b/t_f > \lambda_{r1}$
Y
$b/t_f > \lambda_{r1}$
$Q_s = 1.0$
$Q_s = \frac{0.9Ek_c}{F_y(b/t_f)^2}$
$Q_s = 1.415 - 0.65\frac{b}{t_f}\sqrt{\frac{F_y}{Ek_c}}$
$Q_s = \frac{0.69E}{F_y(b/t_f)^2}$
$Q_s = 1.415 - 0.74\frac{b}{t_f}\sqrt{\frac{F_y}{E}}$
$Q_s = 1.0$
1

/ H형강 설계흐름도 (2) /

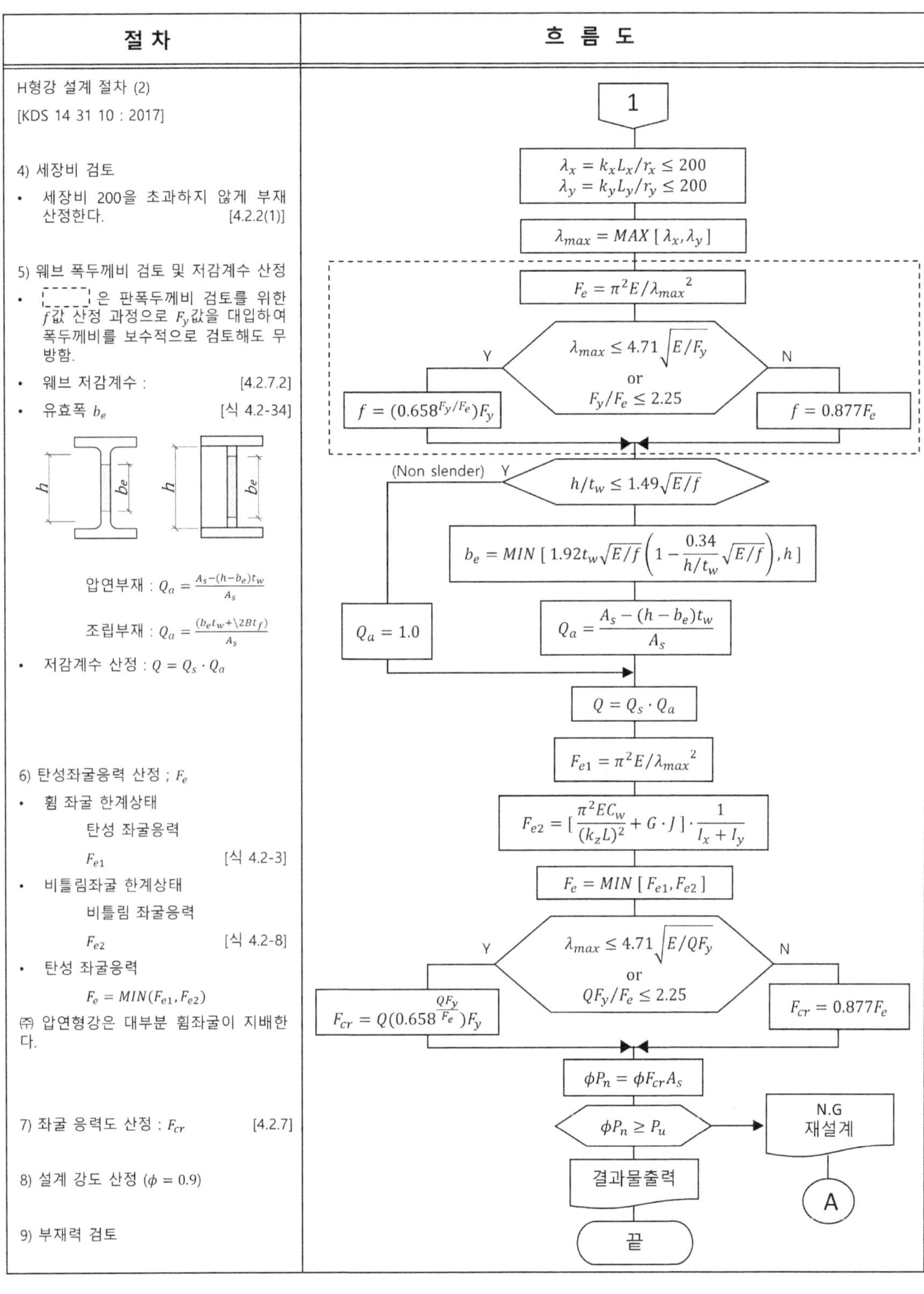

절 차	흐 름 도
H형강 설계 절차 (2) [KDS 14 31 10 : 2017] 4) 세장비 검토 • 세장비 200을 초과하지 않게 부재 산정한다. [4.2.2(1)] 5) 웨브 폭두께비 검토 및 저감계수 산정 • [점선 박스]은 판폭두께비 검토를 위한 f값 산정 과정으로 F_y값을 대입하여 폭두께비를 보수적으로 검토해도 무방함. • 웨브 저감계수 : [4.2.7.2] • 유효폭 b_e [식 4.2-34] 압연부재 : $Q_a = \frac{A_s-(h-b_e)t_w}{A_s}$ 조립부재 : $Q_a = \frac{(b_e t_w + \backslash 2Bt_f)}{A_s}$ • 저감계수 산정 : $Q = Q_s \cdot Q_a$ 6) 탄성좌굴응력 산정 ; F_e • 휨 좌굴 한계상태 탄성 좌굴응력 F_{e1} [식 4.2-3] • 비틀림좌굴 한계상태 비틀림 좌굴응력 F_{e2} [식 4.2-8] • 탄성 좌굴응력 $F_e = MIN(F_{e1}, F_{e2})$ ㈜ 압연형강은 대부분 휨좌굴이 지배한다. 7) 좌굴 응력도 산정 : F_{cr} [4.2.7] 8) 설계 강도 산정 ($\phi = 0.9$) 9) 부재력 검토	(흐름도)

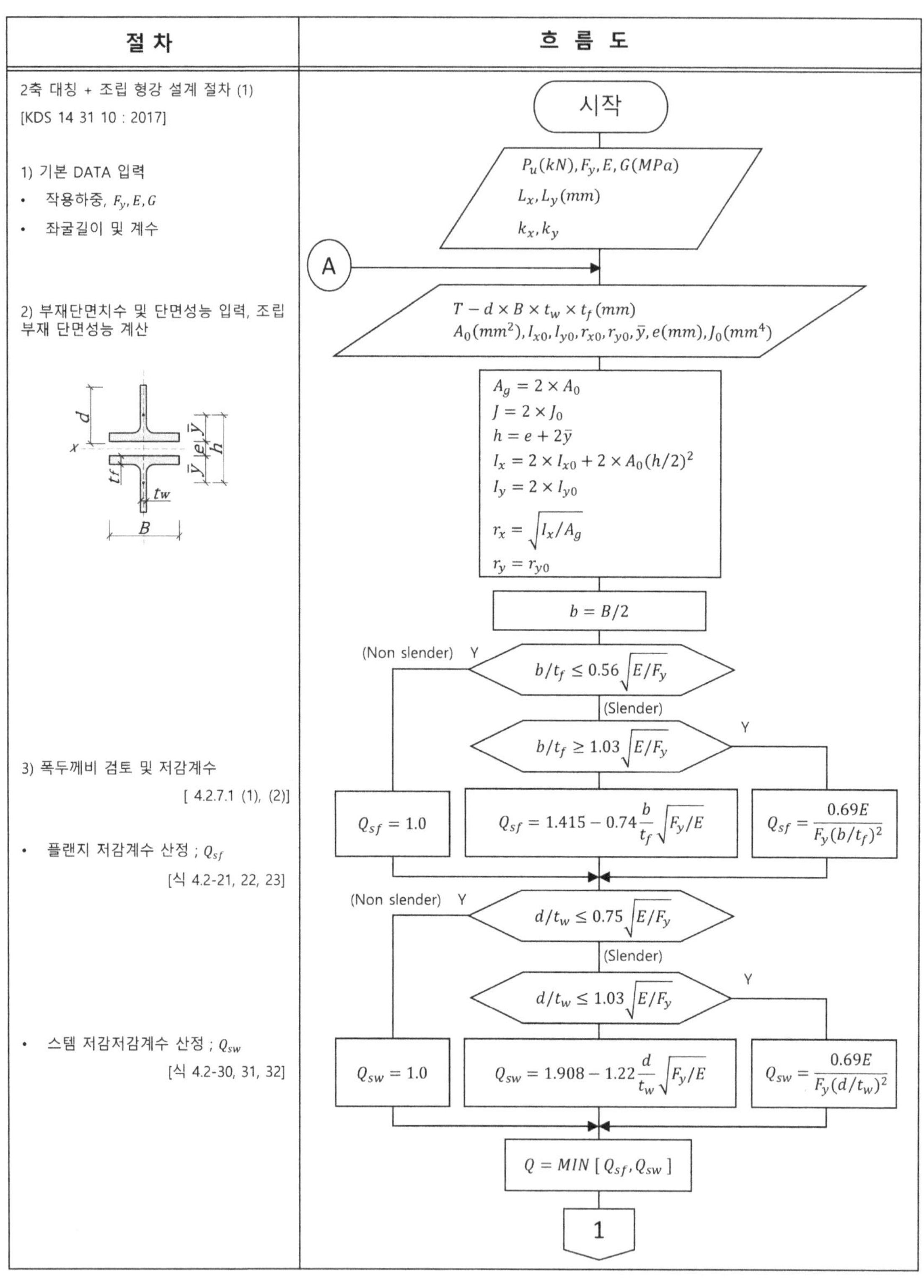

절 차	흐 름 도
2축 대칭 + 조립 형강 설계 절차 (1) [KDS 14 31 10 : 2017]	
1) 기본 DATA 입력 • 작용하중, F_y, E, G • 좌굴길이 및 계수	
2) 부재단면치수 및 단면성능 입력, 조립 부재 단면성능 계산	
3) 폭두께비 검토 및 저감계수 [4.2.7.1 (1), (2)] • 플랜지 저감계수 산정 ; Q_{sf} [식 4.2-21, 22, 23] • 스템 저감저감계수 산정 ; Q_{sw} [식 4.2-30, 31, 32]	

/ 2축대칭 +형 조립 형강의 설계흐름도 (2) /

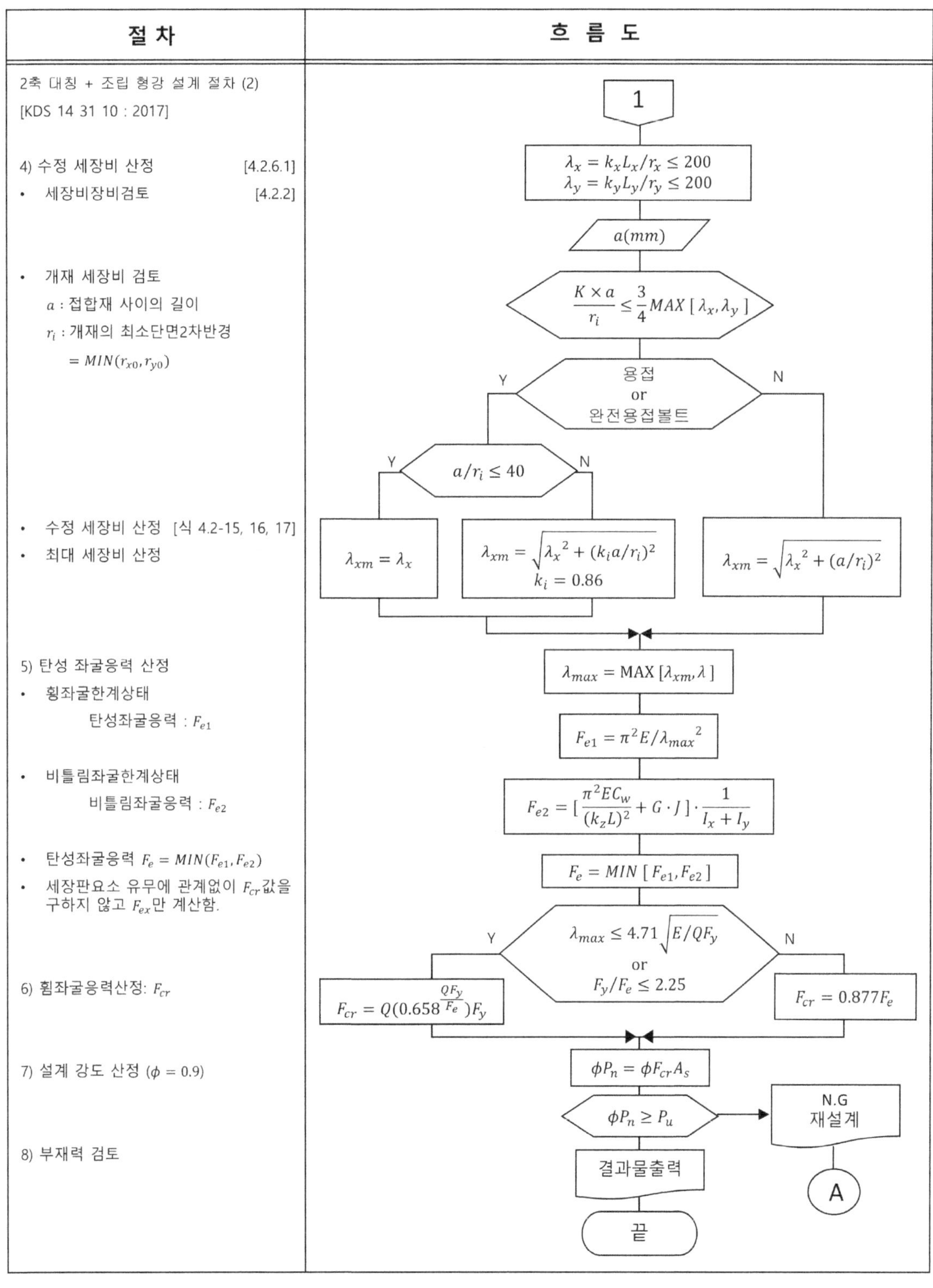

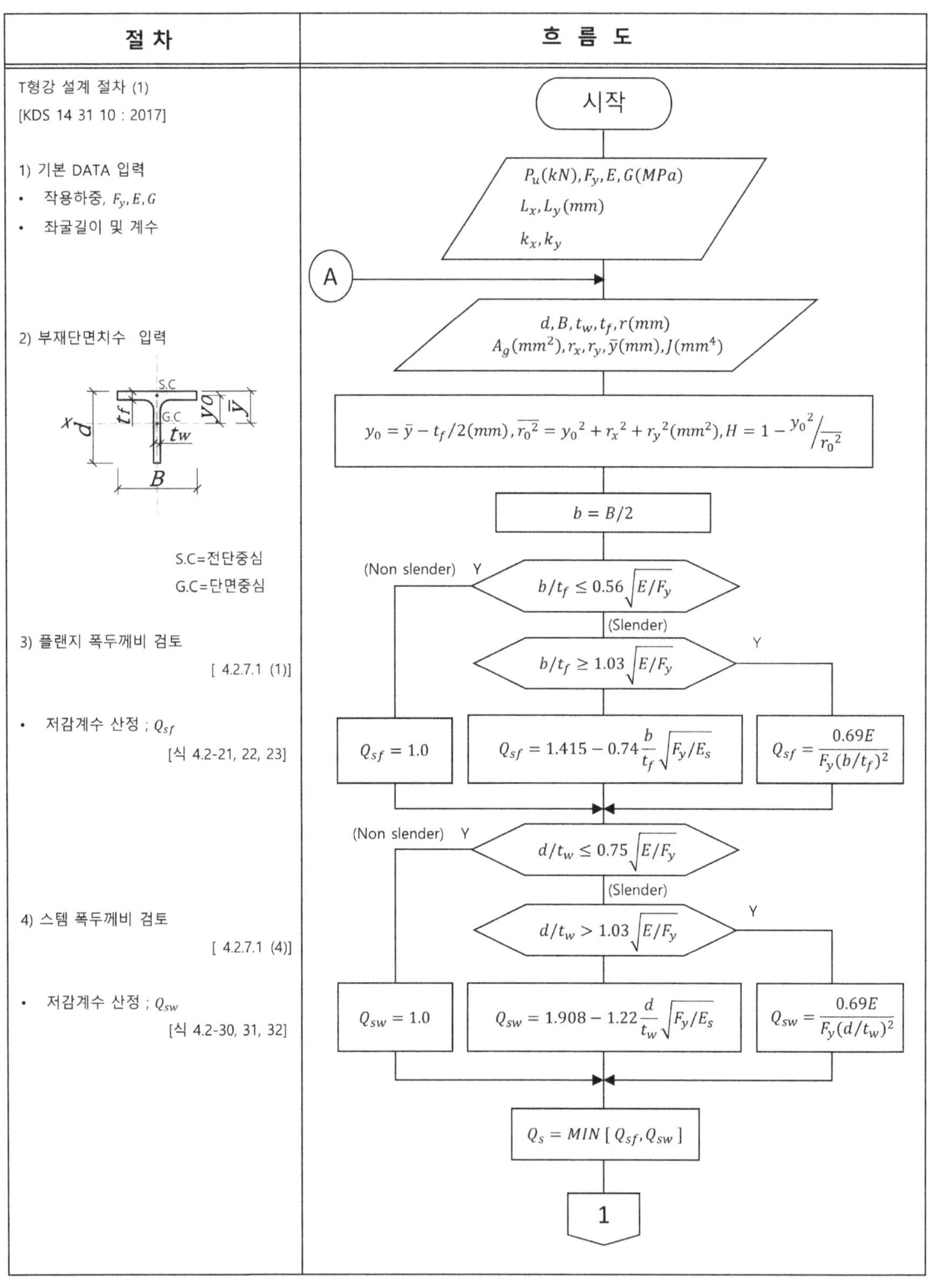
절 차
흐 름 도
T형강 설계 절차 (1)
[KDS 14 31 10 : 2017]
1) 기본 DATA 입력
• 작용하중, F_y, E, G
• 좌굴길이 및 계수
2) 부재단면치수 입력
S.C
G.C
S.C=전단중심
G.C=단면중심
3) 플랜지 폭두께비 검토
[4.2.7.1 (1)]
• 저감계수 산정 ; Q_{sf}
[식 4.2-21, 22, 23]
4) 스템 폭두께비 검토
[4.2.7.1 (4)]
• 저감계수 산정 ; Q_{sw}
[식 4.2-30, 31, 32]
시작
$P_u(kN), F_y, E, G(MPa)$
$L_x, L_y(mm)$
k_x, k_y
A
$d, B, t_w, t_f, r(mm)$
$A_g(mm^2), r_x, r_y, \bar{y}(mm), J(mm^4)$
$y_0 = \bar{y} - t_f/2(mm), \overline{r_0^2} = {y_0}^2 + {r_x}^2 + {r_y}^2(mm^2), H = 1 - {y_0}^2 / \overline{r_0^2}$
$b = B/2$
(Non slender) Y
$b/t_f \le 0.56\sqrt{E/F_y}$
(Slender)
Y
$b/t_f \ge 1.03\sqrt{E/F_y}$
$Q_{sf} = 1.0$
$Q_{sf} = 1.415 - 0.74\frac{b}{t_f}\sqrt{F_y/E_s}$
$Q_{sf} = \frac{0.69E}{F_y(b/t_f)^2}$
(Non slender) Y
$d/t_w \le 0.75\sqrt{E/F_y}$
(Slender)
Y
$d/t_w > 1.03\sqrt{E/F_y}$
$Q_{sw} = 1.0$
$Q_{sw} = 1.908 - 1.22\frac{d}{t_w}\sqrt{F_y/E_s}$
$Q_{sw} = \frac{0.69E}{F_y(d/t_w)^2}$
$Q_s = MIN\,[\,Q_{sf}, Q_{sw}\,]$
1

/ T형강 설계흐름도 (2) /

절 차	흐 름 도
T형강 설계 절차 (2) [KDS 14 31 10 : 2017] 5) 휨 좌굴 응력 산정 [식 4.2-2, 3, 18, 19 • F_{cr}산정 [식 4.2-27] 6) 비틀림,휨·비틀림 좌굴 응력산정 [4.2.4], [식 4.2-6] 7) 좌굴응력 산정 [4.2.1] 8) 설계 강도 산정 (ϕ = 0.9) 9) 부재력 검토	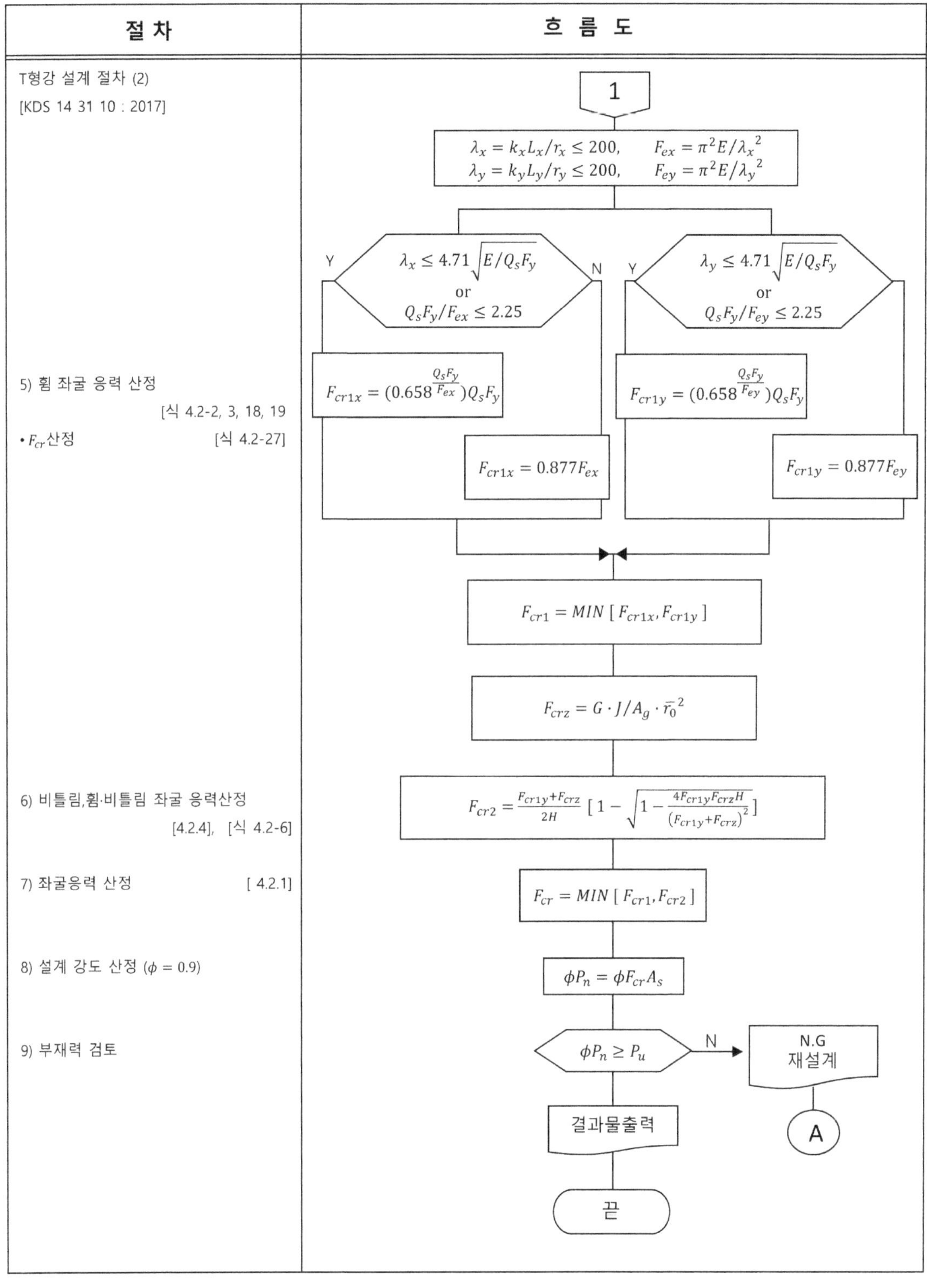

/ 쌍ㄱ형강 설계흐름도 (1) /

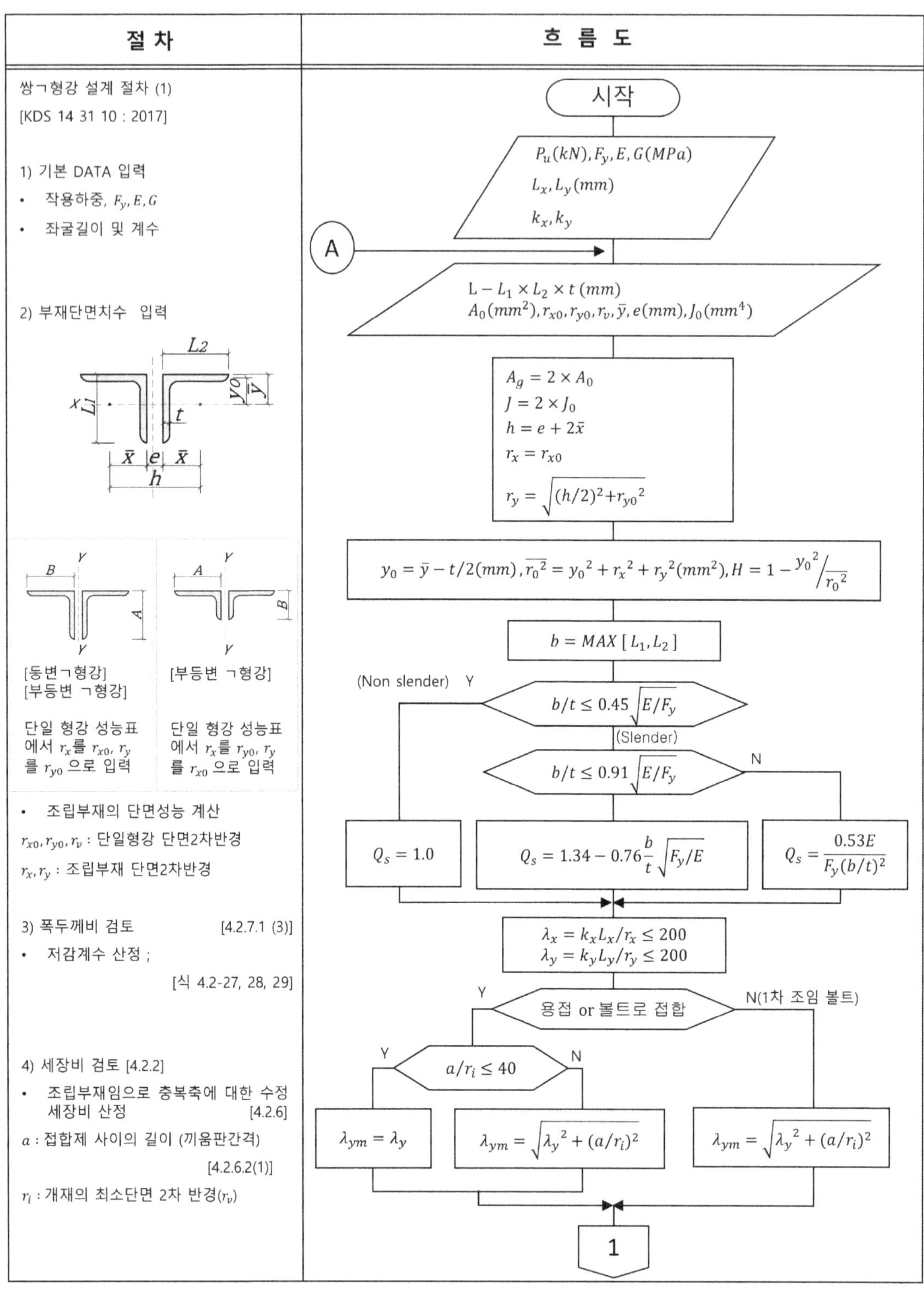

쌍ㄱ형강 설계 절차 (1)
[KDS 14 31 10 : 2017]

1) 기본 DATA 입력
- 작용하중, F_y, E, G
- 좌굴길이 및 계수

2) 부재단면치수 입력

[동변ㄱ형강] [부등변 ㄱ형강]	[부등변 ㄱ형강]
단일 형강 성능표에서 r_x를 r_{x0}, r_y를 r_{y0}으로 입력	단일 형강 성능표에서 r_x를 r_{y0}, r_y를 r_{x0}으로 입력

- 조립부재의 단면성능 계산

r_{x0}, r_{y0}, r_v : 단일형강 단면2차반경
r_x, r_y : 조립부재 단면2차반경

3) 폭두께비 검토 [4.2.7.1 (3)]
- 저감계수 산정 ;

[식 4.2-27, 28, 29]

4) 세장비 검토 [4.2.2]
- 조립부재임으로 충복축에 대한 수정 세장비 산정 [4.2.6]

a : 접합제 사이의 길이 (끼움판간격) [4.2.6.2(1)]
r_i : 개재의 최소단면 2차 반경(r_v)

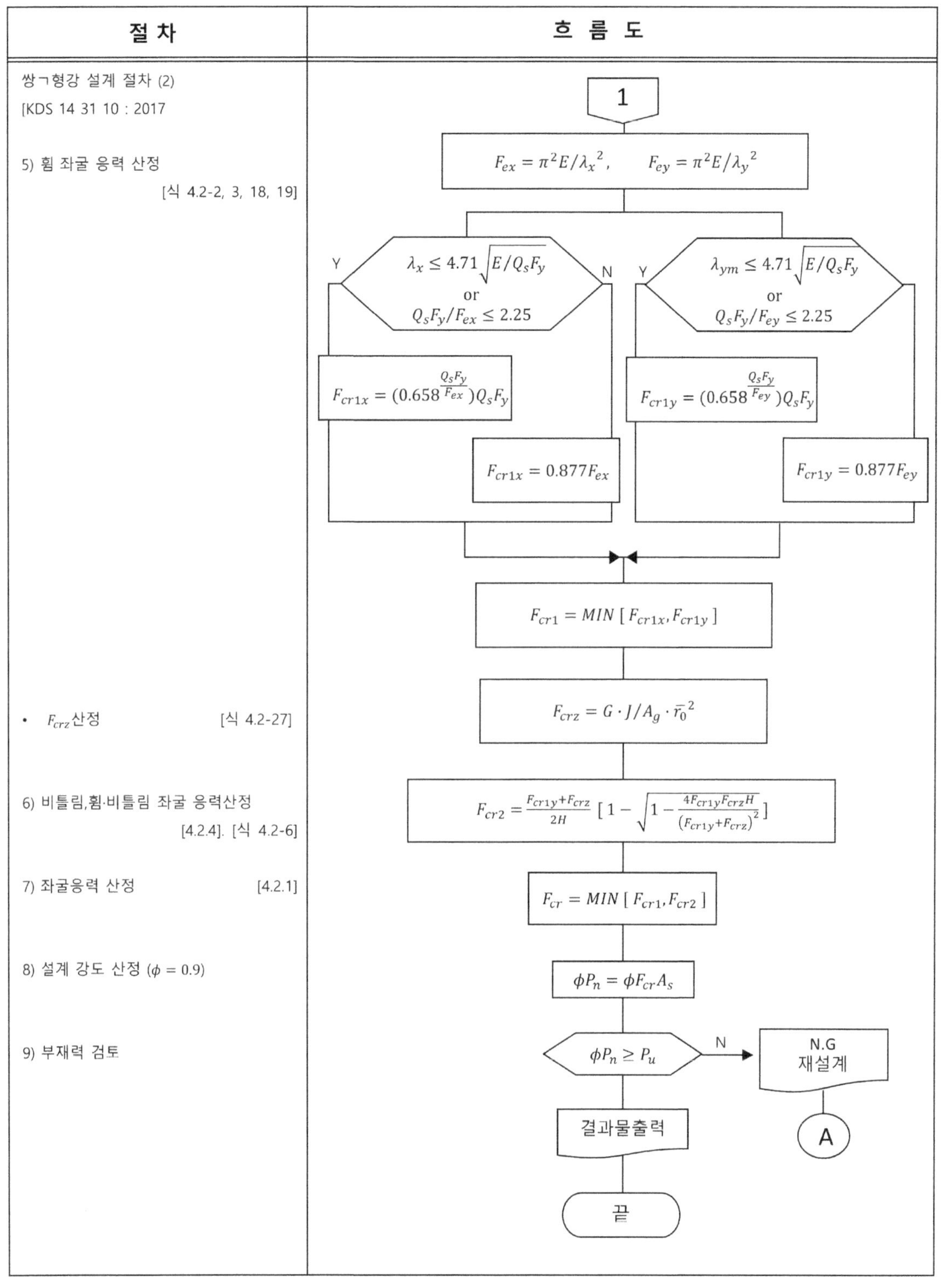
절 차
흐 름 도
쌍ㄱ형강 설계 절차 (2)
[KDS 14 31 10 : 2017
5) 휨 좌굴 응력 산정
[식 4.2-2, 3, 18, 19]
• F_{crz} 산정 [식 4.2-27]
6) 비틀림,휨·비틀림 좌굴 응력산정
[4.2.4]. [식 4.2-6]
7) 좌굴응력 산정 [4.2.1]
8) 설계 강도 산정 ($\phi = 0.9$)
9) 부재력 검토
1
$F_{ex} = \pi^2 E/\lambda_x{}^2, \quad F_{ey} = \pi^2 E/\lambda_y{}^2$
Y
$\lambda_x \le 4.71\sqrt{E/Q_sF_y}$ or $Q_sF_y/F_{ex} \le 2.25$
N
Y
$\lambda_{ym} \le 4.71\sqrt{E/Q_sF_y}$ or $Q_sF_y/F_{ey} \le 2.25$
$F_{cr1x} = (0.658^{\frac{Q_sF_y}{F_{ex}}})Q_sF_y$
$F_{cr1y} = (0.658^{\frac{Q_sF_y}{F_{ey}}})Q_sF_y$
$F_{cr1x} = 0.877F_{ex}$
$F_{cr1y} = 0.877F_{ey}$
$F_{cr1} = MIN\,[\,F_{cr1x}, F_{cr1y}\,]$
$F_{crz} = G \cdot J/A_g \cdot \bar{r}_0{}^2$
$F_{cr2} = \frac{F_{cr1y}+F_{crz}}{2H}\,[\,1-\sqrt{1-\frac{4F_{cr1y}F_{crz}H}{(F_{cr1y}+F_{crz})^2}}\,]$
$F_{cr} = MIN\,[\,F_{cr1}, F_{cr2}\,]$
$\phi P_n = \phi F_{cr} A_s$
$\phi P_n \ge P_u$
N
N.G
재설계
A
결과물출력
끝

절 차	흐 름 도

비대칭 용접 H형강 설계 절차 (1)
[KDS 14 31 10 : 2017]

1) 기본 DATA 입력

- 작용하중, F_y, E
- 좌굴길이 및 계수

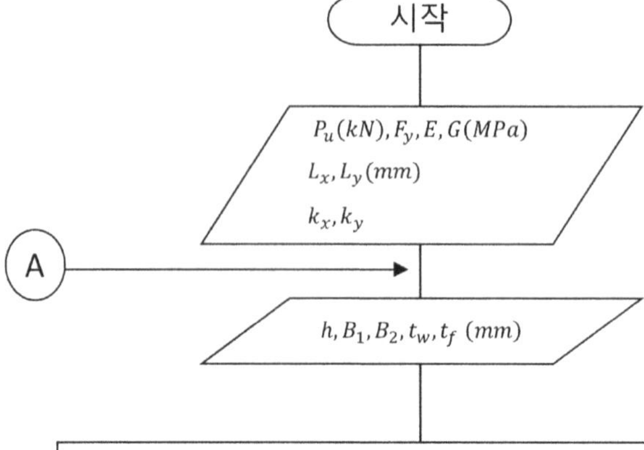

2) 부재단면치수 입력

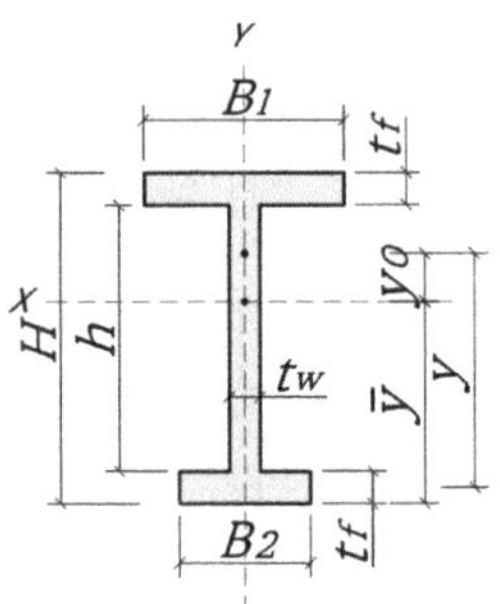

- 용접부재의 단면성능 계산

$$d = h - 2t_f$$

$$A_g = B_1 t_f + B_2 t_f + d t_w$$

$$\bar{y} = \frac{B_1 t_f (h - t_f/2) + B_2 {t_f}^2/2 + d t_w h/2}{A_g}$$

$$I_x = \frac{1}{12}\left(B_1 {t_f}^3 + B_2 {t_f}^3 + t_w d^3\right) + B_1 t_f [\bar{y} - (h - t_f/2)]^2 + B_2 t_f (\bar{y} - t_f/2)^2 + d t_w (\bar{y} - h/2)^2$$

$$I_y = \frac{1}{12}\left({B_1}^3 t_f + {B_2}^3 t_f + {t_w}^3 d\right)$$

$$r_x = \sqrt{\frac{I_x}{A_g}}, \quad r_y = \sqrt{\frac{I_y}{A_g}}$$

- 휨-비틀림 좌굴응력 계산용 사전 준비 계산

y = 전단중심거리 (mm)
y_0 = 전단중심과 단면중심과의 거리
$\bar{r}_0$ = 전단중심에 대한 극2차반경
J = 비틀림 상수(mm^4)
C_w = 뒤틀림 상수(mm^6)

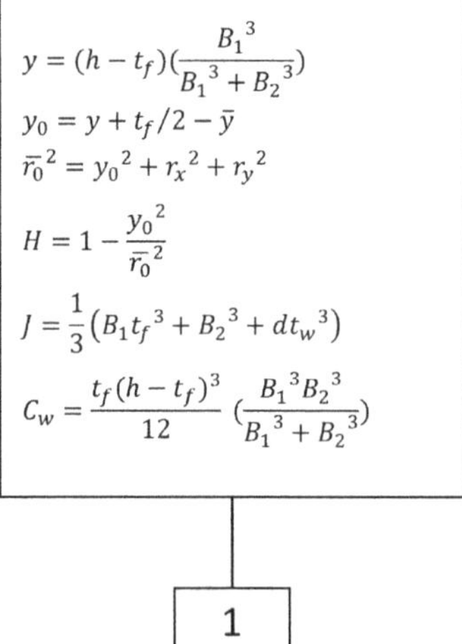

/ 비대칭 용접 H형강 설계흐름도 (2) /

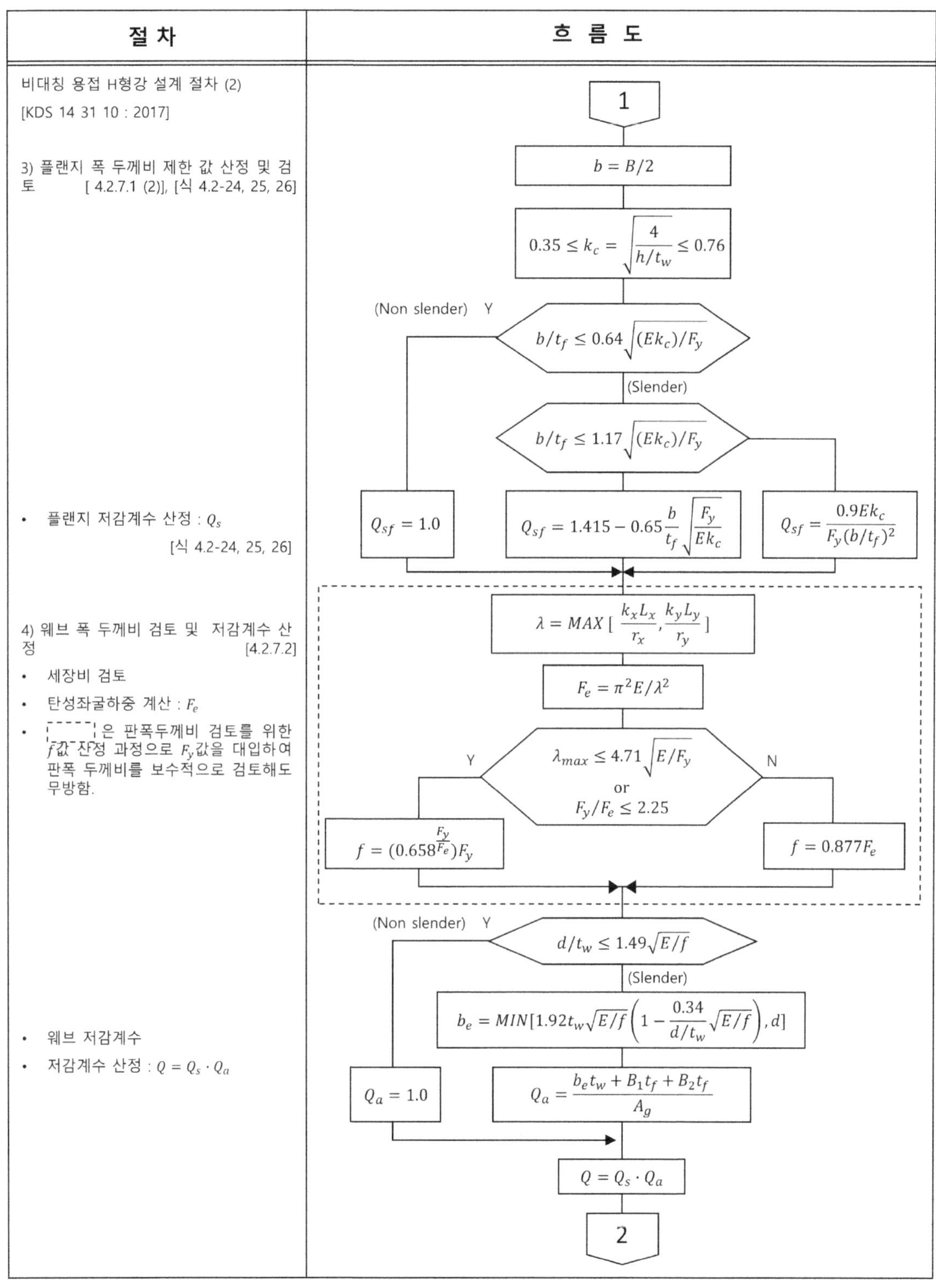

/ 비대칭 용접 H형강 설계흐름도 (3) /

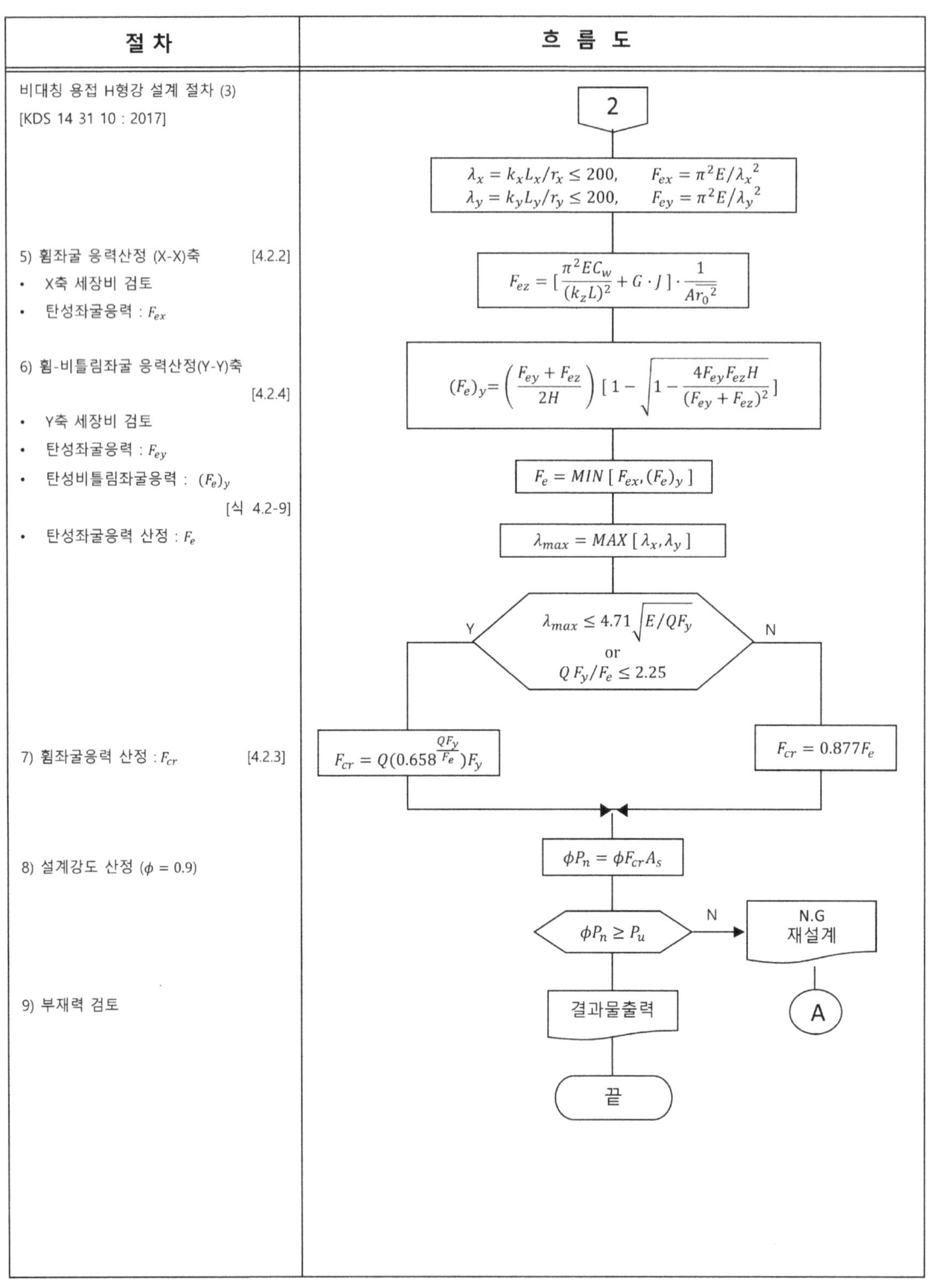

/ ㄱ형강 설계흐름도 (1) /

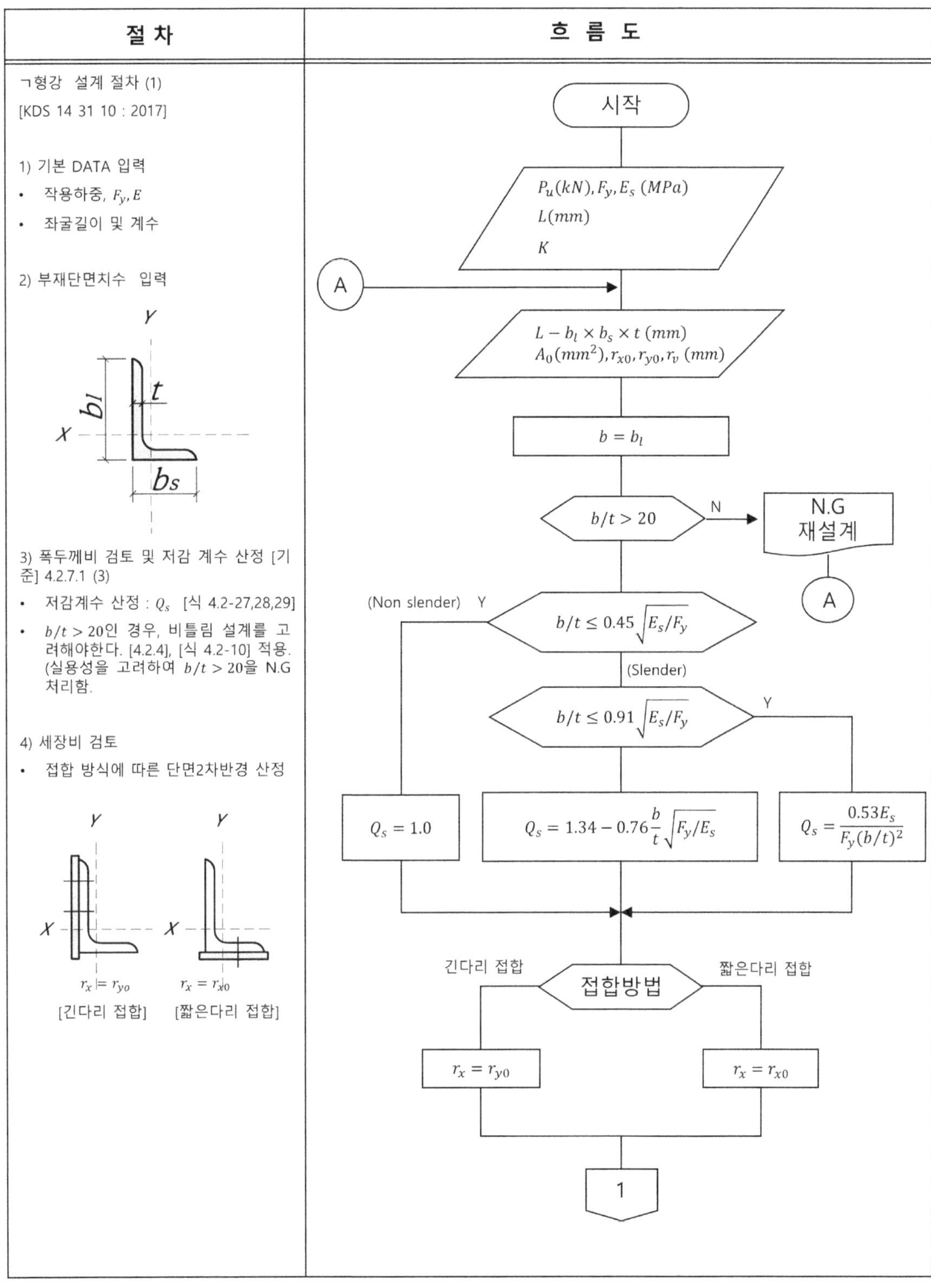

절 차	흐 름 도
ㄱ형강 설계 절차 (1) [KDS 14 31 10 : 2017] 1) 기본 DATA 입력 • 작용하중, F_y, E • 좌굴길이 및 계수 2) 부재단면치수 입력 3) 폭두께비 검토 및 저감 계수 산정 [기준] 4.2.7.1 (3) • 저감계수 산정 : Q_s [식 4.2-27,28,29] • $b/t > 20$인 경우, 비틀림 설계를 고려해야한다. [4.2.4], [식 4.2-10] 적용. (실용성을 고려하여 $b/t > 20$을 N.G 처리함. 4) 세장비 검토 • 접합 방식에 따른 단면2차반경 산정 $r_x = r_{y0}$ [긴다리 접합] $r_x = r_{x0}$ [짧은다리 접합]	

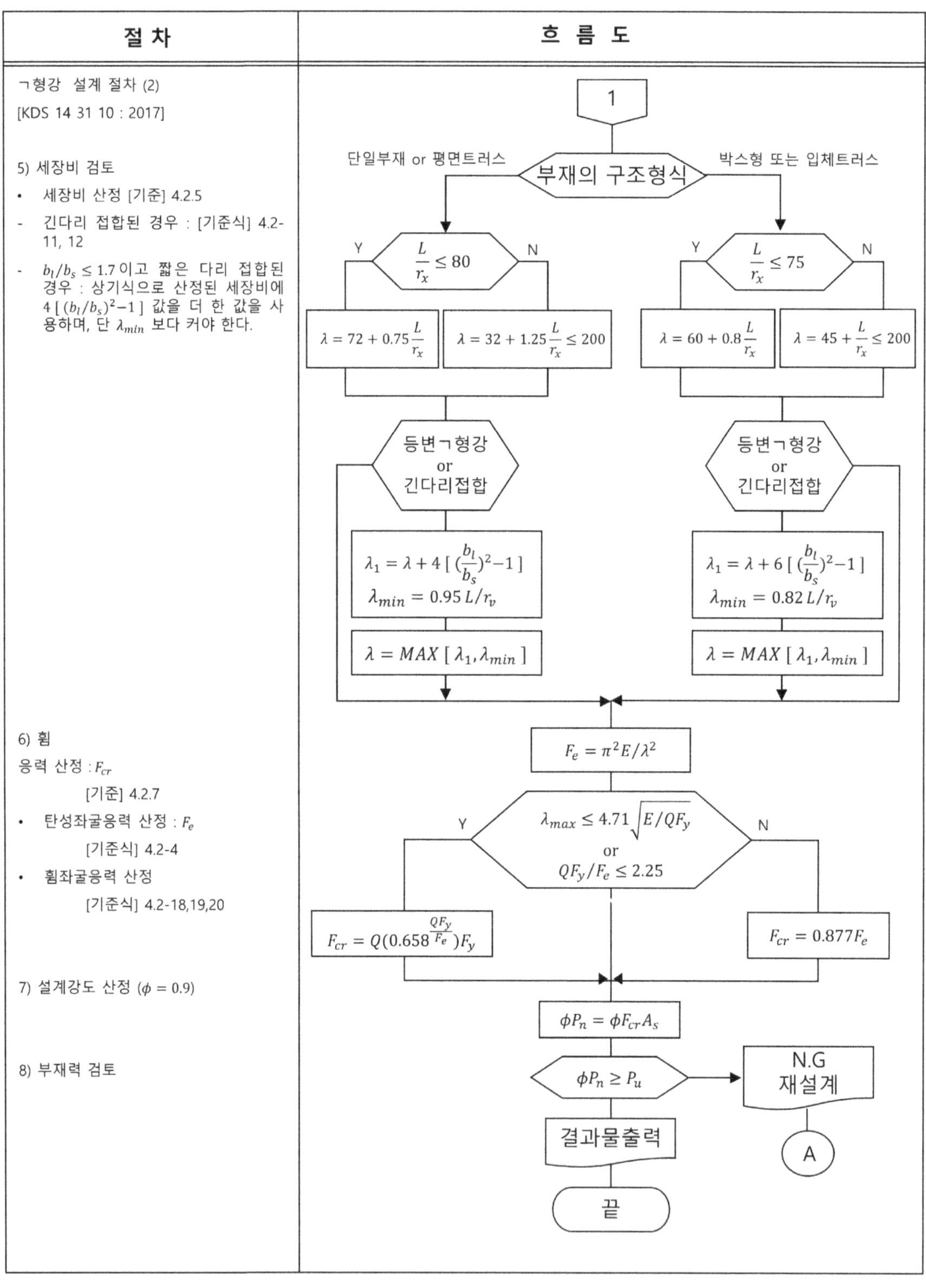

절 차

ㄱ형강 설계 절차 (2)

[KDS 14 31 10 : 2017]

5) 세장비 검토

- 세장비 산정 [기준] 4.2.5
- 긴다리 접합된 경우 : [기준식] 4.2-11, 12
- $b_l/b_s \le 1.7$ 이고 짧은 다리 접합된 경우 : 상기식으로 산정된 세장비에 $4\,[\,(b_l/b_s)^2-1\,]$ 값을 더 한 값을 사용하며, 단 λ_{min} 보다 커야 한다.

6) 휨

응력 산정 : F_{cr}

[기준] 4.2.7

- 탄성좌굴응력 산정 : F_e

  [기준식] 4.2-4
- 휨좌굴응력 산정

  [기준식] 4.2-18,19,20

7) 설계강도 산정 ($\phi = 0.9$)

8) 부재력 검토

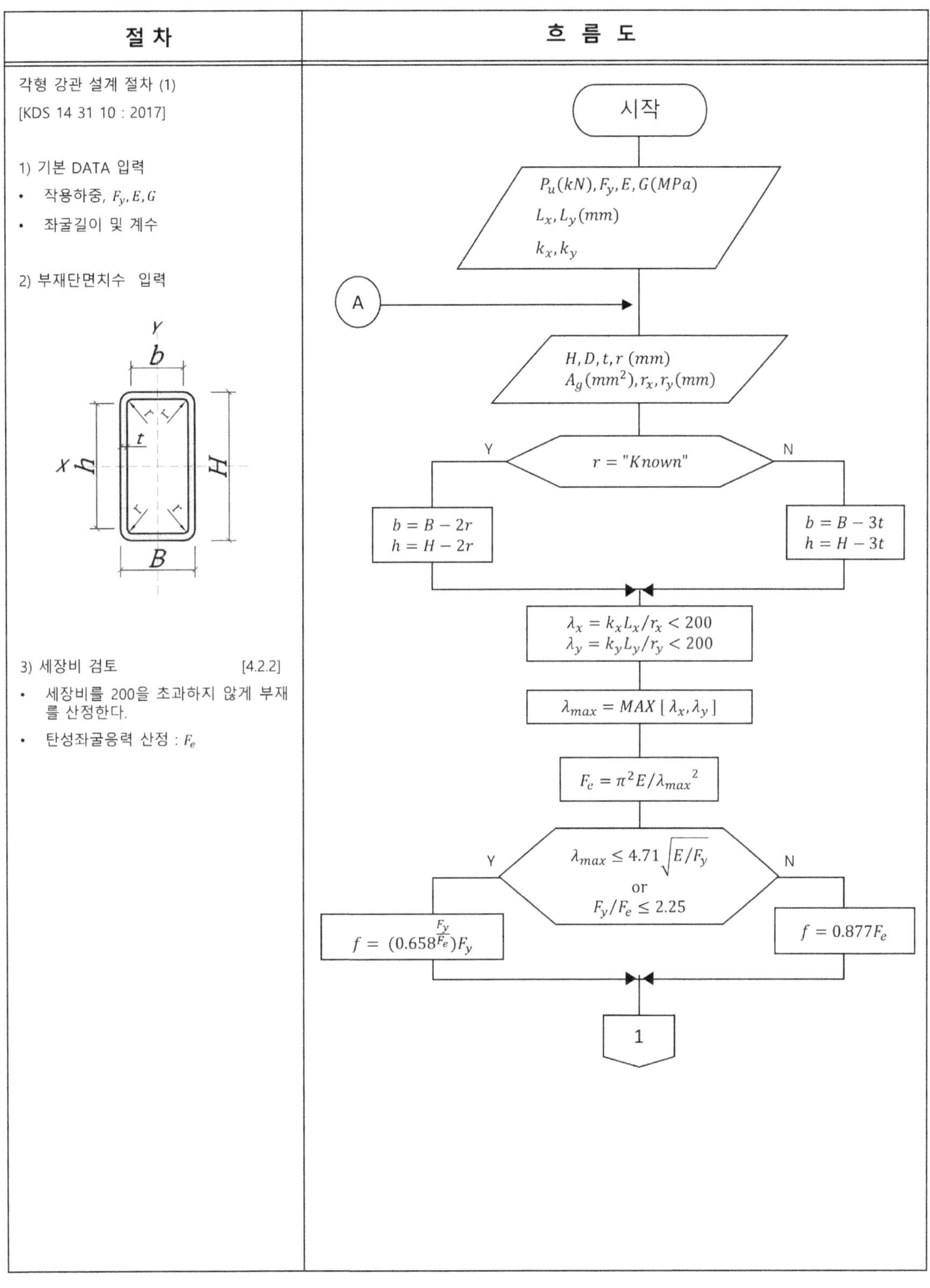
절 차
흐 름 도
각형 강관 설계 절차 (1)
[KDS 14 31 10 : 2017]
1) 기본 DATA 입력
• 작용하중, F_y, E, G
• 좌굴길이 및 계수
2) 부재단면치수 입력
Y
b
t
X
h
H
B
3) 세장비 검토 [4.2.2]
• 세장비를 200을 초과하지 않게 부재를 산정한다.
• 탄성좌굴응력 산정 : F_e
시작
$P_u(kN), F_y, E, G(MPa)$
$L_x, L_y(mm)$
k_x, k_y
A
$H, D, t, r\ (mm)$
$A_g(mm^2), r_x, r_y(mm)$
Y
$r =$ "Known"
N
$b = B - 2r$
$h = H - 2r$
$b = B - 3t$
$h = H - 3t$
$\lambda_x = k_x L_x / r_x < 200$
$\lambda_y = k_y L_y / r_y < 200$
$\lambda_{max} = MAX\ [\ \lambda_x, \lambda_y\ ]$
$F_e = \pi^2 E / {\lambda_{max}}^2$
Y
$\lambda_{max} \leq 4.71 \sqrt{E/F_y}$
or
$F_y / F_e \leq 2.25$
N
$f = (0.658^{\frac{F_y}{F_e}}) F_y$
$f = 0.877 F_e$
1

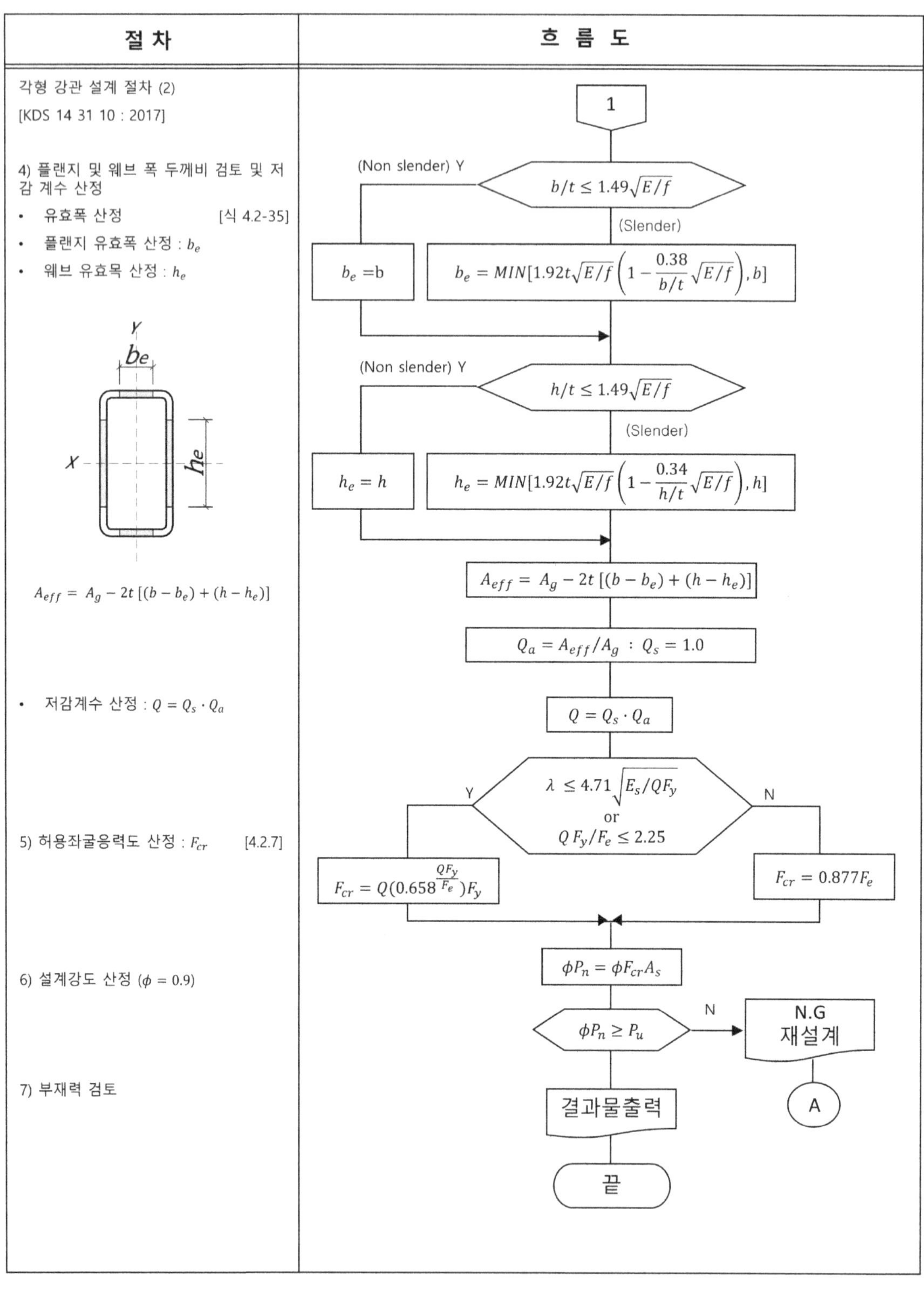
절 차
흐 름 도
각형 강관 설계 절차 (2)
[KDS 14 31 10 : 2017]
4) 플랜지 및 웨브 폭 두께비 검토 및 저감 계수 산정
• 유효폭 산정 [식 4.2-35]
• 플랜지 유효폭 산정 : b_e
• 웨브 유효목 산정 : h_e
Y
b_e
X
h_e
$A_{eff} = A_g - 2t\,[(b - b_e) + (h - h_e)]$
• 저감계수 산정 : $Q = Q_s \cdot Q_a$
5) 허용좌굴응력도 산정 : F_{cr} [4.2.7]
6) 설계강도 산정 ($\phi = 0.9$)
7) 부재력 검토
1
(Non slender) Y
$b/t \le 1.49\sqrt{E/f}$
(Slender)
b_e =b
$b_e = MIN[1.92t\sqrt{E/f}\left(1 - \frac{0.38}{b/t}\sqrt{E/f}\right), b]$
(Non slender) Y
$h/t \le 1.49\sqrt{E/f}$
(Slender)
$h_e = h$
$h_e = MIN[1.92t\sqrt{E/f}\left(1 - \frac{0.34}{h/t}\sqrt{E/f}\right), h]$
$A_{eff} = A_g - 2t\,[(b - b_e) + (h - h_e)]$
$Q_a = A_{eff}/A_g \;:\; Q_s = 1.0$
$Q = Q_s \cdot Q_a$
Y
$\lambda \le 4.71\sqrt{E_s/QF_y}$
or
$Q\,F_y/F_e \le 2.25$
N
$F_{cr} = Q(0.658^{\frac{QF_y}{F_e}})F_y$
$F_{cr} = 0.877F_e$
$\phi P_n = \phi F_{cr} A_s$
$\phi P_n \ge P_u$
N
N.G
재설계
A
결과물출력
끝

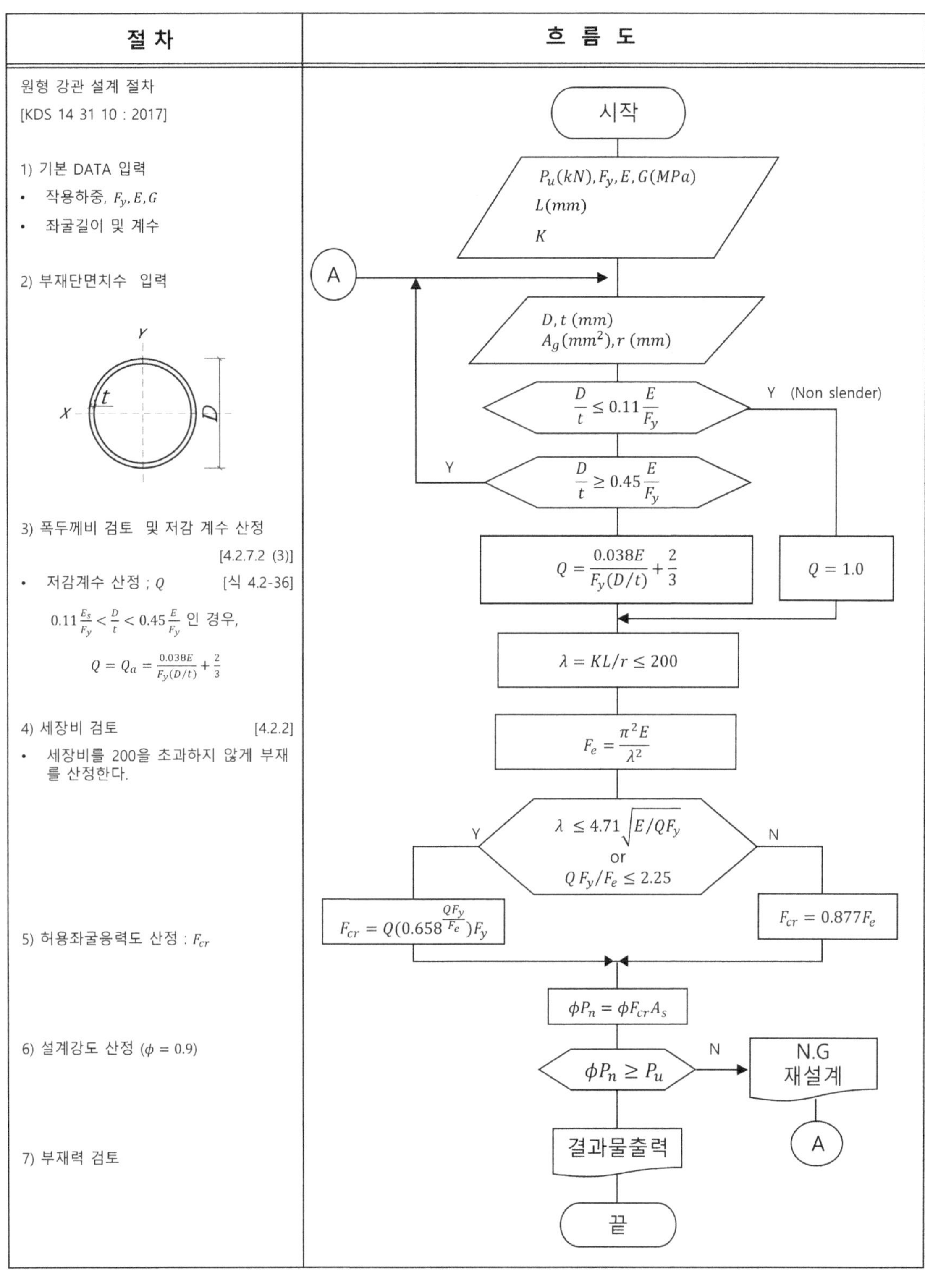

절 차	흐 름 도
원형 강관 설계 절차 [KDS 14 31 10 : 2017] 1) 기본 DATA 입력 • 작용하중, F_y, E, G • 좌굴길이 및 계수 2) 부재단면치수 입력 (Y, X, t, D) 3) 폭두께비 검토 및 저감 계수 산정 [4.2.7.2 (3)] • 저감계수 산정 ; Q [식 4.2-36] $0.11\frac{E_s}{F_y} < \frac{D}{t} < 0.45\frac{E}{F_y}$ 인 경우, $Q = Q_a = \frac{0.038E}{F_y(D/t)} + \frac{2}{3}$ 4) 세장비 검토 [4.2.2] • 세장비를 200을 초과하지 않게 부재를 산정한다. 5) 허용좌굴응력도 산정 : F_{cr} 6) 설계강도 산정 ($\phi = 0.9$) 7) 부재력 검토	

8.3 압축부재 설계 예제

예제 1) 2축대칭 부재 : H-형강부재의 기둥 설계예제
(세장판 요소 없는 부재로 휨좌굴 한계상태 지배되는 경우)

다음 그림과 같은 양단부 힌지조건의 기둥에 작용하중 $Pu = 5{,}600kN$이 작용할 때 H-형강 부재로 설계하시오.

사용강재 : $F_y = 355\,MPa(SHN355)$, $E = 210{,}000\,MPa$, $G = 81{,}000\,MPa$

검토조건 : $L_x = 5.0m$, $L_y = 5.0m$, $K_x = K_y = 1$

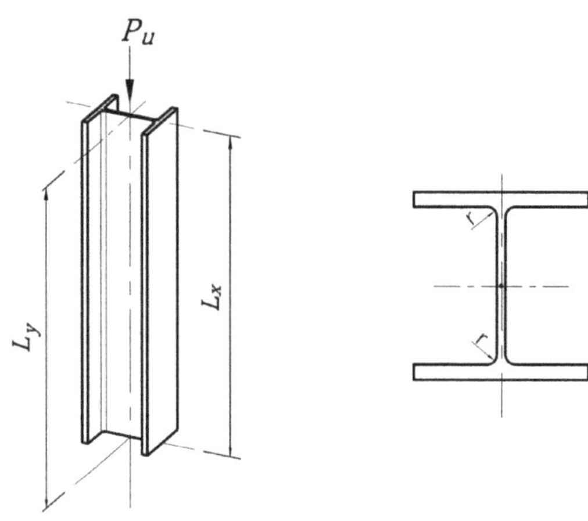

【방법1 : 직접 계산에 의한 부재 산정】

1) 부재 단면치수 가정 및 단면성능 계산

$H \times B \times t_w \times t_f = 400 \times 400 \times 13 \times 21,\ r = 22mm$

$A = 21{,}870\ mm^2,\ r_x = 175\ mm\ ,\ r_y = 101\ mm$

2) 폭두께비 검토

플랜지 폭두께비 (4.2.1.1.3)

$b = B/2 = 400/2 = 200mm$

$$\frac{b}{t_f} = \frac{200}{21} = 9.52 \le 0.56\sqrt{\frac{E}{F_y}} = 0.56\sqrt{\frac{210{,}000}{355}} = 13.62 \qquad (표\ 4.2\text{-}2)$$

웨브 폭두께비 (4.2.1.1.3)

$h = H - 2(t_f + r) = 400 - 2 \times (21 + 22) = 314\ mm$

$$\frac{h}{t_w} = \frac{314}{13} = 24.15 \le 1.49\sqrt{\frac{E}{f}} = 1.49\sqrt{\frac{210{,}000}{355}} = 36.24$$

☞ 검토결과 플랜지 및 웨브 모두 세장하지 않음으로 저감계수 검토는 불필요함.

참고로, 광폭의 압연 H-형강의 경우에는 모든 부재가 폭두께비를 만족함으로 폭두께비 검토 없이 세장비 검토만 해도 된다.

3) 세장비 검토 (4.2.2)

$$\lambda_x = \frac{K_x L_x}{r_x} = \frac{1 \times 5000}{175} = 28.6 \quad \le \quad 200$$

$$\lambda_y = \frac{K_y L_y}{r_y} = \frac{1 \times 5000}{101} = 49.5 \quad \le \quad 200 \text{ (지배함)}$$

☞ 좌굴길이가 동일함으로 각방향 세장비를 검토 할 필요 없이 단면2차반경이 적은 Y축에 대해서만 검토해도 좋을 것이다.

4) 탄성좌굴응력 F_e 산정

【휨좌굴에 대한 임계응력】

최대세장비 산정

$$\lambda_{\max} = MAX[\lambda_x , \lambda_y] = MAX[28.6 , 49.5] = 49.5$$

$$F_{e1} = \frac{\pi^2 E}{\lambda_{\max}^2} = \frac{\pi^2 \times 210,000}{49.5^2} = 845.02 \ MPa \qquad \text{식(4.2-3)}$$

【비틀림좌굴에 대한 임계응력 산정】

$$F_{e2} = \left[\frac{\pi^2 E C_w}{(K_z L)^2} + GJ\right]\frac{1}{I_x + I_y} \qquad \text{식(4.2-8)}$$

$$= \left[\frac{\pi^2 \times 210,000 \times 8.0439 \times 10^{12}}{(5000)^2} + 81,000 \times 2.7317 \times 10^6\right]\frac{1}{(6.66 + 2.24) \times 10^8}$$

$$= 997.16 \, MPa$$

여기서,

$$J = \sum \frac{b_i t_i^3}{3} = (2 \times 400 \times 21^3 + 358 \times 13^3)/3 = 2.7317 \times 10^6 \ mm^4$$

$$C_w = \frac{I_y h_o^2}{4} = \frac{2.24 \times 10^8 \times (400 - 21)^2}{4} = 8.0439 \times 10^{12} mm^6$$

$$I_x = 6.660 \times 10^8 mm^4 \ , \ I_y = 2.240 \times 10^8 mm^4$$

(주) 압연 H-형강의 경우 대부분 휨좌굴 한계상태가 지배되어 비틀림 한계상태를 고려할 필요가 없어, ☐루틴 부분은 검토할 필요는 없다. 다만, 좌굴길이가 대략 3.0m 미만으로 기둥 길이가 너무 짧은 경우에는 휨좌굴거동 보다 비틀림거동이 우세하여 비틀림한계 상태를 고려해야 한다. (예제8.3-2 참조)

탄성좌굴응력 ; F_e

$F_e = MIN[F_{e1}, F_{e2}] = MIN[845.02, 997.16]$

$= 845.02\,MPa$ (휨좌굴 한계상태가 지배함)

5) 휨좌굴응력 산정 (4.2.3)

$\frac{KL}{r} = 49.5 \leq 4.71\sqrt{\frac{E}{F_y}} = 4.71\sqrt{\frac{210,000}{355}} = 114.56$ 또는

$\frac{F_y}{F_e} = \frac{355}{845} = 0.42 \leq 2.25$

$F_{cr} = [0.658^{\frac{F_y}{F_e}}]F_y = [0.658^{(\frac{355}{845})}] \times 355$ 식(4.2-2)

$= 297.76MPa$

6) 설계강도 산정 및 부재력 검토

$\phi_c P_n = \phi_c F_{cr} A_g = 0.9 \times 297.76 \times 21,870 \times 10^{-3}$

$= 5860.81\ kN > P_u = 5600\ kN$ (만족)

【방법2 : 기둥의 허용축하중표를 이용한 부재 산정】

항복강도가 $355MPa$인 강종은 $SHN355$으로 검토하면 아래와 같다.

【부록 표 A2.1】 $SHN355$

번호	부재 치수	단면적	허용 계수 축하중 ; $P_u = \phi_c P_n$ (kN)							
		(cm^2)	2.0m	2.5m	3.0m	3.5m	4.0m	4.5m	5.0m	5.5m
47	H 388x402x15/15	178.50	5,525	5,429	5,313	5,178	5,028	4,862	4,684	4,494
48	H 394x398x11/18	186.80	5,787	5,695	5,589	5,474	5,334	5,177	5,007	4,825
49	H 394x405x18/18	214.40	6,642	6,528	6,392	6,234	6,056	5,861	5,651	5,427
50	H 400x400x13/21	218.70	6,781	6,678	6,559	6,411	6,244	6,061	5,862	5,649
51	H 400x408x21/21	250.70	7,772	7,641	7,484	7,303	7,099	6,875	6,634	6,376
52	H 406x403x16/24	254.90	7,911	7,794	7,645	7,472	7,278	7,064	6,832	6,584
53	H 414x405x18/28	295.40	9,177	9,040	8,871	8,674	8,453	8,209	7,945	7,662
54	H 428x407x20/35	360.70	11,223	11,057	10,857	10,626	10,365	10,077	9,765	9,431
55	H 442x413x26/42	444.20	13,828	13,627	13,385	13,106	12,790	12,441	12,063	11,658
56	H 452x416x29/47	499.00	15,541	15,320	15,053	14,744	14,396	14,011	13,592	13,145
57	H 458x417x30/50	528.60	16,471	16,241	15,963	15,642	15,279	14,878	14,442	13,974
58	H 462x419x32/52	554.50	17,278	17,036	16,745	16,408	16,027	15,606	15,149	14,659
59	H 472x422x35/57	610.50	19,032	18,770	18,456	18,091	17,679	17,223	16,727	16,196
60	H 484x426x39/63	680.50	21,223	20,937	20,593	20,193	19,741	19,241	18,698	18,115
61	H 498x432x45/70	770.10	24,039	23,726	23,349	22,912	22,417	21,870	21,274	20,634

상기 표에서 좌굴길이 $KL = 5.0m$ 일 때의 각 부재별 허용축하중을 살펴보면,

47) $H-388 \times 402 \times 15 \times 15 \rightarrow \phi_c P_n = 4,684\,kN < P_u = 5,600\,kN \ldots N.G$

48) $H-394 \times 398 \times 11 \times 18 \rightarrow \phi_c P_n = 5,007\,kN < P_u = 5,600\,kN \ldots N.G$

49) $H-394 \times 405 \times 18 \times 18 \rightarrow \phi_c P_n = 5,651\,kN > P_u = 5,600\,kN \ldots O.K$

50) $H-400 \times 400 \times 13 \times 21 \rightarrow \phi_c P_n = 5,861\,kN > P_u = 5,600\,kN \ldots O.K$

임을 알 수 있는데 47, 48)의 경우에는 허용 부재력이 작용하중보다 적어 부적합하고 49, 50)의 경우에는 모두 적합하나, 이중 부재 단위중량(단면적)이 제일 작은 부재가 경제적이므로 49)의 $H-394\times398\times11\times18$를 사용하는 것이 가장 합리적임을 알 수 있다.

그러나, 예제의 수작업 계산에 의한 경우 가정된 부재가 $H-400\times400\times13\times21$으로 하중조건은 만족하고 있으나 최적설계는 아님을 알 수 있다. 이와 같이 실무에서는 관련 설계 프로그램을 이용하여 Try & Error Method로 부재를 산정하거나 또는 부재별 허용축하중표 등을 이용하여 설계하게 된다.

예제 2) 2축대칭 부재 : H-형강부재의 기둥 설계예제
(세장판 요소 없는 부재로 비틀림 좌굴한계상태 지배 경우)

예제 1)과 동일조건에서 좌굴길이는 2.5m로 짧게 하여 H-형강 부재를 설계하시오.

사용강재 : $F_y = 355\ MPa(SN355)$, $E = 210{,}000\ MPa$, $G = 81{,}000\ MPa$

검토조건 : $L_x = 2.5m$, $L_y = 2.5m$, $K_x = K_y = 1$

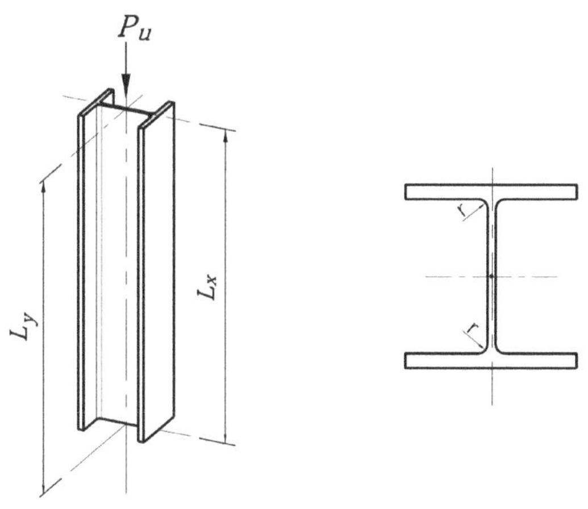

1) 부재 단면치수 가정 및 단면성능 계산

$H \times B \times t_w \times t_f = 400 \times 400 \times 13 \times 21,\ r = 22mm$

$A = 21{,}870\ mm^2$, $r_x = 175\ mm$, $r_y = 101\ mm$

2) 폭두께비 검토

플랜지 폭두께비 (4.2.1.1.3)

$b = B/2 = 400/2 = 200mm$

$$\frac{b}{t_f} = \frac{200}{21} = 9.52 \leq 0.56\sqrt{\frac{E}{F_y}} = 0.56\sqrt{\frac{210{,}000}{355}} = 13.62$$ (표 4.2-2)

웨브 폭두께비 (4.2.1.1.3)

$$h = H - 2(t_f + r) = 400 - 2 \times (21 + 22) = 314 \ mm$$

$$\frac{h}{t_w} = \frac{314}{13} = 24.15 \le 1.49\sqrt{\frac{E}{F_y}} = 1.49\sqrt{\frac{210,000}{355}} = 36.24$$

☞ 검토 결과 플랜지 및 웨브 모두 세장하지 않음으로 저감계수 검토는 불필요함.

3) 세장비 검토 (4.2.2)

$$\lambda_x = \frac{K_x L_x}{r_x} = \frac{1 \times 2500}{175} = 14.28 \ \le \ 200 \quad ...O.K$$

$$\lambda_y = \frac{K_y L_y}{r_y} = \frac{1 \times 2500}{101} = 24.75 \ \le \ 200 \quad ...O.K \text{ (지배함)}$$

4) 탄성좌굴응력 F_e 산정

【휨좌굴에 대한 임계응력】

최대세장비 산정

$$\lambda_{\max} = MAX[\lambda_x, \lambda_y] = MAX[14.28, 24.76] = 24.76$$

$$F_{e1} = \frac{\pi^2 E}{\lambda_{\max}^2} = \frac{\pi^2 \times 210,000}{24.76^2} = 3377.4 \ MPa$$ 식(4.2-4)

【비틀림좌굴에 대한 임계응력 산정】

$$F_{e2} = \left[\frac{\pi^2 E C_w}{(K_z L)^2} + GJ\right]\frac{1}{I_x + I_y}$$ 식(4.2-8)

$$= \left[\frac{\pi^2 \times 210,000 \times 8.0439 \times 10^{12}}{(2,500)^2} + 81,000 \times 2.7317 \times 10^6\right]\frac{1}{(6.66 + 2.24) \times 10^8}$$

$= 3242.8 \ MPa$ (비틀림좌굴한계 상태 지배함)

여기서,

$$J = \sum \frac{b_i t_i^3}{3} = (2 \times 400 \times 21^3 + 358 \times 13^3)/3 = 2.7317 \times 10^6 \ mm^4$$

$$C_w = \frac{I_y h_o^2}{4} = \frac{2.24 \times 10^8 \times (400 - 21)^2}{4} = 8.0439 \times 10^{12} mm^6$$

$$I_x = 6.660 \times 10^8 mm^4 \ , \ I_y = 2.240 \times 10^8 mm^4$$

탄성좌굴응력 ; F_e

$$F_e = MIN[F_{e1}, F_{e2}] = MIN[3377.4, 3242.8]$$

$= 3242.8 MPa$ (비틀림좌굴 한계상태가 지배함)

(주) 앞 예제 1)과 달리 좌굴길이가 2.5m로 짧어 휨좌굴한계상태보다 비틀림한계 상태가 지배됨을 알 수 있다.

5) 휨좌굴응력 산정 (4.2.3)

$$\frac{F_y}{F_e} = \frac{355}{3242.8} = 0.11 \le 2.25$$

$$F_{cr} = [0.658^{\frac{F_y}{F_e}}]F_y = [0.658^{(\frac{355}{3242.8})}] \times 355 \quad 식(4.2\text{-}2)$$

$$= 339.1\,MPa$$

6) 설계강도 산정 및 부재력 검토

$$\phi_c P_n = \phi_c F_{cr} A_g = 0.9 \times 339. \times 21,870 \times 10^{-3}$$

$$= 6674.5\ kN$$

예제 3) 2축대칭 부재 : H-형 조립부재의 기둥 설계예제 (세장판 요소가 있는 경우)

다음 그림과 같은 양단부 힌지조건의 기둥에 작용하중 $P_u = 8,200kN$이 작용할 때 H-형 단면의 조립부재를 설계하시오.

사용강재 : $F_y = 355\,MPa\,(SHN355)$, $E = 210,000\,MPa$, $G = 81,000\,MPa$

검토조건 : $L_x = 8.0m$, $L_y = 4.0m$, $K_x = K_y = 1$

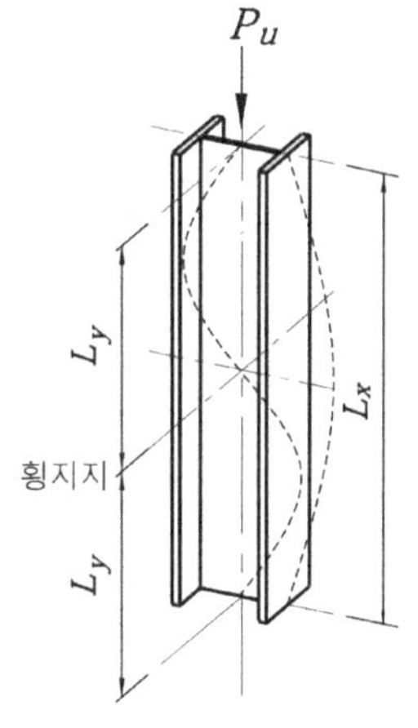

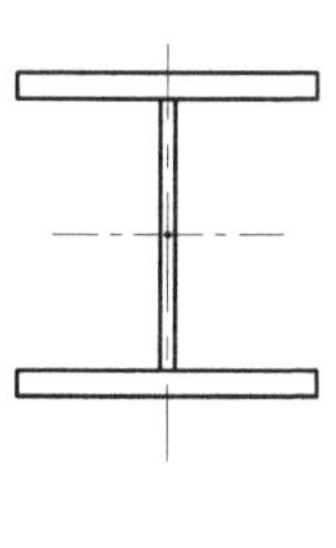

1) 부재 단면치수 가정 및 단면성능 계산

$$H \times B \times t_w \times t_f = 700 \times 700 \times 13 \times 20,\ h = H - 2t_f = 660mm$$

$$A = 2Bt_f + ht_w = 2 \times 700 + 660 \times 13 = 36,580\ mm^2$$

$$I_x = \frac{1}{12}[BH^3 - (B - t_w)h^3] = \frac{1}{12}[700 \times 700^3 - (700 - 13) \times 660^3] = 3.5492 \times 10^9 mm^4$$

$$I_y = \frac{1}{12}[2t_f B^3 + ht_w^3] \ = \frac{1}{12}(2\times 20\times 700^3 + 660\times 13^3) \ = \ 1.1435\times 10^9 mm^4$$

$$r_x \ = \sqrt{\frac{I_x}{A}} = \ 311.5 \ mm \ , \quad r_y \ = \sqrt{\frac{I_y}{A}} = \ 176.8 \ mm$$

【기타 단면성능계산 (비틀림 좌굴응력 계산용)】

$$J \ = \ \sum \frac{b_i t_i^3}{3} = (2\times 700\times 20^3 + 660\times 13^3)/3 = 4.2167\times 10^6 \ mm^4$$

$$C_w = \ \frac{I_y h_o^2}{4} = \frac{1.14345\times 10^9 \times (700-20)^2}{4} = 1.3218\times 10^{14} mm^6$$

2) 플랜지 폭두께비 검토 및 저감계수 산정 (4.2.7.1)

$$k_c \ = \frac{4}{\sqrt{(h/t_w)}} \ = \frac{4}{\sqrt{660/13}} = \ 0.561 \quad \le \ 0.76 \text{ (만족함)} \ \ge \ 0.35 \text{ (만족함)}$$

$$b = B/2 = 700/2 = 350mm$$

$$\frac{b}{t_f} = \frac{350}{20} = 17.5 \ge \ 0.64\sqrt{\frac{Ek_c}{F_y}} = 0.64\sqrt{\frac{210{,}000\times 0.561}{355}} = \ 11.66$$

$$\le \ 1.17\sqrt{\frac{Ek_c}{F_y}} = 1.17\sqrt{\frac{210{,}000\times 0.561}{355}} = \ 21.31$$

폭두께비 검토 결과 플랜지판은 세장함으로 저감계수를 고려한다.

$$Q_s = 1.415 - 0.65(\frac{b}{t_f})\sqrt{\frac{F_y}{Ek_c}}$$ 식(4.2-25)

$$= 1.415 - 0.65\times 17.5\sqrt{\frac{355}{210{,}000\times 0.561}} \ = 0.79$$

(주) 만일 플랜지 폭두께비가 $\frac{b}{t_f}$ $\le$ 11.66 이었다면 세장하지 않아 $Q_s = 1$로 저감계수를 고려할 필요가 없다.

3) 세장비 검토 (4.2.2)

$$\lambda_x = \frac{k_x L_x}{r_x} = \frac{1\times 8000}{311.5} = 25.68 \quad \le \ 200 \quad \ldots O.K \text{ (지배함)}$$

$$\lambda_y = \frac{k_y L_y}{r_y} = \frac{1\times 4000}{176.8} = 22.62 \quad \le \ 200 \quad \ldots O.K$$

☞ 세장비 200을 초과하지 않음으로 모두 만족함. 초과 시에는 부재 재 산정 후 재검토요.

4) 웨브 두께비 검토 및 저감계수 산정 (4.2.7.2)

최대세장비 산정

$$\lambda_{\max} = MAX[\lambda_x \ , \ \lambda_y] = 25.68$$

탄성좌굴하중 산정

$$F_e \ = \ \frac{\pi^2 E}{\lambda_{\max}^2} = \frac{\pi^2 \times 210,000}{25.68^2} = 3139.7 \ MPa \ > \frac{1}{2.25} F_y = \ 157.78 \ MPa$$

$$f \ = [0.658^{F_y/F_e}]F_y = [0.658^{(355/3139.7)}] \times 355 \ = \ 338.6 \ MPa$$

폭두께비 검토

$$\frac{h}{t_w} = \frac{660}{16} = 41.25 > 1.49\sqrt{\frac{E}{f}} = 1.49\sqrt{\frac{210,000}{338.6}} = 37.11$$

감소된 유효폭 b_e 산정 (4.2.7.2)

$$b_e = 1.92 t_w \sqrt{\frac{E}{f}} (1 - \frac{0.34}{h/t_w}\sqrt{\frac{E}{f}}) \qquad \text{식}(4.2\text{-}34)$$

$$= 1.92 \times 13 \sqrt{\frac{210,000}{338.6}} (1 - \frac{0.34}{660/13}\sqrt{\frac{210,000}{338.6}})$$

$$= 517.85 \ mm \ < \ h = 660 \ mm$$

저감계수 산정

$$Q_a = (2A_f + b_e t_w)/A = (2 \times 700 \times 20 + 517.85 \times 13)/36,580$$

$$= 0.95$$

또는, 압연형강부재 사용시에는

$$Q_a = [A - (h - b_e)t_w]/A = [36,580 - (660 - 517.85) \times 13]/36,580$$

$$= 0.95$$

$$Q = Q_a \times Q_s = 0.79 \times 0.95 = 0.75$$

(주) [ ] 는 f값 산정루틴 부분으로, 폭두께비 검토를 위해서는 좌굴응력값 f 산정한 후 기준식 $1.49\sqrt{\frac{E}{f}}$ 에 f값을 대입하여 판별하게 되어 있으나, 편의상 f 값 대신 F_y 값 적용해도 보수적인 값으로 산정되어 무방하다.

5) 탄성좌굴응력 F_e 산정

【휨좌굴에 대한 임계응력】

최대세장비 산정

$\lambda_{\max} = MAX[\lambda_x\ ,\ \lambda_y] = 25.68$

$$F_{e1} = \frac{\pi^2 E}{\lambda_{\max}^2} = \frac{\pi^2 \times 210,000}{25.68^2} = 3139.7\ MPa \qquad 식(4.2\text{-}4)$$

비틀림좌굴에 대한 임계응력 산정

$$F_{e2} = \left[\frac{\pi^2 E C_w}{(K_z L)^2} + GJ\right]\frac{1}{I_x + I_y} \qquad 식(4.2\text{-}8)$$

$$= \left[\frac{\pi^2 \times 210,000 \times 1.3218 \times 10^{14}}{(0.5 \times 8000)^2} + 81,000 \times 4.2167 \times 10^6\right]\frac{1}{(3.5492 + 1.1435) \times 10^9}$$

$$= 3717.8\ MPa$$

탄성좌굴응력 ; F_e

$F_e = MIN\,[\,F_{e1}\,,\,F_{e2}\,] = MIN\,[3139.7\,,\,3717.8\,]$

$= 3139.7\,MPa$ (휨좌굴 한계상태가 지배함)

6) 휨좌굴응력 F_{cr} 산정 (4.2.3)

$$F_e = 3139.7\ MPa\ > \frac{1}{2.25}QF_y = \frac{1}{2.25} \times 0.75 \times 355 = 118.33\ MPa$$

$$F_{cr} = Q[0.658^{\frac{QF_y}{F_e}}]F_y = 0.75 \times [0.658^{\left(\frac{0.75 \times 355}{3139.7}\right)}] \times 355 \qquad 식(4.2\text{-}2)$$

$$= 256.97\,MPa$$

7) 설계강도 산정 및 부재력 검토

$\phi_c P_n = \phi_c F_{cr} A = 0.9 \times 256.97 \times 36,580 \times 10^{-3}$

$= 8459.97\,kN > Pu = 8,200\ kN$ (만족함)

예제 4) 2축대칭 부재 : H-형강부재의 기둥 설계예제 (세장판 요소가 있는 경우)

다음 그림과 같은 양단부 힌지조건의 $H-890 \times 299 \times 15 \times 23$ H형강 기둥이 허용할 수 있는 최대계수하중을 구하라. (본 예제는 부록의 H-형강 부재에 대한 허용축하중도표와 비교 검토함)

사용강재 : $F_y = 355\,MPa\,(SM355)$, $E = 210{,}000\,MPa$, $G = 81{,}000\,MPa$

검토조건 : $L_x = 5.0m$, $L_y = 5.0m$, $K_x = K_y = 1$

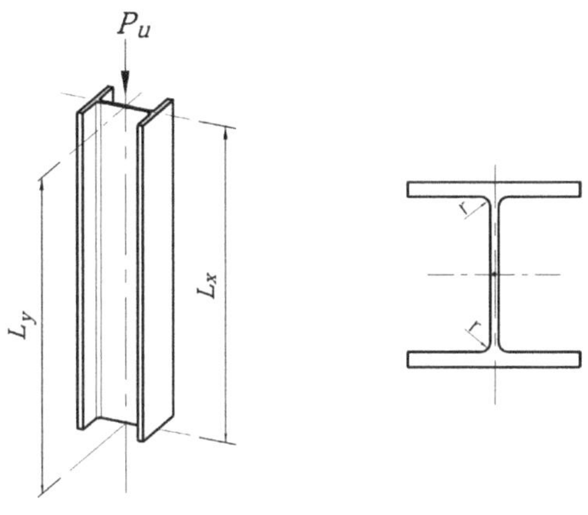

1) 사용부재의 단면성능

$H \times B \times t_w \times t_f = 890 \times 299 \times 15 \times 23, \; r = 28mm$

$h = H - 2(t_f + r) = 890 - 2 \times (23 + 28) = 788mm$

$A = 27{,}090\,mm^2$, $I_x = 3.450 \times 10^9\,mm^4$, $I_y = 1.030 \times 10^8\,mm^4$

$r_x = 357\,mm$, $r_y = 61.6\,mm$, $C_w = 1.9308 \times 10^{13}$, $J = 3.610 \times 10^6$

$t_f = 23\,mm$로 $16mm$보다 크므로 $F_y = 345\,MPa$를 적용함. (KDS 14 31 05, 3.4)

2) 플랜지 폭두께비 검토 및 저감계수 산정 (4.2.7.1)

$b = B/2 = 299/2 = 149.5mm$

$$\frac{b}{t_f} = \frac{149.5}{23} = 6.5 \le 0.56\sqrt{\frac{E}{F_y}} = 0.56\sqrt{\frac{210{,}000}{345}} = 13.82$$

폭두께비 검토 결과 플랜지판은 비세장함으로 저감계수 검토는 불필요하다. ($Q_s = 1.0$)

3) 세장비 검토 (4.2.2)

$$\lambda_x = \frac{k_x L_x}{r_x} = \frac{1 \times 5000}{357} = 14.0 \quad \le 200 \quad ...O.K$$

$$\lambda_y = \frac{k_y L_y}{r_y} = \frac{1 \times 5000}{61.6} = 81.17 \quad \le 200 \quad ...O.K \text{ (지배함)}$$

4) 웨브 폭두께비 검토 및 저감계수 산정 (4.2.7.2)

폭두께비 검토

$$\frac{h}{t_w} = \frac{788}{15} = 52.53 > 1.49\sqrt{\frac{E}{f}} = 1.49\sqrt{\frac{210,000}{217.9}} = 46.26$$

여기서, f는 $Q=1$일때의 F_{cr}의 값

$$F_e = \frac{\pi^2 E}{\lambda^2} = \frac{3.14^2 \times 210,000}{81.17^2} = 314.26$$

$$\frac{F_y}{F_e} = \frac{345}{314.26} = 1.10 \leq 2.25$$

$$f = F_{cr} = [0.658^{\frac{F_y}{F_e}}]F_y = [0.658^{\frac{345}{314.26}}] \times 345 = 217.9$$

웨브는 세장한 양연지지판에 해당하므로 감소계수를 산정한다. (4.2.7.2)

$$b_e = 1.92 t_w \sqrt{\frac{E}{f}}(1 - \frac{0.34}{h/t_w}\sqrt{\frac{E}{f}})$$ 식(4.2-34)

$$= 1.92 \times 15\sqrt{\frac{210,000}{217.9}}(1 - \frac{0.34}{788/15}\sqrt{\frac{210,000}{217.9}})$$

$$= 714.4\ mm < \ h = 788.0mm$$

저감계수 산정

$$Q_a = [A - (h - b_e)t_w]/A = [27,090 - (788 - 714.4) \times 15]/27,090$$

$$= 0.96$$

$$Q = Q_S Q_a = 1.0 \times 0.96 = 0.96$$

5) 탄성좌굴응력 F_e 산정

【휨좌굴에 대한 임계응력 산정】

최대세장비 산정

$$\lambda_{\max} = MAX[\lambda_x, \lambda_y] = 81.17$$

$$F_{e1} = \frac{\pi^2 E}{\lambda_{\max}^2} = \frac{\pi^2 \times 210,000}{81.17^2} = 314.26\,MPa$$ 식(4.2-3)

비틀림좌굴에 대한 임계응력 산정

$$F_{e2} = [\frac{\pi^2 E C_w}{(K_z L)^2} + GJ]\frac{1}{I_x + I_y} \quad 식(4.2-8)$$

$$= [\frac{\pi^2 \times 210{,}000 \times 1.9308 \times 10^{13}}{(1.0 \times 5000)^2} + 81{,}000 \times 3.610 \times 10^6]\frac{1}{(3.450 \times 10^9 + 1.030 \times 10^8)}$$

$$= 532.37\ MPa$$

탄성좌굴응력 ; F_e

$$F_e = MIN\,[F_{e1}\,,\,F_{e2}] = MIN\,[314.26\,,\,532.37]$$

$$= 314.26\,MPa$$

(휨좌굴 한계상태가 지배함)

6) 휨좌굴응력 F_{cr} 산정 (4.2.3)

$$F_e = 314.26\ MPa\ > \frac{1}{2.25}QF_y = \frac{1}{2.25}\times 0.96 \times 345 = 147.2\,MPa$$

$$F_{cr} = Q[0.658^{\frac{QF_y}{F_e}}]F_y = 0.96 \times [0.658^{(\frac{0.96\times 345}{314.26})}] \times 345 \quad 식(4.2-2)$$

$$= 213.07\ MPa$$

7) 설계강도 산정

$$\phi_c P_n = \phi_c F_{cr} A = 0.9 \times 213.07 \times 27{,}090 \times 10^{-3}$$

$$= 5195\,kN$$

참고로 부록 A3.2 H-형강의 설계압축강도 표 값과 비교하여 보면 동일함을 알 수 있다.

【표 A2.1】 $SM355$

번호	부재 치수	단면적	허용 계수 축하중 ; $P_u = \phi_c P_n$ (kN)							
		(cm^2)	2.0m	2.5m	3.0m	3.5m	4.0m	4.5m	5.0m	5.5m
86	H-800x300x14x26	267.4	7,303	7,092	6,839	6,549	6,224	5,869	5,490	5,090
87	H-802x301x15x27	281.5	7,806	7,576	7,302	6,986	6,633	6,247	5,834	5,396
88	H-808x302x16x30	307.6	8,684	8,430	8,126	7,776	7,386	6,959	6,479	5,972
89	H-814x303x17x33	333.9	9,579	9,300	8,966	8,582	8,135	7,628	7,098	6,555
90	H-890x299x15x23	270.9	7,117	6,895	6,628	6,321	5,976	5,599	5,195	4,769
91	H-894x299x15x25	282.8	7,478	7,251	6,979	6,666	6,315	5,930	5,518	5,084
92	H-900x300x16x28	309.8	8,368	8,115	7,812	7,464	7,073	6,647	6,189	5,707

예제 5) 2축대칭 부재예 : 조립형+형강의 기둥 설계예제 (세장판요소가 있는 경우)

2개의 T형강 $2T-200\times200\times8\times13$ 을 이용하여 조립압축재를 만들었을 때 최대허용하중을 계산하라. 전체 비지지 길이는 $4m$이며, 두께 $12mm$ 끼움판 $1.0m$ 간격으로 용접 접합되어 있고, 좌굴계수는 $K=1$로 한다.

사용강재 : $F_y = 355\ MPa(SM355)$, $E = 210{,}000\ MPa$, $G = 81{,}000\ MPa$

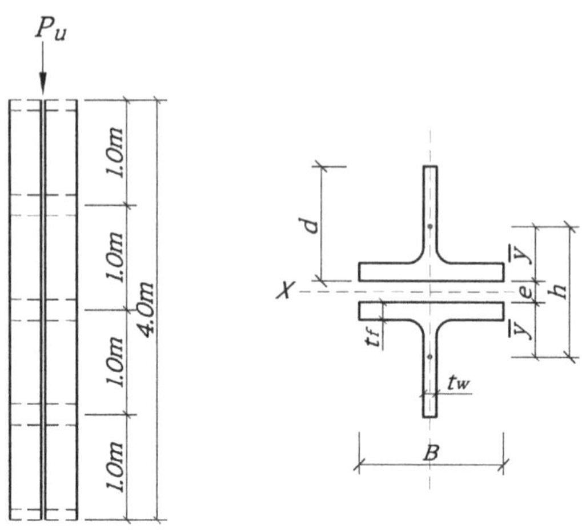

1) 사용부재 단면성능 산정

단일T형강 단면성능 ;

$T-d\times B\times t_w\times t_f = T-200\times200\times8\times13$ ($t\le16mm$이므로 $F_y=355MPa$ 적용)

$A=4{,}210\ mm^2$, $I_{xo}=14\times10^6$, $I_{yo}=8.68\times10^6$, $r_{xo}=57.6\ mm$, $r_{yo}=45.4\ mm$

$\bar{y} = 42.3\ mm$, $J_o = 210{,}000\ mm^4$

2개의 T형강 조립재 $2T-200\times200\times8\times13$ 단면성능 계산

$A_g = 2\times4{,}210=8{,}420\ mm^2$, $h=$깁판 두께 $+2\bar{y} = 12+2\times42.3=96.6\ mm$

$$I_x = \sum[I_{xo}+A\times(h/2)^2] = 2\times14\times10^6+2\times4{,}210\times(96.6/2)^2 = 4.764\times10^7\ mm^4$$

$$I_y = 2I_{yo} = 2\times8.68\times10^6 = 1.736\times10^7 mm^4$$

$$r_x = \sqrt{\frac{I_x}{A_g}} = \sqrt{\frac{4.764\times10^7}{8{,}420}} = 75.22\ mm$$

$$r_y = r_{yo} = 45.4\ mm$$

$$J = 2\times210{,}000=420{,}000\ mm^4$$

2) 플랜지 폭두께비 검토 및 저감계수 산정 (4.2.7.1(1))

$$\frac{b}{2t} = \frac{100}{2\times13} = 7.69 \le 0.56\sqrt{\frac{E}{F_y}} = 0.56\sqrt{\frac{210{,}000}{355}} = 13.62$$

폭두께비 검토 결과 플랜지판은 세장하지 않음으로 저감계수 검토 불필요함.

3) 스템 판폭두께비 검토 및 저감계수 산정 (4.2.7.1(4))

$$\frac{d}{t_w} = \frac{200}{8} = 25.0 \geq 0.75\sqrt{\frac{E}{F_y}} = 0.75\sqrt{\frac{210,000}{355}} = 18.24$$

$$\leq 1.03\sqrt{\frac{E}{F_y}} = 1.03\sqrt{\frac{210,000}{355}} = 25.05$$

세장함으로 저감계수를 계산하면

$$Q_s = \ 1.908 - 1.22(\frac{d}{t_w})\sqrt{\frac{F_y}{E}}$$ 식(4.2-31)

$$= 1.908 - 1.22 \times 25.0\sqrt{\frac{355}{210,000}} = 0.65$$

4) 세장비 검토 (4.2.2)

$$\lambda_x \ = \frac{K_x L_x}{r_x} \ = \ \frac{1.0 \times 4,000}{75.22} \ = \ 53.18 \ \leq \ 200 \quad ...O.K$$

$$\lambda_y = \frac{K_y L_y}{r_y} \ = \ \frac{1.0 \times 4,000}{45.4} \ = \ 88.11 \ \leq \ 200 \quad ...O.K$$ (지배함)

수정 세장비 계산 : $(\lambda_x)_m$ (용접으로 접합) (4.2.6(2))

$r_i = \ r_{yo} = 45.4 \ mm$ (단일부재의 최소단면2차반경)

$a = 1000mm$ (끼움판 간격)

개재 세장비 검토

$$\frac{a}{r_i} = \frac{1000}{45.4} = 22.03 \ < \ 0.75\lambda_y = 0.75 \times 88.11 \ = 66.08$$(만족함) (4.2.6.2)

$$\frac{a}{r_i} = 22.03 \ < \ 40, \quad (\frac{KL}{r})_m = (\frac{KL}{r})_o = \lambda_y = 88.11$$ 식(4.2-16)

5) 탄성좌굴응력 F_e 산정

휨좌굴에 대한 임계응력 산정

$$F_{e1} \ = \frac{\pi^2 E}{\lambda_{\max}^2} \ = \ \frac{\pi^2 \times 210,000}{88.11^2} = 266.7 \ MPa$$ 식(4.2-4)

비틀림좌굴에 대한 임계응력 산정

$$F_{e2} = [\frac{\pi^2 E C_w}{(K_z L)^2} + GJ]\frac{1}{I_x + I_y} \ = \ \frac{GJ}{I_x + I_y} \ =$$ 식(4.2-8)

$$= \frac{81,000 \times 420,000}{4.764 \times 10^7 + 1.736 \times 10^7} = 523.38 \ MPa$$

(주) 상기 식에서 +형은 뒤틀림비틈에 대한 영향이 적음으로 기여를 무시하여 $C_w \ = \ 0$ 처리함.

탄성좌굴응력; F_e

$F_e = MIN[F_{e1},\ F_{e2}] = MIN[266.7\ ,\ 523.38]$

$= 266.7\,MPa$

6) 휨좌굴응력 F_{cr} 산정 (4.2.7)

$$\frac{QF_y}{F_e} = \frac{0.65 \times 355}{266.7} = 0.87 \le 2.25,\ F_{cr} = Q(0.658^{QF_y/F_e})F_y$$ 식(4.2-19)

$$= 0.65 \times (0.658^{0.65 \times 355/266.7}) \times 355 = 160.65\,MPa$$

7) 설계압축강도 산정

$\phi_c P_n = \phi_c F_{cr} A_g$

$= 0.9 \times 160.65 \times 8{,}420 \times 10^{-3} = 1217.4\ kN$

예제 6) 1축대칭 부재 : T-형 부재의 기둥 설계예제 (세장판요소가 없는 경우)

다음 그림과 같은 양단부 힌지조건의 기둥에 작용하중 $P_u = 295kN$이 작용할 때 T-형 부재를 설계하시오.

사용강재 : F_y = 235 MPa ($SS235$), E = 210,000 MPa , G = 81,000 MPa

검토조건 : L_x = 6.5m , L_y = 6.5m , K_x = K_y = 1

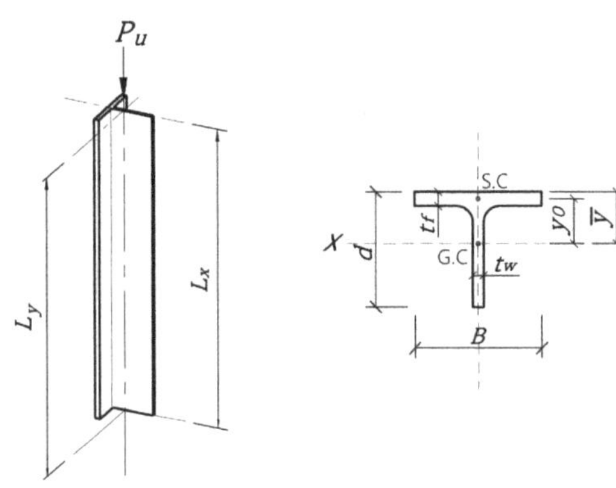

1) 부재 단면치수 가정 및 단면성능 계산

$d \times B \times t_w \times t_f$ = 150 × 300 × 10 × 15

A = 5,989mm^2 ,r_x = 36.5 mm ,r_y = 75.1 mm

$\bar{y}$ = 24.7 mm ,J = 440,000 mm^4

【기타 단면성능 계산】

$y_o = \bar{y} - t_f/2$ = 24.7 − 15/2 = 17.2 mm

$$\overline{r_o^2} = y_o^2 + r_x^2 + r_y^2 = 17.2^2 + 36.5^2 + 75.1^2 = 7268.1\ mm^2$$

$$H = 1 - y_o^2/r_o^2 = 1 - 17.2^2/7268.1 = 0.96$$

2) 플랜지 폭두께비 검토 및 저감계수 산정 (4.2.1.1.3)

$b = B/2 = 300/2 = 150mm$

$$\frac{b}{t_f} = \frac{150}{15} = 10.0 \le 0.56\sqrt{\frac{E}{F_y}} = 0.56\sqrt{\frac{210,000}{235}} = 16.74$$ 표(4.2-2)

플랜지판은 세장함 않음으로 저감계수 고려 불필요 ($Q_{sf} = 1.0$)

3) 스템 폭두께비 검토 및 저감계수 산정 (4.2.1.1.3)

세장비 검토

$d = 150mm$

$$\frac{d}{t_w} = \frac{150}{10} = 15.0 \le 0.75\sqrt{\frac{E}{F_y}} = 0.75\sqrt{\frac{210,000}{235}} = 22.42$$ 표(4.2-2)

스템판은 세장하지 않음으로 저감계수 고려불필요.($Q_{sw} = 1.0$)

4) 휨좌굴응력 산정 ($X-X$축에 대해) (4.2.3)

$$\lambda_x = \frac{k_x L_x}{r_x} = \frac{1 \times 6500}{36.5} = 178.08 \le 200 \ ....O.K$$

$$F_e = \frac{\pi^2 E}{\lambda_x^2} = \frac{\pi^2 \times 210,000}{178.08^2} = 65.29\,MPa < \frac{1}{2.25}F_y = 104.4\ MPa$$

$$F_{crx} = 0.877F_e = 0.877 \times 65.29 = 57.26\ MPa$$ 식(4.2-3)

5) 휨-비틀림 좌굴응력 산정 ($Y-Y$축에 대해) (4.2.4)

$$\lambda_y = \frac{k_y L_y}{r_y} = \frac{1 \times 6500}{75.1} = 86.55 < 200 \ ....O.K$$

$$F_{ey} = \frac{\pi^2 E}{\lambda_y^2} = \frac{\pi^2 \times 210,000}{86.55^2} = 276.40\ MPa > \frac{1}{2.25}F_y = 104.4\ MPa$$

$$F_{cry} = [0.658^{F_y/F_{ey}}]F_y = [0.658^{(235/276.4)}] \times 235 = 164.63\ MPa$$ 식(4.2-2)

$$F_{crz} = \frac{GJ}{A\overline{r_o^2}} = \frac{81,000 \times 440,000}{5,990 \times 7,628.1} = 780.0\ MPa$$ 식(4.2-7)

$$(F_{cr})_y = (\frac{F_{cry} + Fcrz}{2H})[1 - \sqrt{1 - \frac{4F_{cry}F_{crz}H}{(F_{cry} + F_{crz})^2}}]$$ 식(4.2-6)

$$= (\frac{164.63 + 780}{2 \times 0.96})[1 - \sqrt{1 - \frac{4 \times 164.63 \times 780 \times 0.96}{(164.63 + 780)^2}}] = 162.91\ MPa$$

6) 좌굴응력 F_{cr} 산정

$$F_{cr} = MIN[F_{crx}, (F_{cr})_y] = MIN[57.26 , 162.91] = 57.26\ MPa$$

7) 설계압축강도 산정 및 부재력 검토

$$\phi P_n = \phi F_{cr} A_g = 0.9 \times 57.26 \times 5,989 \times 10^{-3}$$

$$= 308.64\ kN > Pu = 295.0\ kN \text{ (만족함)}$$

예제 7) 1축대칭 부재 : T-형 부재의 기둥 설계예제 (세장판 요소가 있는 경우)

다음 그림과 같은 양단부 힌지조건의 기둥에 작용하중 $P_u = 200kN$이 작용할 때 T-형 부재를 설계하시오.

사용강재 : $F_y = 315\ MPa\,(SS315)$, $E = 210,000\ MPa$, $G = 81,000\ MPa$

검토조건 : $L_x = 6.0m$, $L_y = 6.0m$, $K_x = K_y = 1$

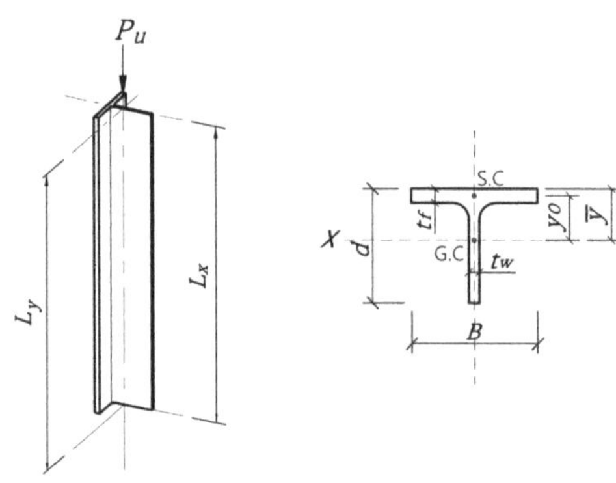

1) 부재 단면치수 가정 및 단면성능 계산

$d \times B \times t_w \times t_f = 175 \times 175 \times 7 \times 11$

$A = 3,157\ mm^2$, $r_x = 50.8\ mm$, $r_y = 39.5\ mm$, $\bar{y} = 37.5\ mm$,

$J = 115,000\ mm^4$

【기타 단면성능 계산】

$y_o = \bar{y} - t_f/2 = 39.5 - 11/2 = 32.0\ mm$

$\overline{r_o^2} = y_o^2 + r_x^2 + r_y^2 = 32.0^2 + 50.8^2 + 39.5^2 = 5,164.89\ mm^2$

$H = 1 - y_o^2/r_o^2 = 1 - 32.0^2/5,164.89 = 0.801$

2) 플랜지 폭두께비 검토 및 저감계수 산정 (4.2.7.1(1))

$b = B/2 = 175/2 - 87.5mm$

$$\frac{b}{t_f} = \frac{87.5}{11} = 7.95 \le 0.56\sqrt{\frac{E}{F_y}} = 0.56\sqrt{\frac{210,000}{315}} = 14.46$$ 식(4.2-21)

플랜지판은 세장함 않음으로 저감계수 고려 불필요 ($Q_{sf} = 1.0$)

3) 스템 폭두께비 검토 및 저감계수 산정 (4.2.7.1(4))

세장비 검토

$d = 175mm$

$$\frac{d}{t_w} = \frac{175}{7} = 25.0 \geq \ 0.75\sqrt{\frac{E}{F_y}} = 0.75\sqrt{\frac{210{,}000}{315}} = \ 19.36$$

$$\leq \ 1.03\sqrt{\frac{E}{F_y}} = 1.03\sqrt{\frac{210{,}000}{315}} = \ 26.59$$

스템판은 세장하여 저감계수 고려함

$$Q_s = 1.908 - 1.22\left(\frac{d}{t_w}\right)\sqrt{\frac{F_y}{E}} \ = 1.908 - 1.22 \times 25.0\sqrt{\frac{315}{210{,}000}} = 0.73$$ 식(4.2-31)

4) 휨좌굴에 대한 임계응력 산정 ($X-X$축에 대해)

$$\lambda_x = \frac{k_x L_x}{r_x} = \frac{1 \times 6000}{50.8} = \ 118.11 \quad \leq \ 200 \ ....O.K$$

$$F_{ex} \ = \ \frac{\pi^2 E}{\lambda_x^2} = \frac{\pi^2 \times 210{,}000}{118.11^2} = 148.42 \ MPa$$ 식(4.2-4)

(주) 세장판 요소가 있는 경우(Q_s < 1.0인경우)F_{crx}를 구하지 않고F_{ex}만 계산한다.

5) 휨-비틀림좌굴에 대한 임계응력 산정 ($Y-Y$축에 대해)

$$\lambda_y = \frac{k_y L_y}{r_y} = \frac{1 \times 6000}{39.5} = \ 151.9 \quad \leq \ 200 \ ....O.K$$

$$F_{ey} \ = \ \frac{\pi^2 E}{\lambda_y^2} = \frac{\pi^2 \times 210{,}000}{151.9^2} = 89.74 \ MPa$$ 식(4.2-4)

$$F_{ez} = \left[\frac{\pi^2 E C_w}{(k_z L)^2} + GJ\right]\frac{1}{A\overline{r_o^2}} \quad = \quad \frac{81{,}000 \times 115{,}000}{3{,}160 \times 5{,}164.89} = \ 570.74 \ MPa$$

상기식 에서 쌍ㄱ형강, T형강의 경우 $C_w \ = \ 0$ 처리. (4.2.4(2))

$$(F_e)_y \ = \ \left(\frac{F_{ey} + Fez}{2H}\right)\left[1 - \sqrt{1 - \frac{4F_{ey}F_{ez}H}{(F_{ey} + F_{ez})^2}}\right]$$ 식(4.2-9)

$$= \ \left(\frac{89.74 + 570.74}{2 \times 0.801}\right)\left[1 - \sqrt{1 - \frac{4 \times 89.74 \times 570.74 \times 0.801}{(89.74 + 570.74)^2}}\right] = \ 86.65 \ MPa$$

탄성좌굴응력 ; F_e

$$F_e \ = \ MIN[(F_{ex}, (F_e)_y] = \ MIN[148.42 \ , \ 86.65] \ = \ 86.65 \ MPa$$

6) 휨좌굴응력 F_{cr} 산정 (4.2.7)

$$\frac{QF_y}{F_e} = \frac{0.73 \times 315}{86.65} = 2.65 > 2.25$$

$$F_{cr} = 0.877F_e = 0.877 \times 86.68 = 76.02\ MPa$$ 식(4.2-20)

7) 설계강도 산정 및 부재력 검토

$$\phi P_n = \phi F_{cr} A_g = 0.9 \times 76.02 \times 3,157 \times 10^{-3}$$

$$= 216.0\,kN > Pu = 200.0\ kN$$ (만족함)

예제 8) 1축대칭 부재 : 쌍ㄱ형강의 기둥 설계예제

$2L - 90 \times 150 \times 12$의 부재를 그림과 같이 접합하여 트러스 상현재로 사용하려고 했을 때 이 부재에 허용할 수 있는 최대 계수하중 및 최대 허용하중을 결정, 전체하중 중 고정하중이 40%, 적재하중이 60%를 차지하는 것으로 한다. 부재는 $SS235$ 재질로 하며 트러스 면내 좌굴길이는 $1.5m$, 면외 좌굴길이는 $6.0m$이다.

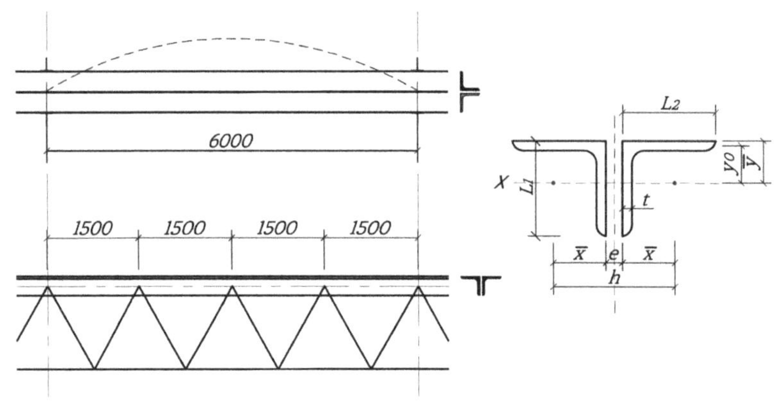

1) 사용부재 단면성능 산정

$L - 90 \times 150 \times 12\ (A \times B \times t)$의 【단면성능】

$A = 2,736.0\ mm^2$, $r_{xo} = 24.7\ mm$, $r_{yo} = 47.6\ mm$, $r_i = 19.3\ mm$

$\bar{x} = 50.7\ mm$, $\bar{y} = 21.0\ mm$, $J_o = 110,775\,mm^4$

$2L - 90 \times 150 \times 12$의 【단면성능 계산】

$A_g = 2 \times 2,736.0 = 5,472.0\,mm^2$, 끼움판 두께 $e = 9\,mm$

$r_x = r_{xo} = 24.7\ mm$, $h = e + 2\bar{x} = 9 + 2 \times 50.7 = 110.4\ mm$

$$r_y = \sqrt{(\frac{h}{2})^2 + r_{yo}^2} = \sqrt{(\frac{110.4}{2})^2 + 47.6^2} = 72.9\,mm$$

$$J = 2 \times 110{,}775 = 221{,}550\ mm^4$$

【기타 단면성능계수 산정 (휨-비틀림좌굴응력 관련 사전준비 계산)】

$$y_0 = \bar{y} - t/2 = 21 - 12/2 = 15\ mm$$

$$\overline{r_o^2} = y_o^2 + r_x^2 + r_y^2 = 15^2 + 24.7^2 + 72.9^2 = 6{,}149.5\,mm^2$$

$$H = 1 - y_o^2/\overline{r_o^2} = 1 - 15^2/6{,}149.5 = 0.963$$

2) 폭두께비 검토 및 저감계수 산정 (4.2.1.1.3)

$b = 150mm$

$$\frac{b}{t} = \frac{150}{12} = 12.5 < 0.45\sqrt{\frac{E}{F_y}} = 0.45\sqrt{\frac{210{,}000}{235}} = 13.45$$

단면이 세장하지 않음으로 저감계수 검토 불필요함. ($Q_s =$ 1.0)

3) 세장비 검토 (4.2.2)

조립압축재임으로 충복축에 대해서는 세장비 보정이 필요하므로 세장비 먼저 검토한다.

$$\lambda_x = \frac{K_x L_x}{r_x} = \frac{1.0 \times 1500}{24.7} = 60.73 \le 200 \quad ...O.K$$

$$\lambda_y = \frac{K_y L_y}{r_y} = \frac{1.0 \times 6000}{72.9} = 82.3 \le 200 \quad ...O.K(\text{지배})$$

수정된 세장비 계산 : $(\lambda_y)_m$ (4.2.6.1)

$$\frac{a}{r_i} = \frac{1500}{19.3} = 77.7 > 0.75 \times 82.3 = 61.7 \ (\text{개재 세장비 검토})$$

☞ 불만족함으로 중간에 *Filler* 삽입하여 1차조임볼트로 접합하여 길이를 조절한다.

$$(\frac{KL}{r})_m = \sqrt{(\frac{KL}{r})^2 + (\frac{a}{r_i})^2} = \sqrt{82.3^2 + 38.8} = 90.99$$ 식(4.2-15)

4) 좌굴응력 산정 (4.2.4(1))

$$F_{cr} = (\frac{F_{cry} + F_{crz}}{2H})[1 - \sqrt{1 - \frac{4F_{cry}F_{crz}H}{(F_{cry} + F_{crz})^2}}$$ 식(4.2-6)

$$= (\frac{158.58 + 533.44}{2 \times 0.963})[1 - \sqrt{1 - \frac{4 \times 158.58 \times 533.44 \times 0.963}{(158.58 + 533.44)^2}} = 156.19\,MPa$$

여기서

F_{cry}는 λ_m을 사용하여 구한다.

$$F_e = \frac{\pi^2 E}{\lambda_m^2} = 250.09\,MPa$$ 식(4.2-4)

$$\frac{F_y}{F_e} = \frac{235}{250.09} = 0.94 < 2.25$$ 식(4.2-2)

$$F_{cry} = (0.658^{F_y/F_e})F_y = (0.658^{235/250.09}) \times 235 = 158.58\ MPa$$

$$F_{crz} = \frac{GJ}{A_g \overline{r_o^2}} = \frac{81,000 \times 221,550}{5,472 \times 6,147.9} = 533.44\,MPa$$

5) 설계압축강도 및 최대허용 하중 산정

$\phi_c P_n = \phi_c F_{cr} A_g = 0.9 \times 156.19 \times 5,472 \times 10^{-3} = 769.2\ kN$

따라서 최대 계수하중 $P_u = 769.2\ kN$

$\therefore\ P_u = 1.2D + 1.6L.L = 1.2 \times (0.4P) + 1.6 \times (0.6P) = 1.44P$

최대 허용하중 $P = 534.16\ kN$

예제 9) 1축대칭 부재 : 쌍ㄱ형강의 기둥 설계예제 (세장판요소가 있는 경우)

예제 8)의 하중 및 부재는 동일하고 강종만 변경하여 재검토한다.

2L − 90 × 150 × 12의 부재를 그림과 같이 접합하여 트러스 상현재로 사용하려고 했을 때 이 부재에 허용할 수 있는 최대 계수하중 및 설계압축강도를 결정, 전체하중 중 고정하중이 40%, 적재하중이 60%를 차지하는 것으로 한다.

부재의 강종은 SM355로 하며 트러스 면내 좌굴길이는 1.5m, 면외 좌굴길이는 6.0m이다.

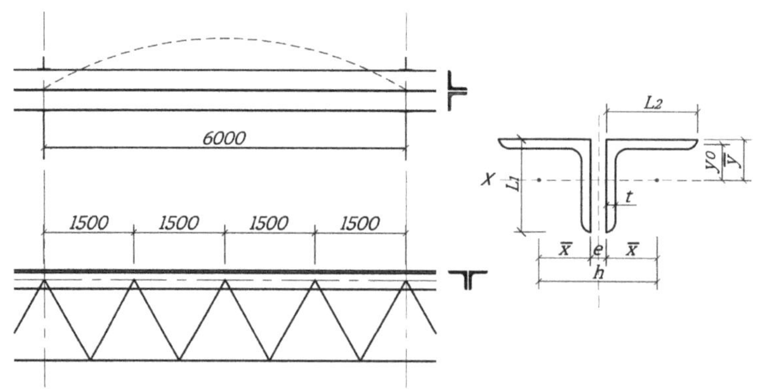

1) 사용부재 단면성능 산정 (예제 8)과 동일 과정임)

$L - 90 \times 150 \times 12\ (A \times B \times t)$ 【단면성능】

$A = 2,736.0\ mm^2$, $r_{xo} = 24.7\ mm$, $r_{yo} = 47.6\ mm$, $r_i = 19.3\ mm$

$\bar{x} = 50.7\ mm$, $\bar{y} = 21.0\ mm$, $J_o = 110{,}775\,mm^4$

$2L-90\times150\times12$ 【단면성능 계산】

$A_g = 2\times2{,}736.0 = 5{,}472.0\,mm^2$, 끼움판 두께 $e = 9\,mm$

$r_x = r_{xo} = 24.7\ mm$, $h = e + 2\bar{x} = 9 + 2\times50.7 = 110.4\ mm$

$$r_y = \sqrt{(\frac{h}{2})^2 + r_{yo}^2} = \sqrt{(\frac{110.4}{2})^2 + 47.6^2} = 72.9\,mm$$

$J = 2\times110{,}775 = 221{,}550\ mm^4$

【기타 단면성능계수 산정 (휨-비틀림좌굴응력 관련 사전준비 계산)】

$y_0 = \bar{y} - t/2 = 21 - 12/2 = 15\ mm$

$\overline{r_o^2} = y_o^2 + r_x^2 + r_y^2 = 15^2 + 24.7^2 + 72.9^2 = 6{,}149.5\,mm^2$

$H = 1 - y_o^2/\overline{r_o^2} = 1 - 15^2/6{,}149.5 = 0.963$

2) 폭두께비 검토 및 저감계수 산정 (4.2.7.1(3))

$b = 150mm$

$$\frac{b}{t} = \frac{150}{12} = 12.5 > 0.45\sqrt{\frac{E}{F_y}} = 0.45\sqrt{\frac{210{,}000}{355}} = 10.94$$

$$< 0.91\sqrt{\frac{E}{F_y}} = 0.91\sqrt{\frac{210{,}000}{355}} = 22.13$$

단면이 세장함으로 국부좌굴 및 비틀림 좌굴이 단면의 효율을 감소시키게 된다.

저감계수 Q_s 계산

$$Q_s = 1.34 - 0.76(\frac{b}{t})\sqrt{\frac{F_y}{E}}$$ 식(4.2-28)

$$= 1.34 - 0.76\times12.5\times\sqrt{\frac{355}{210{,}000}} = 0.95$$

3) 세장비 검토 (예제 8)과 동일 과정임) (4.2.2)

조립압축재임으로 충복축에 대해서는 세장비 보정이 필요하므로 세장비 먼저 검토한다.

$$\lambda_x = \frac{K_x L_x}{r_x} = \frac{1.0\times1500}{24.7} = 60.73 \le 200 \quad ...O.K$$

$$\lambda_y = \frac{K_y L_y}{r_y} = \frac{1.0\times6000}{72.9} = 82.3 \le 200 \quad ...O.K \text{ (지배)}$$

수정된 세장비 계산 : $(\lambda_y)_m$ (4.2.6)

$$\frac{a}{r_i} = \frac{a}{r_z} = \frac{1500}{19.3} = 77.7 \ > \ 0.75 \times 82.3 \ = 61.7$$ (개재세장비검토)

(4.2.6.1(1))

∴ 불만족함으로 중간에 *Filler* 삽입하여 1차조임 볼트로 접합하여 길이를 조절한다.

$$\frac{a}{r_i} = \frac{750}{19.3} = \ 38.8 \ > \ 61.7 \qquad OK$$

$$(\frac{KL}{r})_m = \sqrt{(\frac{KL}{r})^2 + (\frac{a}{r_i})^2} = \sqrt{82.3^2 + 38.8} = 90.99$$ 식(4.2-15)

4) 좌굴응력 산정 (4.2.4(1))

$$F_{cr} = (\frac{F_{cry} + F_{crz}}{2H})[1 - \sqrt{1 - \frac{4F_{cry}F_{crz}H}{(F_{cry} + F_{crz})^2}}$$ 식(4.2-6)

$$= (\frac{191.79 + 533.44}{2 \times 0.963})[1 - \sqrt{1 - \frac{4 \times 191.79 \times 533.44 \times 0.963}{(191.79 + 533.44)^2}} = 188.0\,MPa$$

여기서

F_{cry}는 λ_m을 사용하여 구한다.

$$F_e = \frac{\pi^2 E}{\lambda_m^2} = 250.09\,MPa$$ 식(4.2-4)

세장판 단면이므로 기준 4.2.7 적용

$$\frac{QF_y}{F_e} = \frac{0.95 \times 355}{250.09} = 1.35 < 2.25$$ 식(4.2-19) 적용

$$F_{cry} = Q[0.658^{\frac{QF_y}{F_e}}]F_y = 0.95[0.658^{\frac{0.95 \times 355}{250.09}}] \times 355$$ 식(4.2-19)

$$= 191.79\,MPa$$

$$F_{crz} = \frac{GJ}{A_g \overline{r_o^2}} = \frac{81,000 \times 221,550}{5,472 \times 6,147.9} = 533.44\,MPa$$

5) 설계압축강도 및 최대허용 하중 산정

$\phi_c P_n = \ \phi_c F_{cr} A_g = \ 0.9 \times 188 \times 5,472 \times 10^{-3} \ = \ 925.86 \ kN$

따라서 최대 계수하중 $P_u = \ 925.86 \ kN$

∴ $P_u = \ 1.2D + 1.6L.L \ = \ 1.2 \times (0.4P) + 1.6 \times (0.6P) \ = \ 1.44P$

최대 허용하중 $P \ = \ 642.95 \ kN$

예제 10) 1축대칭 부재 : 플랜지 크기가 다른 조립형 I-형강 (세장판 요소가 있는 경우)

다음 그림과 같은 양단부 힌지조건의 기둥에 작용하중 $P_u = 1500kN$이 작용할 때 플랜지 크기가 다른 조립형 I-형강 부재를 설계하시오.

사용강재 : $SM355 : t \le 16, F_y = 355MPa,\ 16 < t \le 40, F_y = 345\,MPa$

$E = 210{,}000\ MPa$, $G = 81{,}000\ MPa$

검토조건 : $L_x = 5.0m$, $L_y = 5.0m$, $K_x = K_y = 1$

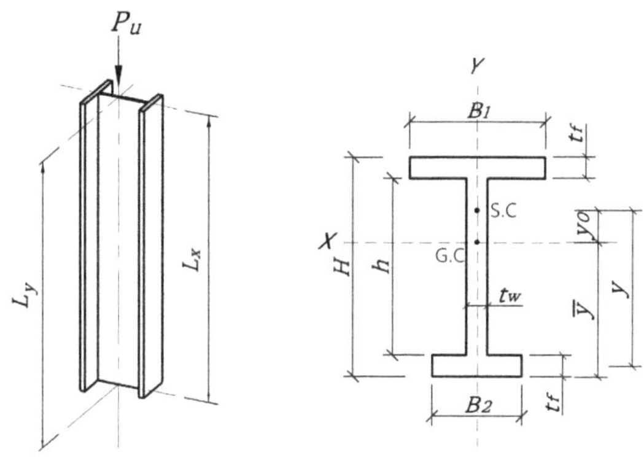

1) 부재 단면치수 가정 및 단면성능 계산

$h \times B_1 \times t_w \times t_f = 400 \times 250 \times 10 \times 20$

(B_2) (150)

【단면성능 계산】

구분	단면크기 (mm)		A_i (b_ih_i) (mm^2)	y_i (mm)	A_iy_i (mm^3)	$\bar{y}$ (mm)	$b_ih_i^3/12$ (mm^4)	$A_i(y_i-\bar{y})^2$ (mm^4)
	b_i	h_i						
상부플랜지	250	20	5,000	390	1,950,000	232.76	166,667	123,624,257
하부플랜지	150	20	3,000	10	30,000	232.76	100,000	148,864,209
웨브	10	360	3,600	200	720,000	232.76	38,880,000	3,863,258
합계	-	-	11,600	-	2,700,000	-	39,146,667	276,351,724

$A_g = \sum A_i = 11{,}600\ mm^2$ (총단면적)

$\bar{y} = \dfrac{\sum A_i \times y_i}{\sum A_i} = \dfrac{2{,}700{,}000}{11{,}600} = 232.76\ mm^2$ (단면중심)

$I_x = \sum \dfrac{b_i \times h_i^3}{12} + \sum A_i \times (\bar{y} - y_i)^2 = 39{,}146{,}667 + 276{,}351{,}724 = 315{,}498{,}390\ mm^4$

$I_y = \sum \dfrac{h_i \times b_i^3}{12} = (20 \times 250^3 + 20 \times 150^3 + 360 \times 10^3) = 31{,}696{,}667\ mm^4$

$$r_x = \sqrt{\frac{I_x}{A_g}} = \sqrt{\frac{315,498,390}{11,600}} = 164.92\ mm$$

$$r_y = \sqrt{\frac{I_y}{A_g}} = \sqrt{\frac{31,696,667}{11,600}} = 52.27\ mm$$

【기타 단면성능 계산 : (사전 준비 계산) 】

$$y = (h - t_f)(\frac{B_1^3}{B_1^3 + B_2^3}) = (400 - 20) \times (\frac{250^3}{250^3 + 150^3}) = 312.5\ mm \text{ (전단 중심)}$$

$$y_o = y + t_f/2 - \bar{y} = 312.5 + 20/2 - 232.76 = 89.74\ mm \text{ (전단 중심과 단면중심과의 거리)}$$

$$\overline{r_o^2} = y_o^2 + r_x^2 + r_y^2 = 89.74^2 + 164.92^2 + 52.27^2 = 37,984.12\ mm^2$$

$$H = 1 - y_o^2/\overline{r_o^2} = 1 - 89.74^2/37,984.12 = 0.788$$

$$J = \sum \frac{b_i t_i^3}{3} = (250 \times 20^3 + 150 \times 20^3 + 360 \times 10^3)/3 = 1.1867 \times 10^6\ mm^4$$

$$C_w = \frac{t_f(h - t_f)^2}{12}(\frac{B_1^3 B_2^3}{B_1^3 + B_2^3}) = \frac{20 \times (400 - 20)^2}{12}(\frac{250^3 \times 150^3}{250^3 + 150^3}) = 6.67969 \times 10^{11}\ mm^6$$

2) 플랜지 폭두께비 검토 및 저감계수 산정 표(4.2-2)

두께가 16초과 40이하 이므로 $F_y = 345\ MPa$로 적용함.

$$b = B_1/2 = 250/2 = 125mm$$

$$d = h - 2t_f = 400 - 2 \times 20 = 360\ mm$$

$$0.36 \le k_c = \frac{4}{\sqrt{d/t_w}} = \frac{4}{\sqrt{360/10}} = 0.667 \le 0.76 \text{ (만족함)}$$

$$\frac{b}{t_f} = \frac{125}{20} = 6.25 \le 0.64\sqrt{\frac{k_c E}{F_y}} = 0.64\sqrt{\frac{0.667 \times 210,000}{345}} = 12.89$$

플랜지판은 세장하지 않음으로 저감계수 고려 불필요함.

3) 웨브 판폭두께비 검토 및 저감계수 산정 표(4.2-2)

세장비 검토

$$d = 360mm$$

$$\frac{d}{t_w} = \frac{360}{10} = 36.0 \le 1.49\sqrt{\frac{E}{F_y}} = 1.49\sqrt{\frac{210,000}{345}} = 36.76$$

웨브판 역시 세장하지 않음으로 저감계수 고려 불필요함.

4) 휨좌굴에 대한 임계응력 산정 ($X-X$축에 대해) (4.2.3)

$$\lambda_x = \frac{k_x L_x}{r_x} = \frac{1 \times 5000}{164.92} = 30.32 \quad \leq \quad 200 \ ....O.K$$

$$F_{ex} \ = \ \frac{\pi^2 E}{\lambda_x^2} = \frac{\pi^2 \times 210,000}{30.32^2} = 2252.27\,MPa$$ 식(4.2-4)

5) 휨-비틀림좌굴에 대한 임계응력 산정 ($Y-Y$축에 대해) (4.2.4(2))

$$\lambda_y = \frac{k_y L_y}{r_y} = \frac{1 \times 5000}{52.27} = 95.65 \quad \leq \quad 200 \ ....O.K$$

$$F_{ey} \ = \ \frac{\pi^2 E}{\lambda_y^2} = \frac{\pi^2 \times 210,000}{95.65^2} = 226.31 \ MPa$$ 식(4.2-4)

$$F_{ez} = [\frac{\pi^2 E C_w}{(k_z L)^2} + GJ]\frac{1}{A\overline{r_o^2}}$$

$$= [\frac{\pi^2 \times 210,000 \times 6.67969 \times 10^{11}}{(1 \times 5000)^2} + 81,000 \times 1.1867 \times 10^6]\frac{1}{11,600 \times 37,984.12}$$

$$= \ 343.71 \ MPa$$

$$(F_e)_y \ = \ (\frac{F_{ey}+F_{ez}}{2H})[1 - \sqrt{1 - \frac{4F_{ey}F_{ez}H}{(F_{ey}+F_{ez})^2}}\,]$$ 식(4.2-9)

$$= \ (\frac{226.31+343.71}{2 \times 0.788})[1 - \sqrt{1 - \frac{4 \times 226.31 \times 343.71 \times 0.788}{(226.31+343.71)^2}}\,] = \ 182.51 \ MPa$$

탄성좌굴응력 ; F_e

$$F_e \ = \ MIN[(F_{ex}\ ,(F_e)_y] = \ MIN[2{,}252.27,\ 182.51]$$

$$= \ 182.51 \ MPa$$

6) 좌굴응력 Fcr 산정 (4.2.3)

$$\frac{KL}{r} = 96.65 \leq 4.71\sqrt{\frac{E}{F_y}} = 116.2 \quad or \quad \frac{F_y}{F_e} = 1.89 \leq 2.25$$

$$F_{cr} \ = [0.658^{F_y/F_{ey}}]F_y = [0.658^{(345/182.51)}] \times 345 = \ 156.39 \ MPa$$ 식(4.2-2)

7) 설계강도 산정 및 부재력 검토

$$\phi P_n = \ \phi F_{cr} A_g = 0.9 \times 156.39 \times 11,600 \times 10^{-3}$$

$$= \ 1632.71 \ kN \ > \ P_u \ = \ 1500.0 \ kN$$ (만족함)

예제 11) ㄱ형강의 기둥 설계예제 (긴다리에 접합된 경우)

$L-150\times 90\times 9$의 부재를 그림과 같이 접합하여 평면트러스 현재로 사용할 때 이 부재에 허용할 수 있는 최대 계수하중을 구하시오. 부재는 $SS315$ 재질로 하며 좌굴길이는 $3.0m$이다.

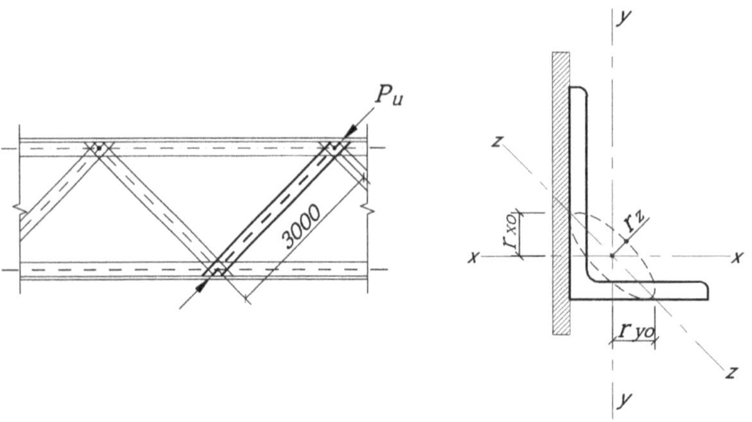

1) 사용부재 단면성능 산정

【$L-150\times 90\times 9$ 단면성능】

$A=2{,}094.0\ mm^2$, $r_{xo}=48.1\ mm$, $r_{yo}=25.2\ mm$, $r_z=19.6\ mm$

2) 구조제한 검토 (4.2.5)

- 단일ㄱ형강이 양단이 하나의 다리를 통하여 압축력을 받고
- 부재가 용접 또는 최소 2개이상의 볼트로 접합되고
- 부재중간에 하중이 작용되지 않는 경우로

본 예제는 상기 세 조건을 만족함으로 적용 가능함.

3) 폭두께비 검토 및 저감계수 산정 (4.2.7.1(3))

$$\frac{b}{t}=\frac{150}{9}=16.67>0.45\sqrt{\frac{E}{F_y}}=0.45\sqrt{\frac{210{,}000}{315}}=11.62$$

$$<0.91\sqrt{\frac{E}{F_y}}=0.91\sqrt{\frac{210{,}000}{315}}=23.5$$

단면이 세장함으로 국부좌굴 및 비틀림 좌굴이 단면의 효율을 감소시키게 된다.

저감계수 Q_s 계산

$$Q_s=1.34-0.76\left(\frac{b}{t}\right)\sqrt{\frac{F_y}{E}}$$ 식(4.2-28)

$$=1.34-0.76\times 16.67\times\sqrt{\frac{315}{210{,}000}}=0.85$$

4) 세장비 검토 (4.2.5)

본 예제는 긴다리에 접합되어 설계단면2차반경은 X, Y축의 단면2차반경 중 작은 값인 r_{yo} 가 사용된다.

$$r_x = r_{yo} = 25.2\ mm$$

$$\frac{L}{r_x} = \frac{3,000}{25.2} = 119.05 > 80$$

수정된 세장비 계산 : 평면트러스의 현재이므로 식(5.5-2)을 적용

$$\lambda = 32 + 1.25\frac{L}{r_x} = 32 + 1.25 \times 119.05$$ 식(4.2-12)

$$= 180.81 \ < \ 200 \text{ (만족함)}$$

5) 휨좌굴응력 F_{cr} 산정 (4.2.7)

$$F_e = \frac{\pi^2 E}{\lambda^2} = \frac{\pi^2 \times 210,000}{180.81^2} = 63.33$$ 식(4.2-4)

$$\frac{F_y}{F_e} = \frac{315}{63.33} = 4.97 > 2.25$$

$$F_{cr} = 0.877F_e = 0.877 \times 63.33$$ 식(4.2-3)

$$= 55.54\ MPa$$

6) 설계강도 산정

$$\phi_c P_n = \phi_c F_{cr} A_g = 0.9 \times 55.54 \times 2,094 \times 10^{-3}$$

$$= 104.82\ kN$$

예제 12) 형강의 기둥 설계예제 (짧은다리에 접합된 경우)

$L-150\times90\times9$의 부재를 그림과 같이 접합하여 평면트러스 현재로 사용할 때 이 부재에 허용할 수 있는 최대 계수하중을 구하시오. 부재는 $SS315$ 재질로 하며 좌굴길이는 $3.0m$이다.

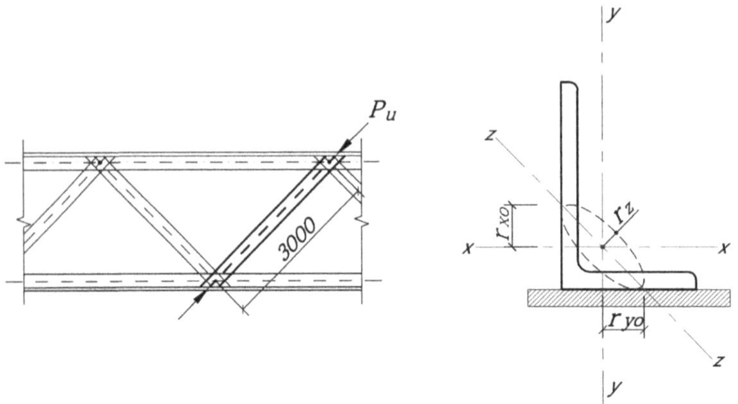

1) 사용부재 단면성능 산정

$L-150\times90\times9$ 단면성능

$A=2{,}094.0\ mm^2$, $r_{xo}=48.1\ mm$, $r_{yo}=25.2\ mm$, $r_z=19.6\ mm$

2) 구조제한 검토 (4.2.5)

- 단일ㄱ형강이 양단이 하나의 다리를 통하여 압축력을 받고
- 부재가 용접 또는 최소 2개 이상의 볼트로 접합되고
- 부재중간에 하중이 작용되지 않는 경우로

본 예제는 상기 세 조건을 만족함으로 적용 가능함.

3) 폭두께비 검토 및 저감계수 산정 (4.2.7.1(3))

$$\frac{b}{t}=\frac{150}{9}=16.67>0.45\sqrt{\frac{E}{F_y}}=0.45\sqrt{\frac{210{,}000}{315}}=11.62$$

$$<0.91\sqrt{\frac{E}{F_y}}=0.91\sqrt{\frac{210{,}000}{315}}=23.5$$

단면이 세장함으로 국부좌굴 및 비틀림 좌굴이 단면의 효율을 감소시키게 된다.

저감계수 Q_s 계산

$$Q_s=1.34-0.76\left(\frac{b}{t}\right)\sqrt{\frac{F_y}{E}}$$ 식(4.2-28)

$$=1.34-0.76\times16.67\times\sqrt{\frac{315}{210{,}000}}=0.85$$

4) 세장비 검토 (4.2.5)

본 예제는 짧은 다리에 접합되어 설계단면2차반경은 X, Y축의 단면2차반경중 큰 값인 r_{xo}가 사용되어 세장비가 작게 산정됨으로, 앞 예와 달리 수정된 세장비에 추가로 $4[(b_l/b_s)^2-1]$ 값을 더하며, 또한 $0.95L/r_x$ 이상으로 하여야 한다.

$$r_x = r_{xo} = 48.1\ mm$$

$$\frac{L}{r_x} = \frac{3,000}{48.1} = 62.37 \le 80$$

수정된 세장비 계산 : 평면트러스의 현재이므로 식(4.2-11)을 적용

$$\frac{KL}{r} = 72 + 0.75\frac{L}{r_x} = 72 + 0.75 \times 62.37 \qquad \text{식(4.2-11)}$$

$$= 118.78 \ < \ 200 \ (\text{만족함})$$

$$b_l/b_s = 150/90 = 1.67 \ \le 1.7 \ (\text{만족함})$$

$$\frac{KL}{r} = 118.78 + 4[(b_l/b_s)^2 - 1] = 118.78 + 4 \times [1.67^2 - 1]$$

$$= 125.94$$

최소 세장비 검토

$$\lambda_{min} = 0.95\frac{L}{r_z} = 0.95\frac{3,000}{19.6} = 145.41 \ (\text{지배함})$$

$$\lambda = MAX[\frac{KL}{r},\ \lambda_{min}] = MAX[125.94,\ 145.41] = 145.41$$

5) 휨좌굴응력 F_{cr} 산정 (4.2.7)

탄성좌굴응력 산정 ; F_e

$$F_e = \frac{\pi^2 E}{\lambda^2} = \frac{\pi^2 \times 210,000}{145.41^2} = 97.92\,MPa \qquad \text{식(4.2-4)}$$

$$\frac{QF_y}{F_e} = \frac{0.85 \times 315}{97.92} = 2.73 > 2.25$$

$$F_{cr} = 0.877F_e = 0.877 \times 97.92 \qquad \text{식(4.2-20)}$$

$$= 85.88\ MPa$$

6) 설계강도 산정

$$\phi_c P_n = \phi_c F_{cr} A_g = 0.9 \times 85.88 \times 2,094 \times 10^{-3}$$

$$= 161.85\ kN$$

【참고】동일 부재 및 길이조건에서 예제 11)과 12) 비교

구 분	긴다리에 접합된 경우(예제 11)	짧은 다리에 접합된 경우(예제 12)
단면도	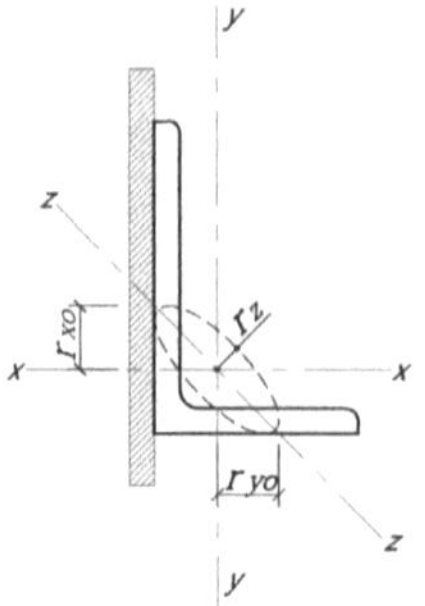	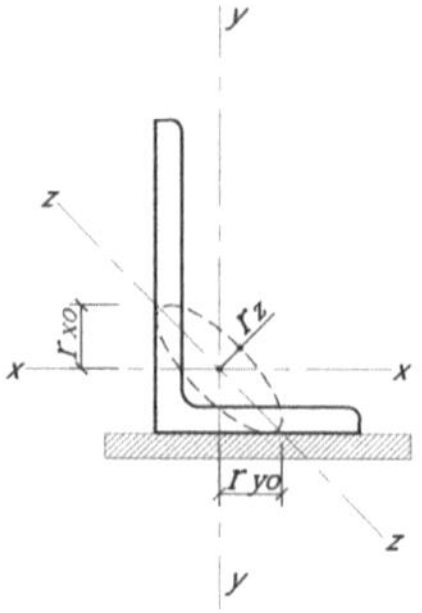
사용 단면 2차반경 (r_x)	$r_{yo} = 25.2\ mm$	$r_{xo} = 48.1\ mm$
부재 세장비 (L/r)	119.05	62.37
수정세장비 (λ)	180.81	125.94
최소세장비 (λ_{min})	검토 불필요	145.41 (지배함)
허용휨좌굴응력 (F_{cr})	$55.54MPa$	$85.88MPa$
최대허용하중 (ϕP_n)	$104.82kN$ (100%)	$161.85kN$ (154.4%)

☞ 결과 비교표와 같이 동일조건에서 접합다리위치에 따른 단면2차반경값 적용 차이에 의해 최대허용 축하중의 차이가 발생한다.

예제 13) 2축대칭 부재 : 각형강관 기둥 설계예제 (세장판 요소가 없는 경우)

다음 그림과 같은 양단부 힌지조건의 기둥에 작용하중 $P_u = 2{,}650kN$이 작용할 때 각형강관부재를 설계하시오.

사용강재 : $SRT275,\ t \le 30,\ F_y = 275MPa,\ E = 210{,}000MPa,\ G = 81{,}000MPa$

검토조건 : $L_x = 5.0m$, $L_y = 5.0m$, $K_x = K_y = 1$

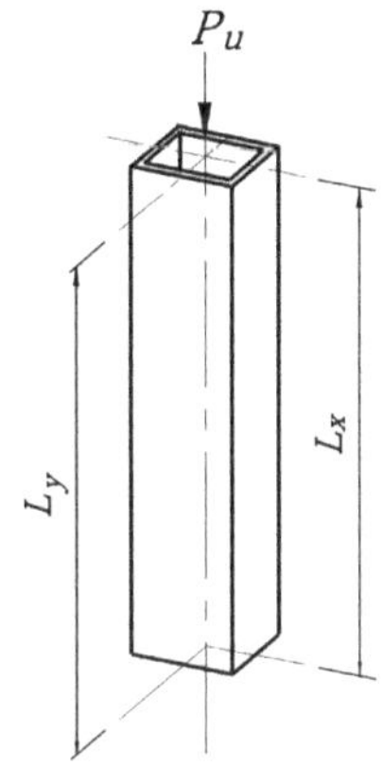

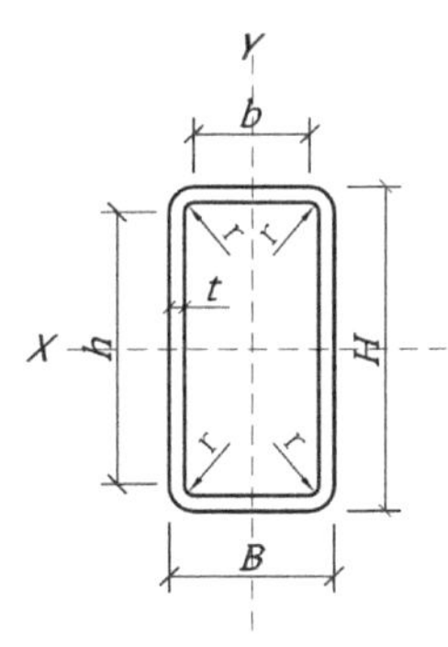

1) 부재 단면치수 가정 및 단면성능

$H \times B \times t = 400 \times 200 \times 12$

$A = 13{,}450mm^2$, $r_x = 142mm$, $r_y = 82.3mm$

2) 판폭두께비 검토를 위한 유효폭 b, h 산정

$b = B - 3t = 200 - 3 \times 12 = 164mm$

$h = H - 3t = 400 - 3 \times 12 = 364mm$

(주) b와 h는 각형강관의 플랜지와 웨브의 외부치수 폭에서 내측 모서리 반경값을 감한 순간격으로, 만일 모서리 반경 r값을 알 수 없으면 각각의 외부치수 폭에서 두께의 3배를 감한 값으로 한다. (4.2.1.1.1(4))

3) 세장비 검토 (4.2.2)

$$\lambda_x = \frac{k_x L_x}{r_x} = \frac{1 \times 5{,}000}{142} = 35.21 \quad \le 200 \quad ...O.K$$

$$\lambda_y = \frac{k_y L_y}{r_y} = \frac{1 \times 5{,}000}{82.3} = 60.75 \quad \le 200 \quad ...O.K \text{ (지배함)}$$

☞ 세장비 200을 초과하지 않음으로 모두 만족 (초과 시에는 부재 재 산정 후 재검토 필요)

4) 폭두께비 검토 및 저감계수 산정 표(4.2-2)

- 플랜지 폭두께비 검토

$$\frac{b}{t}=\frac{164}{12}=13.7\le 1.4\sqrt{\frac{E}{F_y}}=1.4\sqrt{\frac{210,000}{275}}=38.69$$

- 웨브 판폭두께비 검토

$$\frac{h}{t}=\frac{364}{12}=30.3\le 1.4\sqrt{\frac{E}{F_y}}=1.4\sqrt{\frac{210,000}{275}}=38.69$$

플랜지 및 웨브 모두 세장하지 않음. ($Q=1.0$)

5) 휨좌굴응력 F_{cr} 산정 (4.2.3)

최대세장비 및 탄성좌굴응력 산정

$$\lambda_{\max}=MAX[\lambda_x,\lambda_y]=MAX[35.21\ ,60.75\ ]=60.75$$

$$F_e=\frac{\pi^2 E}{\lambda_{\max}^2}=\frac{\pi^2\times 210,000}{60.75^2}=561.03\ MPa$$ 식(4.2-4)

$$\frac{F_y}{F_e}=\frac{275}{561.03}=0.49<2.25$$

$$F_{cr}=[0.658^{\frac{F_y}{F_e}}]F_y=[0.658^{(\frac{275}{561.03})}]\times 275$$ 식(4.2-2)

$$=\ 224.0\ MPa$$

6) 설계강도 산정 및 부재력 검토

$$\phi_c P_n=\ \phi_c F_{cr}A=0.9\times 224.0\times 13,450\times 10^{-3}$$

$$=\ 2711.52\ kN\ >\ P_u=2650.0\,kN\ \text{(만족함)}$$

예제 14) 2축대칭 부재 : 각형강관 기둥 설계예제 (세장판 요소가 있는 경우)

다음 그림과 같은 양단부 힌지조건의 기둥에 작용하중 $P_u=1,100kN$이 작용할 때 각형강관부재를 설계하시오.

사용강재 : $SRT355, t\le 30, F_y=355MPa, E=210,000MPa, G=81,000MPa$

검토조건 : $L_x\ =\ 7.0m$, $L_y\ =\ 7.0m$, $K_x\ =\ K_y\ =\ 1$

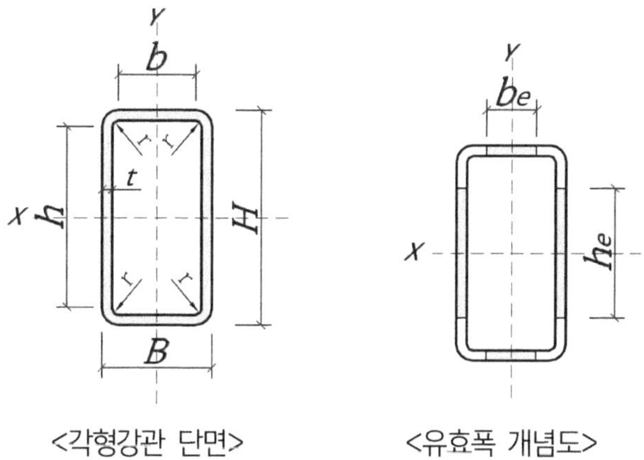

<각형강관 단면> <유효폭 개념도>

1) 부재 단면치수 가정 및 단면성능

$H \times B \times t \ = \ 400 \ \times 200 \ \times 6$

$A \ = \ 6{,}963\,mm^2\ ,\ r_x = 146\,mm\ ,\ r_y = 85.5\,mm$

2) 폭두께비 검토를 위한 유효폭 b, h 산정

$b = B - 3t \ = 200 \ - 3 \times 6 = 182\,mm$

$h = H - 3t \ = 400 \ - 3 \times 6 = 382\,mm$

(주) b와 h는 각형강관의 플랜지와 웨브의 외부치수 폭에서 내측 모서리 반경값을 감한 순간격으로 , 만일 모서리 반경 r값을 알 수 없으면 각각의 외부치수 폭에서 두께의 3배를 감한 값으로 한다. (4.2.1.1.1(4))

3) 세장비 검토 (4.2.2)

$$\lambda_x = \frac{k_x L_x}{r_x} = \frac{1 \times 7000}{146} = 47.95 \quad \le \quad 200 \quad ...O.K$$

$$\lambda_y = \frac{k_y L_y}{r_y} = \frac{1 \times 7000}{85.5} = 81.87 \quad \le \quad 200 \quad ...O.K \text{ (지배함)}$$

☞ 세장비 200을 초과하지 않음으로 모두 만족함. 초과 시에는 부재 재 산정 후 재검토요.

4) 폭두께비 검토 및 저감계수 산정 (4.2.7.2)

- 플랜지 폭두께비 검토 표(4.2-2)

$$\frac{b}{t} = \frac{182}{6} = 30.33 \le 1.4\sqrt{\frac{E}{F_y}} = 1.4\sqrt{\frac{210{,}000}{355}} = 34.05$$

세장하지 않음으로 b_e는 플랜지 전체 유효폭 b로 한다.

$b_e \ = b = 182\,mm$

- 웨브 판폭두께비 검토 표(4.2-2)

$$\frac{h}{t} = \frac{382}{6} = 63.67 > 1.49\sqrt{\frac{E}{F_y}} = 1.49\sqrt{\frac{210,000}{355}} = 36.24$$

세장함으로 감소된 유효폭 h_e 산정 (4.2.7.2(1))

$$h_e = 1.92t\sqrt{\frac{E}{f}}(1 - \frac{0.34}{h/t}\sqrt{\frac{E}{f}})$$ 식(4.2-34)

$$= 1.92 \times 6\sqrt{\frac{210,000}{219.45}}(1 - \frac{0.34}{382/6}\sqrt{\frac{210,000}{219.45}})$$

$$= 297.45\ mm < \ h = 382mm$$

여기서,

f는 $Q = 1.0$일 때의 F_{cr}의 값이다.

$$F_e = \frac{\pi^2 E}{\lambda_{\max}^2} = \frac{\pi^2 \times 210,000}{81.87^2} = 308.91\ MPa \ \geq F_y/2.25 = 355/2.25 = 157.78$$

$$F_{cr} = [0.658^{\frac{F_y}{F_e}}]F_y = [0.658^{(\frac{355}{308.91})}] \times 355$$

$$= \ 219.45\ MPa$$

저감계수 산정

$$A_{eff} = A - 2t[(b - b_e) + (h - h_e)] = 6,963 - 2 \times 6[(182 - 182) + (382 - 297.45)]$$
$$= 5,948.4mm^2$$

$$Q_a = \frac{A_{eff}}{A} = \frac{5,948.7}{6,963} = 0.854\ ,\ \ Q_s = 1.0$$

$$Q = Q_a Q_s = 0.854 \times 1.0 = 0.854$$

5) 휨좌굴응력 Fcr 산정 (4.2.7.2)

최대세장비 및 탄성좌굴응력 산정

$$\lambda_{\max} = MAX[\lambda_x , \lambda_y] = MAX[47.95 , 81.87] = 81.87$$

$$F_e = \frac{\pi^2 E}{\lambda_{\max}^2} = \frac{\pi^2 \times 210,000}{81.87^2} = 308.91\ MPa$$ 식(4.2-4)

$$F_e = 301.85\ \ MPa\ \ > QF_y/2.25 = \ 0.854 \times 355/2.25\ = \ 134.74\ MPa$$

$$F_{cr} = Q[0.658^{\frac{QF_y}{F_e}}]F_y = 0.854 \times [0.658^{(\frac{0.854 \times 355}{308.91})}] \times 355$$ 식(4.2-19)

$$= \ 201.04\ MPa$$

6) 설계강도 산정 및 부재력 검토

$\phi_c P_n = \phi_c F_{cr} A_g = 0.9 \times 201.04 \times 6{,}963 \times 10^{-3}$

$= 1259.86\ kN > P_u = 1100.0\,kN$ (만족)

예제 15) 2축대칭 부재 : 원형강관 기둥 설계예제 (세장판 요소가 없는 경우)

다음 그림과 같은 양단부 힌지조건의 기둥에 작용하중 $P_u = 4{,}000kN$ 작용할 때 원형강관부재를 설계하시오.

사용강재 : $SGT275, t \le 40, F_y = 275MPa, E = 210{,}000MPa, G = 81{,}000MPa$

검토조건 : $L = 5.0m$, $K = 1$

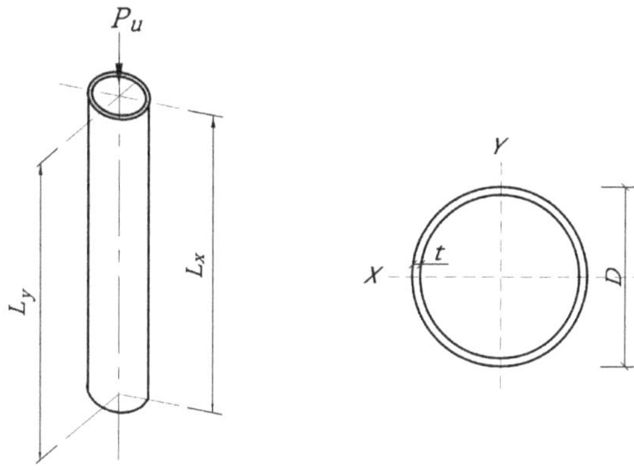

1) 부재 단면치수 가정 및 단면성능

$D \times t = 700 \times 9$

$A = 19{,}538\,mm^2,\ r = 244\,mm$

2) 폭두께비 검토 및 저감계수 산정 표(4.2-2)

$$\frac{D}{t} = \frac{700}{9} = 77.8 \le 0.11\frac{E}{F_y} = 0.11\frac{210{,}000}{275} = 84$$

세장하지 않음으로 저감계수 산정 불필요함. ($Q = 1.0$)

3) 세장비 검토 및 탄성좌굴응력 산정 (4.2.2)

$$\lambda = \frac{kL}{r} = \frac{1 \times 5{,}000}{244} = 20.49 \quad \le 200 \quad \ldots O.K$$

☞ 세장비 200을 초과하지 않음으로 모두 만족함. 초과 시에는 부재 재 산정 후 재검토요.

$$F_e = \frac{\pi^2 E}{\lambda^2} = \frac{\pi^2 \times 210{,}000}{20.49^2} = 4931.68\ MPa$$ 식(4.2-4)

4) 휨좌굴응력 : F_{cr} 산정 (4.2.3)

$F_e = 4931.68\ MPa\ > F_y/2.25 =\ 275/2.25\ =\ 122.22\,MPa$

$$F_{cr} = [0.658^{\frac{F_y}{F_e}}]F_y = [0.658^{(\frac{275}{4931.68})}] \times 275$$ 식(4.2-2)

$=\ 268.66\ MPa$

5) 설계강도 산정 및 부재력 검토

$\phi_c P_n =\ \phi_c F_{cr} A = 0.9 \times 268.66 \times 19{,}537 \times 10^{-3}$

$=\ 4{,}723.93\ kN\ >\ P_u = 4{,}000.0\,kN$ (만족함)

예제 16) 2축대칭 부재 : 원형강관 기둥 설계예제 (세장판 요소가 있는 경우)

다음 그림과 같은 양단부 힌지조건의 기둥에 작용하중 $P_u = 5{,}350kN$이 작용할 때 원형강관부재를 설계하시오.

사용강재 : $SGT355, 6 \le t \le 22, F_y = 355MPa, E = 210{,}000MPa, G = 81{,}000MPa$

검토조건 : $L = 6.0m$, $K = 1$

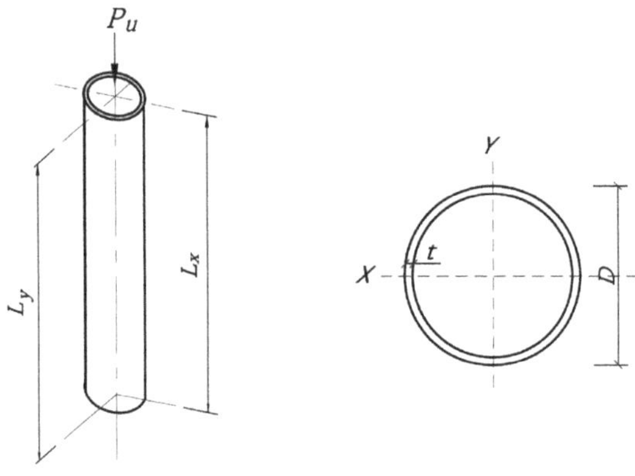

1) 부재 단면치수 가정 및 단면성능

$D \times t\ =\ 711.2\ \times 9$

$A\ =\ 19{,}854\,mm^2,\ r = 248\,mm$

2) 판폭두께비 검토 및 저감계수 산정 표(4.2-2)

$$\frac{D}{t} = \frac{711.2}{9} = 79.0 > 0.11\frac{E}{F_y} = 0.11\frac{210{,}000}{355} = 65.07$$

$$< 0.45\frac{E}{F_y} = 0.45\frac{210{,}000}{355} = 266.2$$ (4.2.7.2(3))

세장함으로 저감계수를 산정함.

$$Q = Q_a = \frac{0.038E}{F_y(D/t)} + \frac{2}{3} = \frac{0.038 \times 210,000}{355 \times 79.0} + \frac{2}{3} = 0.95$$ 식(4.2-36)

3) 세장비 검토 및 탄성좌굴응력 산정 (4.2.2)

$$\lambda = \frac{kL}{r} = \frac{1 \times 6,000}{248} = 24.19 \ < \ 200 \quad ...O.K \text{ (만족)}$$

☞ 세장비 200을 초과하지 않음으로 모두 만족함. 초과 시에는 부재 재 산정 후 재검토요.

탄성좌굴응력 ; F_e

$$F_e = \frac{\pi^2 E}{\lambda^2} = \frac{\pi^2 \times 210,000}{24.19^2} = 3538.4\ MPa$$ 식(4.2-4)

4) 휨좌굴응력 : F_{cr} 산정 (4.2.3)

$$\frac{QF_y}{F_e} = \frac{0.95 \times 355}{3538.4} = 0.1 \ < \ 2.25$$

$$F_{cr} = Q[0.658^{\frac{QF_y}{F_e}}]F_y = 0.95 \times [0.658^{(\frac{0.95 \times 355}{3538.4})}] \times 355$$ 식(4.2-19)

$$= \ 324.06\ MPa$$

5) 설계강도 산정 및 부재력 검토

$$\phi_c P_n = \phi_c F_{cr} A = 0.9 \times 324.06 \times 19,854 \times 10^{-3}$$

$$= \ 5790.5\ kN \ > \ P_u = 5,350.0\ kN \text{ (만족)}$$

부 록

A1 형강의 단면 성능표

[표 A1.1] H-형강

[표 A1.2] T-형강 (STRUCTURAL TEES)

[표 A1.3] ㄷ형강 (CHANNELS)

[표 A1.4] 등변 ㄱ형강 (EQUAL ANGELES)

[표 A1.5] 부등변 ㄱ형강 (EQUAL ANGELES)

[표 A1.6] 등변 각형강관

[표 A1.7] 부등변 각형강관

[표 A1.8] 원형강관

A2 압축재의 부재별 설계압축강도 테이블

A2.0 축하중 산정 및 설계압축강도 테이블 사용 방법

A2.1 H-형강의 설계압축강도 테이블

A2.2 C형강의 설계압축강도 테이블

A2.3 2C형강의 설계압축강도 테이블

A2.4 등변 L형강의 설계압축강도 테이블

A2.5 부등변 L형강의 설계압축강도 테이블

A2.6 2L형강의 설계압축강도 테이블

A2.7 T형강의 설계압축강도 테이블

A2.8 등변 각형강관의 설계압축강도 테이블

A2.9 부등변 각형강관의 설계압축강도 테이블

A2.10 원형강관의 설계압축강도 테이블

A2.11 BH / POS-H형강의 설계압축강도 테이블

A2.12 Double Web H / POS-ㅍ형강의 설계압축강도 테이블

A3 단면계수 산정

A1 부재별 형강의 단면성능표

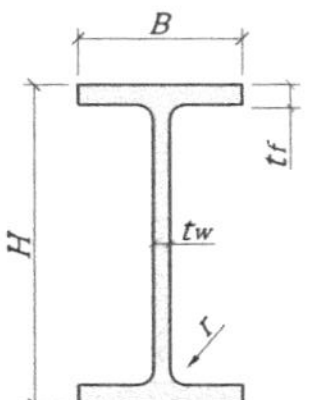

【표 A1.1】 H-형강

번호	부재 치수 (mm)					단면적	단위중량	단면2차모멘트		단면2차반경		단면계수		소성단면계수		비틀림 관련 상수	
	H	B	t_w	t_f	r	A (cm^2)	W (kg/m)	I_x (cm^4)	I_y (cm^4)	r_x (cm)	r_y (cm)	S_x (cm^3)	S_y (cm^3)	Z_x (cm^3)	Z_y (cm^3)	J (cm^4)	C_w (cm^6)
1	100	50	5	7	8	11.85	9.3	187	15	3.98	1	38	6	44	10	2.0	319
2	100	100	6	8	10	21.9	17.2	383	134	4.18	2	77	27	88	41	5.2	2,830
3	125	60	6	8	9	16.84	13.2	413	29	4.95	1	66	10	78	16	3.8	998
4	125	125	6.5	9	10	30.31	23.8	847	293	5.29	3	136	47	154	72	8.4	9,872
5	150	75	5	7	8	17.85	14	666	50	6.11	2	89	13	102	21	2.8	2,529
6	148	100	6	9	11	26.84	21.1	1,020	151	6.17	2	138	30	157	47	7.4	7,272
7	150	150	7	10	11	40.14	31.5	1,640	563	6.39	4	219	75	246	115	13.5	27,599
8	175	90	5	8	9	23.04	18.1	1,210	98	7.26	2	139	22	157	34	4.5	6,798
9	175	175	7.5	11	12	51.21	40.2	2,880	984	7.5	4	330	112	369	171	20.5	66,137
10	198	99	4.5	7	11	23.18	18.2	1,580	114	8.26	2	160	23	180	36	3.9	10,358
11	200	100	5.5	8	11	27.16	21.3	1,840	134	8.24	2	184	27	209	42	5.8	12,338
12	194	150	6	9	13	39.01	30.6	2,690	507	8.3	4	277	68	309	104	10.9	43,386
13	200	200	8	12	13	63.53	49.9	4,720	1,600	8.62	5	472	160	526	244	29.8	141,504
14	200	204	12	12	13	71.53	56.2	4,980	1,700	8.35	5	498	167	566	257	39.6	150,355
15	208	202	10	16	13	83.69	65.7	6,530	2,200	8.83	5	628	218	710	332	66.7	202,784
16	248	124	5	8	12	32.68	25.7	3,540	255	10.4	3	285	41	319	64	6.7	36,690
17	250	125	6	9	12	37.66	29.6	4,050	294	10.4	3	324	47	366	73	9.7	42,658
18	244	175	7	11	16	56.24	44.1	6,120	984	10.4	4	502	113	558	173	23.2	133,590
19	244	252	11	11	16	82.06	64.4	8,790	2,940	10.3	6	720	233	805	358	39.5	398,774
20	248	249	8	13	16	84.7	66.5	9,930	3,350	10.8	6	801	269	883	408	46.8	462,118
21	250	250	9	14	16	92.18	72.4	10,800	3,650	10.8	6	867	292	961	444	58.8	508,033
22	250	255	14	14	16	104.7	82.2	11,500	3,880	10.5	6	919	304	1,039	468	79.0	539,767
23	298	149	5.5	8	13	40.8	32	6,320	442	12.4	3	424	59	475	92	8.7	92,913
24	300	150	6.5	9	13	46.78	36.7	7,210	508	12.4	3	481	68	542	105	12.4	107,428
25	294	200	8	12	18	72.38	56.8	11,300	1,600	12.5	5	771	160	859	247	35.8	318,681

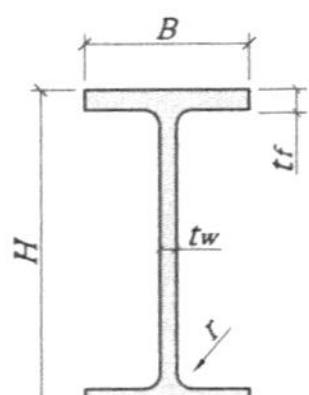

【표 A1.1】 H-형강

번호	부재 치수 (mm)					단면적	단위중량	단면2차모멘트		단면2차반경		단면계수		소성단면계수		비틀림 관련 상수	
	H	B	t_w	t_f	r	A (cm^2)	W (kg/m)	I_x (cm^4)	I_y (cm^4)	r_x (cm)	r_y (cm)	S_x (cm^3)	S_y (cm^3)	Z_x (cm^3)	Z_y (cm^3)	J (cm^4)	C_w (cm^6)
26	298	201	9	14	18	83.36	65.4	13,300	1,900	12.6	5	893	189	1,000	291	53.4	382,808
27	294	302	12	12	18	107.7	84.5	16,900	5,520	12.5	7	1,150	365	1,277	560	61.4	1,096,518
28	298	299	9	14	18	110.8	87	18,800	6,240	13	8	1,270	417	1,389	634	71.4	1,258,410
29	300	300	10	15	18	119.8	94	20,400	6,750	13.1	8	1,360	450	1,501	684	88.2	1,371,589
30	300	305	15	15	18	134.8	106	21,500	7,100	12.6	7	1,440	456	1,614	716	116.4	1,442,647
31	304	301	11	17	18	134.8	106	23,400	7,730	13.2	8	1,540	514	1,706	781	124.6	1,592,250
32	310	305	15	20	18	165.3	130	28,600	9,470	13.2	8	1,850	621	2,079	949	215.5	1,990,822
33	310	310	20	20	18	180.8	142	29,900	10,000	12.9	7	1,930	645	2,199	992	270.7	2,092,789
34	346	174	6	9	14	52.68	41.4	11,100	792	14.5	4	641	91	716	140	13.6	224,704
35	350	175	7	11	14	63.14	49.6	13,600	984	14.7	4	775	112	868	174	23.0	282,772
36	354	176	8	13	14	73.68	57.8	16,100	1,180	14.8	4	909	135	1,022	208	36.1	344,039
37	336	249	8	12	20	88.15	69.2	18,500	3,090	14.5	6	1,100	248	1,215	380	44.7	811,320
38	340	250	9	14	20	101.5	79.7	21,700	3,650	14.6	6	1,280	292	1,412	447	66.4	969,900
39	338	351	13	13	20	135.3	106	28,200	9,380	14.4	8	1,670	534	1,851	818	90.3	2,476,718
40	344	348	10	16	20	146	115	33,300	11,200	15.1	9	1,940	646	2,122	980	121.1	3,024,223
41	344	354	16	16	20	166.6	131	35,300	11,800	14.6	8	2,050	669	2,299	1,027	163.6	3,186,054
42	350	350	12	19	20	173.9	137	40,300	13,600	15.2	9	2,300	776	2,545	1,179	199.0	3,721,060
43	350	357	19	19	20	198.4	156	42,800	14,400	14.7	9	2,450	809	2,760	1,244	270.0	3,953,140
44	396	199	7	11	16	72.16	56.6	20,000	1,450	16.7	4	1,010	145	1,128	224	27.1	536,184
45	400	200	8	13	16	84.12	66	23,700	1,740	16.8	5	1,190	174	1,326	268	42.2	650,069
46	390	300	10	16	22	136	107	38,700	7,210	16.9	7	1,980	481	2,188	733	113.7	2,520,242
47	388	402	15	15	22	178.5	140	49,000	16,300	16.6	10	2,520	809	2,802	1,237	156.5	5,654,789
48	394	398	11	18	22	186.8	147	56,100	18,900	17.3	10	2,850	951	3,119	1,441	194.0	6,687,765
49	394	405	18	18	22	214.4	168	59,700	20,000	16.7	10	3,030	985	3,390	1,511	264.5	7,052,717
50	400	400	13	21	22	218.7	172	66,600	22,400	17.5	10	3,330	1,120	3,673	1,700	303.5	8,048,197

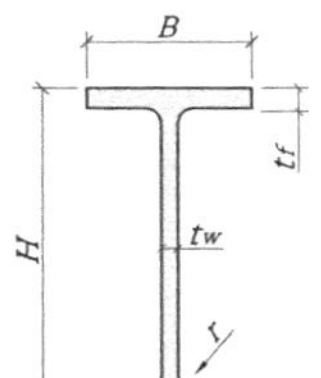

【표 A1.1】 H-형강

번호	부재 치수 (mm)					단면적	단위중량	단면2차모멘트		단면2차반경		단면계수		소성단면계수		비틀림 관련 상수	
	H	B	t_w	t_f	r	A (cm^2)	W (kg/m)	I_x (cm^4)	I_y (cm^4)	r_x (cm)	r_y (cm)	S_x (cm^3)	S_y (cm^3)	Z_x (cm^3)	Z_y (cm^3)	J (cm^4)	C_w (cm^6)
51	400	408	21	21	22	250.7	197	70,900	23,800	16.8	10	3,540	1,170	3,993	1,794	414.8	8,549,720
52	406	403	16	24	22	254.9	200	78,000	26,200	17.5	10	3,840	1,300	4,280	1,977	461.8	9,557,837
53	414	405	18	28	22	295.4	232	92,800	31,000	17.7	10	4,480	1,530	5,026	2,331	714.0	11,556,943
54	428	407	20	35	22	360.7	283	119,000	39,400	18.2	10	5,570	1,930	6,312	2,941	1,316.9	15,198,152
55	442	413	26	42	22	444.2	349	150,000	49,400	18.4	11	6,810	2,390	7,844	3,650	2,338.3	19,750,917
56	452	416	29	47	22	499	392	173,000	56,500	18.6	11	7,670	2,720	8,920	4,150	3,268.1	23,160,999
57	458	417	30	50	22	528.6	415	187,000	60,500	18.8	11	8,170	2,900	9,540	4,436	3,885.4	25,187,454
58	462	419	32	52	22	554.5	435	198,000	63,900	18.9	11	8,550	3,050	10,031	4,665	4,419.4	26,840,534
59	472	422	35	57	22	610.5	479	223,000	71,500	19.1	11	9,450	3,390	11,176	5,194	5,816.9	30,803,603
60	484	426	39	63	22	680.5	534	256,000	81,400	19.4	11	10,600	3,820	12,621	5,863	7,892.8	36,057,907
61	498	432	45	70	22	770.1	605	298,000	94,400	19.7	11	12,000	4,370	14,457	6,724	11,061.5	43,213,855
62	446	199	8	12	18	84.3	66.2	28,700	1,580	18.5	4	1,290	159	1,450	247	38.3	743,871
63	450	200	9	14	18	96.76	76	33,500	1,870	18.6	4	1,490	187	1,679	291	56.9	889,295
64	434	299	10	15	24	135	106	46,800	6,690	18.6	7	2,160	448	2,385	686	104.2	2,936,876
65	440	300	11	18	24	157.4	124	56,100	8,110	18.9	7	2,550	541	2,825	828	163.5	3,610,798
66	496	199	9	14	20	101.3	79.5	41,900	1,840	20.3	4	1,690	185	1,915	290	60.8	1,071,255
67	500	200	10	16	20	114.2	89.6	47,800	2,140	20.5	4	1,910	214	2,175	335	85.9	1,253,455
68	506	201	11	19	20	131.3	103	56,500	2,580	20.7	4	2,230	257	2,541	401	131.8	1,529,819
69	482	300	11	15	26	145.5	114	60,400	6,760	20.4	7	2,500	451	2,791	695	118.0	3,687,039
70	488	300	11	18	26	163.5	128	71,000	8,110	20.8	7	2,910	541	3,228	830	172.0	4,480,099
71	596	199	10	15	22	120.5	94.6	68,700	1,980	23.9	4	2,310	199	2,651	315	82.5	1,670,048
72	600	200	11	17	22	134.4	106	77,600	2,280	24	4	2,590	228	2,979	361	113.0	1,935,209
73	606	201	12	20	22	152.5	120	90,400	2,720	24.3	4	2,980	271	3,433	429	166.9	2,335,072
74	612	202	13	23	22	170.7	134	103,000	3,180	24.6	4	3,380	314	3,893	498	236.9	2,754,011
75	582	300	12	17	28	174.5	137	103,000	7,670	24.3	7	3,530	511	3,963	793	173.0	6,119,557

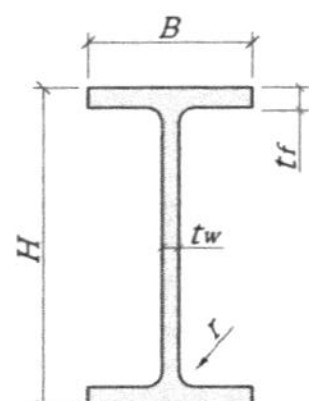

【표 A1.1】 H-형강

번호	부재 치수 (mm)					단면적	단위중량	단면2차모멘트		단면2차반경		단면계수		소성단면계수		비틀림 관련 상수	
	H	B	t_w	t_f	r	A (cm^2)	W (kg/m)	I_x (cm^4)	I_y (cm^4)	r_x (cm)	r_y (cm)	S_x (cm^3)	S_y (cm^3)	Z_x (cm^3)	Z_y (cm^3)	J (cm^4)	C_w (cm^6)
76	588	300	12	20	28	192.5	151	118,000	9,020	24.8	7	4,020	601	4,489	928	240.7	7,273,572
77	594	302	14	23	28	222.4	175	137,000	10,600	24.9	7	4,620	701	5,198	1,085	356.6	8,626,034
78	692	300	13	20	28	211.5	166	172,000	9,020	28.6	7	4,980	602	5,629	936	259.9	10,186,501
79	696	300	13	22	28	223.5	175	187,000	9,920	28.9	7	5,370	662	6,046	1,026	316.7	11,269,346
80	700	300	13	24	28	235.5	185	201,000	10,800	29.3	7	5,760	722	6,464	1,116	383.4	12,364,521
81	702	301	14	25	28	248.5	195	212,000	11,400	29.2	7	6,030	757	6,798	1,173	437.9	13,050,495
82	708	302	15	28	28	273.6	215	237,000	12,900	29.4	7	6,700	853	7,560	1,323	588.5	14,894,804
83	714	303	16	31	28	298.9	235	263,000	14,400	29.7	7	7,370	951	8,331	1,474	771.6	16,803,698
84	792	300	14	22	28	243.4	191	254,000	9,930	32.3	6	6,410	662	7,288	1,036	340.9	14,717,187
85	796	300	14	24	28	255.4	200	273,000	10,800	32.7	7	6,850	722	7,765	1,126	408.1	16,134,703
86	800	300	14	26	28	267.4	210	292,000	11,700	33	7	7,290	782	8,243	1,216	486.0	17,566,332
87	802	301	15	27	28	281.5	221	306,000	12,300	32.9	7	7,620	818	8,645	1,274	551.2	18,477,778
88	808	302	16	30	28	307.6	241	339,000	13,800	33.2	7	8,400	915	9,535	1,426	726.1	20,898,999
89	814	303	17	33	28	333.9	262	374,000	15,300	33.4	7	9,180	1,010	10,435	1,579	935.9	23,400,046
90	890	299	15	23	28	270.9	213	345,000	10,300	35.7	6	7,760	688	8,914	1,085	402.9	19,324,682
91	894	299	15	25	28	282.8	222	369,000	11,200	36.1	6	8,260	748	9,447	1,174	475.6	21,096,119
92	900	300	16	28	28	309.8	243	411,000	12,600	36.4	6	9,140	843	10,454	1,324	632.8	24,032,905
93	906	301	17	31	28	336.8	264	454,000	14,100	36.7	6	10,000	940	11,472	1,475	823.1	27,063,312
94	912	302	18	34	28	364	286	498,000	15,700	37	7	10,900	1,040	12,501	1,629	1,049.9	30,189,270
95	918	303	19	37	28	391.3	307	542,000	17,200	37.2	7	11,800	1,140	13,541	1,785	1,316.3	33,412,741

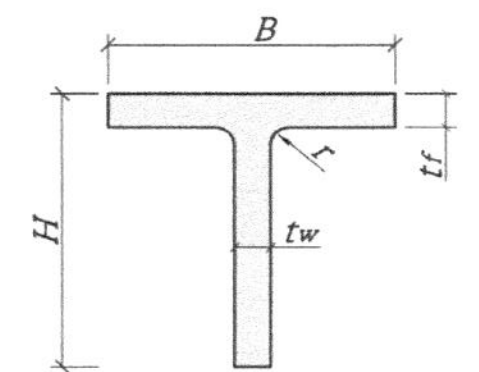

【표 A1.2】 T-형강 (STRUCTURAL TEES)

번호	부재 치수 (mm)				단면적	단위중량	단면2차모멘트		단면2차반경		단면계수		소성단면계수		비틀림 관련 상수	
	H	B	t_w	t_f	A (cm^2)	W (kg/m)	I_x (cm^4)	I_y (cm^4)	r_x (cm)	r_y (cm)	S_x (cm^3)	S_y (cm^3)	Z_x (cm^3)	Z_y (cm^3)	J (cm^4)	C_w (cm^6)
1	50	50	5	7	5.93	4.65	11.8	7.39	1.41	1.12	3.18	2.96	5.76	4.64	0.77	0.65
2	50	100	6	8	11.0	8.60	16.1	66.9	1.21	2.47	4.03	13.4	7.05	20.4	2.04	4.14
3	63	60	6	8	8.42	6.61	27.5	14.6	1.81	1.32	5.96	4.87	10.7	7.69	1.45	1.97
4	63	125	7	9	15.2	11.9	35.0	147	1.52	3.11	6.91	23.5	12.1	35.7	3.57	11.4
5	75	75	5	7	8.93	7.01	42.6	24.7	2.18	1.66	7.46	6.59	12.9	10.3	1.16	2.27
6	75	100	6	9	13.4	10.5	51.7	75.3	1.96	2.34	8.84	15.1	15.5	23.1	2.94	7.16
7	75	150	7	10	20.1	15.8	66.4	282	1.82	3.75	10.8	37.6	20.5	57.0	5.80	26.7
8	88	90	5	8	11.5	9.04	70.7	48.7	2.48	2.06	10.4	10.8	18.4	16.7	1.88	4.61
9	88	175	8	11	25.6	20.1	115	492	2.12	4.38	15.9	56.2	29.9	85.3	8.92	56.0
10	99	99	5	7	11.6	9.10	94	56.8	2.84	2.21	12.1	11.5	21.3	17.6	1.42	4.52
11	100	100	6	8	13.6	10.7	114	67.0	2.90	2.22	14.8	13.4	25.5	20.7	2.24	7.64
12	97	150	6	9	19.5	15.3	125	254	2.53	3.61	15.8	33.8	26.7	51.4	4.31	21.8
13	100	200	8	12	31.8	24.9	184	801	2.41	5.02	22.3	80.1	38.8	121	13.1	108
14	100	204	12	12	35.8	28.1	256	851	2.67	4.88	32.4	83.4	55.2	128	17.2	142
15	104	202	10	16	41.9	32.9	251	1,100	2.45	5.13	29.5	109	52.6	165	30.8	259
16	124	124	5	8	16.3	12.8	208	127	3.57	2.79	21.3	20.6	36.3	31.5	2.62	12.8
17	125	125	6	9	18.8	14.8	248	147	3.63	2.79	25.6	23.5	43.9	36.2	3.91	20.4
18	122	175	7	11	28.1	22.1	289	492	3.20	4.18	29.1	56.3	49.3	86	9.10	64.6
19	122	252	11	11	41.0	32.2	445	1,470	3.29	5.98	45.3	117	76.9	178	16.4	206
20	124	249	8	13	42.4	33.2	364	1,670	2.93	6.29	34.9	134	60.6	203	20.2	259
21	125	250	9	14	46.1	36.2	412	1,820	2.99	6.29	39.5	146	68.7	221	25.7	331
22	125	255	14	14	52.3	41.1	589	1,940	3.36	6.09	59.4	152	101	233	34.1	441
23	149	149	6	8	20.4	16.0	393	221	4.39	3.29	33.8	29.7	58.1	45.5	3.4	25.9
24	150	150	7	9	23.4	18.4	464	254	4.45	3.29	40.0	33.8	69.1	52.1	5.0	40.6
25	147	200	8	12	36.2	28.4	572	802	3.97	4.71	48.2	80.2	81.6	122	13.9	136
26	149	201	9	14	41.7	32.7	662	949	3.99	4.77	55.2	94.4	93.7	144	21.8	213
27	147	302	12	12	53.8	42.3	858	2,760	3.99	7.16	72.3	183	128	278	25.5	465

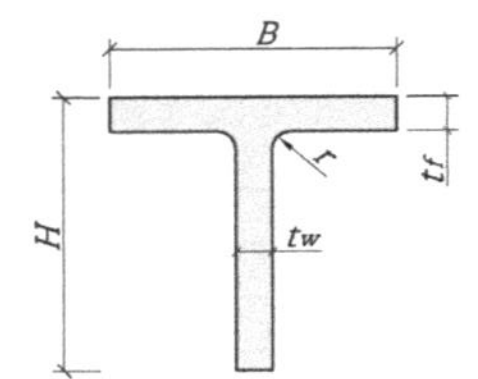

【표 A1.2】 T-형강 (STRUCTURAL TEES)

번호	부재 치수 (㎜)				단면적	단위중량	단면2차모멘트		단면2차반경		단면계수		소성단면계수		비틀림 관련 상수	
	H	B	t_w	t_f	A (cm^2)	W (kg/m)	I_x (cm^4)	I_y (cm^4)	r_x (cm)	r_y (cm)	S_x (cm^3)	S_y (cm^3)	Z_x (cm^3)	Z_y (cm^3)	J (cm^4)	C_w (cm^6)
28	149	299	9	14	55.4	43.5	715	3,120	3.59	7.51	57.0	209	97.9	316	30.8	567
29	150	300	10	15	59.9	47.0	798	3,380	3.65	7.51	63.7	225	110	341	38.5	713
30	150	305	15	15	67.4	52.9	1,110	3,550	4.05	7.26	92.5	233	157	356	50.3	936
31	152	301	11	17	67.4	52.9	903	3,870	3.66	7.57	71.4	257	124	389	55.7	1,040
32	173	174	6	9	26.3	20.7	679	396	5.08	3.87	50.0	45.5	85.6	69.6	5.44	55.4
33	175	175	7	11	31.6	24.8	815	492	5.08	3.95	59.3	56.2	101	86.2	9.7	95.9
34	168	249	8	12	44.1	34.6	881	1,540	4.47	5.92	64.0	124	108	189	17.1	246
35	170	250	9	14	50.8	39.8	1,020	1,830	4.48	6.00	73.1	146	124	221	26.8	385
36	172	348	10	16	73.0	57.3	1,230	5,620	4.11	8.78	84.7	323	146	488	53.0	1,320
37	172	354	16	16	83.3	65.4	1,800	5,920	4.65	8.43	131	335	222	511	70.7	1,760
38	175	350	12	19	86.9	68.2	1,520	6,790	4.18	8.84	104	388	180	587	89.6	2,260
39	175	357	19	19	99.2	77.9	2,200	7,220	4.71	8.53	158	404	285	619	119	3,031
40	169	351	13	13	67.6	53.1	1,420	4,690	4.59	8.33	104	267	183	407	37.6	922
41	198	199	7	11	36.1	28.3	1,190	724	5.76	4.48	76.4	72.7	131	111	11.0	141
42	200	200	8	13	42.1	33.0	1,400	868	5.76	4.54	88.6	86.8	151	133	18.0	225
43	193	299	9	14	60.1	47.1	1,530	3,120	5.04	7.21	95.5	209	161	317	31.9	640
44	195	300	10	16	68.0	53.4	1,730	3,600	5.05	7.28	108	240	182	364	47.2	950
45	194	402	15	15	89.2	70.0	2,480	8,130	5.27	9.54	158	404	279	616	66.2	2,131
46	197	398	11	18	93.4	73.3	2,050	9,460	4.68	10.10	123	475	224	718	85.7	2,799
47	197	405	18	18	107	84.2	3,050	9,980	5.34	9.65	193	493	344	753	115	3,767
48	200	400	13	21	109	85.8	2,480	11,200	4.76	10.10	147	560	273	848	137	4,531
49	200	408	21	21	125	98.4	3,650	11,900	5.40	9.75	229	584	412	894	184	6,119
50	203	403	16	24	127	100	3,090	13,100	4.92	10.00	184	650	344	986	212	7,076
51	207	405	18	28	148	116	3,620	15,500	4.95	10.20	213	766	406	1,163	334	11,292
52	214	407	20	35	180	142	4,380	19,700	4.93	10.40	250	967	500	1,467	634	21,760
53	229	417	30	50	264	207	7,470	30,200	5.32	10.70	414	1,450	858	2,214	1,921	69,311
54	249	432	45	70	385	302	13,200	47,100	5.87	11.10	706	2,180	1,494	3,357	5,589	216,843

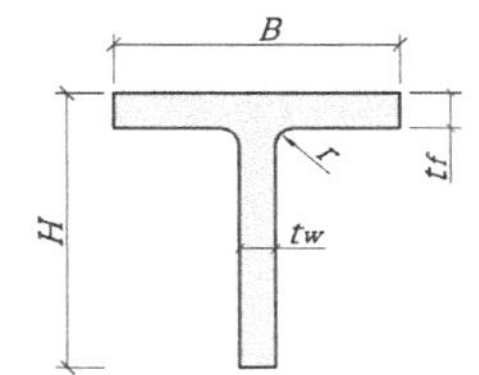

【표 A1.2】 T-형강 (STRUCTURAL TEES)

번호	부재 치수 (mm)				단면적	단위중량	단면2차모멘트		단면2차반경		단면계수		소성단면계수		비틀림 관련 상수	
	H	B	t_w	t_f	A (cm^2)	W (kg/m)	I_x (cm^4)	I_y (cm^4)	r_x (cm)	r_y (cm)	S_x (cm^3)	S_y (cm^3)	Z_x (cm^3)	Z_y (cm^3)	J (cm^4)	C_w (cm^6)
55	223	199	8	12	42.2	33.1	1,880	790	6.67	4.33	109	79.4	189	122	15.2	240
56	225	200	9	14	48.4	38.0	2,160	936	6.68	4.40	124	93.6	215	144	23.6	362
57	217	299	10	15	67.5	53.0	2,350	3,350	5.89	7.04	133	224	224	340	40.6	882
58	220	300	11	18	78.7	61.8	2,680	4,060	5.84	7.18	149	270	253	411	67.7	1,440
59	248	199	9	14	50.6	39.8	2,840	922	7.49	4.27	150	92.7	262	143	24.1	434
60	250	200	10	16	57.1	44.8	3,210	1,070	7.50	4.33	169	107	293	166	35.4	621
61	253	201	11	19	65.7	51.5	3,670	1,290	7.48	4.43	190	128	328	199	56.8	921
62	241	300	11	15	72.8	57.1	3,420	3,380	6.85	6.82	178	225	303	344	44.1	1,100
63	244	300	11	18	81.8	64.2	3,620	4,060	6.66	7.04	184	270	310	412	68.8	1,570
64	298	199	10	15	60.2	47.3	5,190	990	9.29	4.05	236	100	422	156	32.0	866
65	300	200	11	17	67.2	52.8	5,810	1,140	9.30	4.12	262	114	467	179	46.0	1,190
66	303	201	12	20	76.2	59.8	6,570	1,360	9.28	4.22	292	135	515	212	70.5	1,660
67	306	202	13	23	85.3	67.0	7,340	1,590	9.27	4.31	322	157	564	247	103	2,260
68	291	300	12	17	87.2	68.5	6,360	3,830	8.54	6.63	280	256	481	392	65.4	2,000
69	294	300	12	20	96.2	75.5	6,710	4,510	8.35	6.85	288	301	489	460	96.4	2,600
70	297	302	14	23	111	87.3	7,920	5,290	8.44	6.90	339	350	578	538	149	4,100
71	346	300	13	20	106	83.0	11,300	4,510	10.30	6.53	425	301	748	464	105	3,815
72	350	300	13	24	118	92.4	12,000	5,410	10.10	6.78	438	361	770	554	163	4,949
73	354	302	15	28	137	107	14,200	6,440	10.20	6.86	513	426	905	657	259	7,884
74	396	300	14	22	122	95.5	17,700	4,960	12.10	6.38	593	331	1,050	513	142	6,346
75	400	300	14	26	134	105	18,800	5,860	11.90	6.62	610	391	1,075	603	211	7,713
76	404	302	16	30	154	121	21,900	6,900	11.90	6.70	705	457	1,247	708	325	11,862
77	445	299	15	23	135	106	26,900	5,140	13.90	6.16	790	344	1,414	538	170	9,896
78	450	300	16	28	155	122	29,200	6,310	13.70	6.39	866	421	1,540	657	279	13,546
79	456	302	18	34	182	143	34,200	7,820	13.70	6.56	997	518	1,771	809	481	21,224

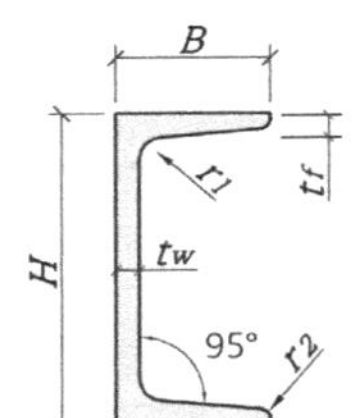

【표 A1.3】 ㄷ형강 (CHANNELS)

번호	부재 치수 (mm)						단면적	단위중량	단면2차모멘트		단면2차반경		단면계수		소성단면계수		비틀림 관련 상수	
	H	B	t_w	t_f	r_1	r_2	A (cm^2)	W (kg/m)	I_x (cm^4)	I_y (cm^4)	r_x (cm)	r_y (cm)	S_x (cm^3)	S_y (cm^3)	Z_x (cm^3)	Z_y (cm^3)	J (cm^4)	C_w (cm^6)
1	75	40	5	7	8	4	8.8	6.92	75.3	12.2	2.92	1.17	20.1	4.47	23.7	9.28	1.14	109
2	100	50	5	8	8	4	11.9	9.36	188	26.0	3.97	1.48	37.6	7.52	43.7	15.9	1.72	439
3	125	65	6	8	8	4	17.1	13.4	424	61.8	4.98	1.90	67.8	13.4	78.7	29.5	2.96	1,710
4	150	75	7	10	10	5	23.7	18.6	861	117	6.03	2.22	115	22.4	132	48.1	6.06	4,596
5	150	75	9	13	15	8	30.6	24.0	1,050	147	5.86	2.19	140	28.3	164	59.6	12.5	5,414
6	180	75	7	11	11	6	27.2	21.4	1,380	131	7.12	2.19	153	24.3	178	52.6	7.46	7,468
7	200	70	7	10	12	6	26.9	21.1	1,620	113	7.77	2.04	162	21.8	190	44.6	6.61	7,741
8	200	80	8	11	12	6	31.3	24.6	1,950	168	7.88	2.32	195	29.1	226	63.3	9.42	12,043
9	200	90	8	14	14	7	38.7	30.3	2,490	277	8.02	2.68	249	44.2	286	93.7	17.3	19,030
10	250	90	9	13	14	7	44.1	34.6	4,180	294	9.74	2.58	334	44.5	390	95.4	18.3	32,841
11	250	90	11	15	17	9	51.2	40.2	4,680	329	9.56	2.54	374	49.9	442	105	27.6	36,020
12	300	90	9	13	14	7	48.6	38.1	6,440	309	11.50	2.52	429	45.7	505	97.1	19.5	51,243
13	300	90	10	16	19	10	55.7	43.8	7,410	360	11.50	2.54	494	54.1	578	114	30.6	57,591
14	300	90	12	16	19	10	61.9	48.6	7,870	379	11.30	2.48	525	56.4	624	118	39.3	60,273
15	380	100	11	16	18	9	69.4	54.5	14,500	535	14.50	2.78	763	70.5	900	148	39.9	141,827
16	380	100	13	17	18	9	79.0	62.0	15,600	565	14.10	2.67	823	73.6	991	154	54.6	149,540
17	380	100	13	20	24	12	85.7	67.3	17,600	655	14.30	2.76	926	87.8	1,096	182	76.2	166,231

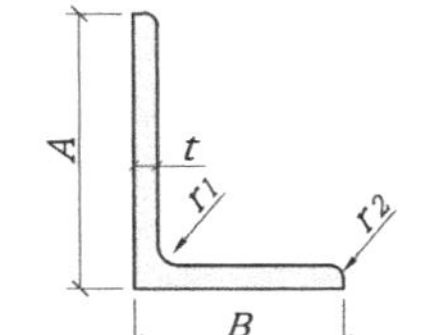

【표 A1.4】 등변 ㄱ형강 (EQUAL ANGELES)

번호	부재 치수 (mm)			단면적	단위중량	단면2차모멘트		단면2차반경		단면계수		소성단면계수		비틀림 관련 상수	
	A	B	t	A (cm^2)	W (kg/m)	I_x (cm^4)	I_y (cm^4)	r_x (cm)	r_y (cm)	S_x (cm^3)	S_y (cm^3)	Z_x (cm^3)	Z_y (cm^3)	J (cm^4)	C_w (cm^6)
1	25	25	3	1.43	1.12	0.80	0.80	0.75	0.75	0.45	0.45	0.84	0.84	0.04	0.02
2	30	30	3	1.73	1.36	1.42	1.42	0.91	0.91	0.66	0.66	1.23	1.23	0.05	0.03
3	40	40	3	2.34	1.83	3.53	3.53	1.23	1.23	1.21	1.21	2.23	2.23	0.07	0.09
4	40	40	5	3.76	2.95	5.42	5.42	1.20	1.20	1.91	1.91	3.56	3.56	0.31	0.37
5	45	45	4	3.49	2.74	6.50	6.50	1.36	1.36	2.00	2.00	3.72	3.72	0.18	0.28
6	45	45	5	4.30	3.38	7.91	7.91	1.36	1.36	2.46	2.46	4.56	4.56	0.35	0.49
7	50	50	4	3.89	3.06	9.06	9.06	1.53	1.53	2.49	2.49	4.63	4.63	0.20	0.39
8	50	50	5	4.80	3.77	11.1	11.1	1.52	1.52	3.08	3.08	5.68	5.68	0.40	0.74
9	50	50	6	5.64	4.43	12.6	12.6	1.50	1.50	3.55	3.55	6.70	6.70	0.68	1.25
10	60	60	4	4.69	3.68	16.0	16.0	1.85	1.85	3.66	3.66	6.75	6.75	0.25	0.69
11	60	60	5	5.80	4.55	19.6	19.6	1.84	1.84	4.52	4.52	8.31	8.31	0.48	1.32
12	60	60	6	6.84	5.37	22.6	22.6	1.82	1.82	5.24	5.24	9.8	9.82	0.82	2.06
13	65	65	5	6.37	5.00	25.3	25.3	1.99	1.99	5.35	5.35	9.8	9.81	0.52	1.70
14	65	65	6	7.53	5.91	29.4	29.4	1.98	1.98	6.26	6.26	11.6	11.6	0.89	2.86
15	65	65	8	9.76	7.66	36.8	36.8	1.94	1.94	7.96	7.96	15.1	15.1	2.08	6.46
16	70	70	6	8.13	6.38	37.1	37.1	2.14	2.14	7.33	7.33	13.5	13.5	0.96	3.61
17	75	75	6	8.73	6.85	46.1	46.1	2.30	2.30	8.47	8.47	15.6	15.6	1.04	4.48
18	75	75	9	12.7	10.0	64.4	64.4	2.25	2.25	12.1	12.1	22.6	22.6	3.43	14.2
19	75	75	12	16.6	13.0	81.9	81.9	2.22	2.22	15.7	15.7	29.1	29.1	7.95	31.5
20	80	80	6	9.33	7.32	56.4	56.4	2.46	2.46	9.7	9.7	17.9	17.9	1.11	5.48
21	80	80	7	10.8	8.48	64.2	64.2	2.44	2.44	11.1	11.1	20.6	20.6	1.75	7.97
22	90	90	6	10.6	8.28	80.7	80.7	2.77	2.77	12.3	12.3	22.8	22.8	1.25	7.90
23	90	90	7	12.2	9.6	93.0	93.0	2.76	2.76	14.2	14.2	26.3	26.3	1.98	12.3
24	90	90	8	13.8	10.8	104	104	2.74	2.74	16.0	16.0	29.8	29.8	2.94	16.9
25	90	90	9	15.4	12.1	114	114	2.72	2.72	17.7	17.7	33.2	33.2	4.16	23.4
26	90	90	10	17.0	13.3	125	125	2.71	2.71	19.5	19.5	36.5	36.5	5.67	34.1
27	90	90	13	21.7	17.0	156	156	2.68	2.68	24.8	24.8	46.1	46.1	12.2	71.1

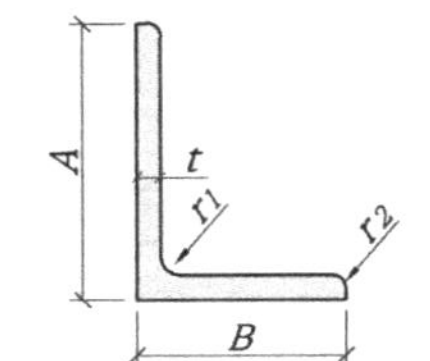

【표 A1.4】 등변 ㄱ형강 (EQUAL ANGELES)

번호	부재 치수 (㎜)			단면적	단위중량	단면2차모멘트		단면2차반경		단면계수		소성단면계수		비틀림 관련 상수	
	A	B	t	A (cm^2)	W (kg/m)	I_x (cm^4)	I_y (cm^4)	r_x (cm)	r_y (cm)	S_x (cm^3)	S_y (cm^3)	Z_x (cm^3)	Z_y (cm^3)	J (cm^4)	C_w (cm^6)
28	100	100	7	13.6	10.7	129	129	3.08	3.08	17.7	17.7	32.7	32.7	2.21	17.1
29	100	100	8	15.4	12.1	144	144	3.06	3.06	19.9	19.9	37.0	37.0	3.28	23.7
30	100	100	10	19.0	14.9	175	175	3.04	3.04	24.4	24.4	45.5	45.5	6.33	47.6
31	100	100	13	24.3	19.1	220	220	3.00	3.00	31.1	31.1	57.6	57.6	13.7	100
32	120	120	8	18.8	14.7	258	258	3.71	3.71	29.5	29.5	54.0	54.0	3.96	44.4
33	130	130	9	22.7	17.9	366	366	4.01	4.01	38.7	38.7	71.1	71.1	6.10	80.1
34	130	130	10	25.2	19.8	403	403	4.00	4.00	42.8	42.8	78.5	78.5	8.33	102
35	130	130	12	29.8	23.4	467	467	3.96	3.96	49.9	49.9	92.9	92.9	14.3	183
36	130	130	15	36.8	28.8	568	568	3.93	3.93	61.5	61.5	114	114	27.6	345
37	150	150	10	29.2	22.9	627	627	4.63	4.03	57.3	57.3	105	105	9.7	161
38	150	150	12	34.8	27.3	740	740	4.61	4.61	68.1	68.1	125	125	16.6	287
39	150	150	15	42.7	33.6	888	888	4.56	4.56	82.6	82.6	153	153	32.1	543
40	150	150	19	53.4	41.9	1,090	1,090	4.52	4.52	103	103	190	190	64.3	1,060
41	175	175	12	40.5	31.8	1,170	1,170	5.38	5.38	91.8	91.8	172	172	19.5	463
42	175	175	15	50.2	39.4	1,440	1,440	5.35	5.35	114	114	212	212	37.7	881
43	200	200	15	57.8	45.3	2,180	2,180	6.14	6.14	150	150	279	279	43.3	1,340
44	200	200	20	76.0	59.7	2,820	2,820	6.09	6.09	197	197	364	364	101	3,050
45	200	200	25	93.8	73.6	3,420	3,420	6.04	6.04	242	242	445	445	195	5,720
46	250	250	25	119	93.7	6,950	6,950	7.63	7.63	383	383	711	711	247	11,600
47	250	250	35	163	128	9,110	9,110	7.49	7.49	519	519	961	961	665	29,900

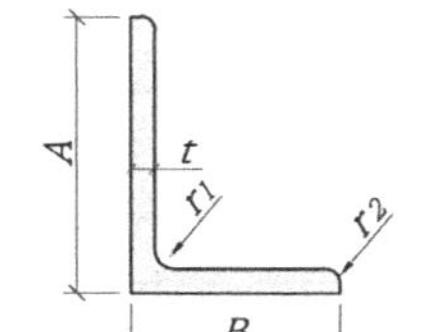

【표 A1.5】 부등변 ㄱ형강 (EQUAL ANGELES)

번호	부재 치수 (mm)			단면적	단위중량	단면2차모멘트		단면2차반경		단면계수		소성단면계수		비틀림 관련 상수	
	A	B	t	A (cm^2)	W (kg/m)	I_x (cm^4)	I_y (cm^4)	r_x (cm)	r_y (cm)	S_x (cm^3)	S_y (cm^3)	Z_x (cm^3)	Z_y (cm^3)	J (cm^4)	C_w (cm^6)
1	90	75	9	14.0	11.0	109	68.1	2.78	2.20	17.4	12.4	32.5	23.1	3.79	19.8
2	100	75	7	11.9	9.32	118	57.0	3.15	2.19	17.0	10.1	31.5	18.5	1.92	12.0
3	100	75	10	16.5	13.0	159	76.1	3.11	2.15	23.3	13.7	43.7	25.8	5.50	33.3
4	125	75	7	13.6	10.7	219	60.4	4.01	2.11	26.1	10.3	47.3	18.9	2.21	20.6
5	125	75	10	19.0	14.9	298	80.9	3.96	2.06	36.1	14.1	65.9	26.7	6.33	57.5
6	125	75	13	24.3	19.1	376	101	3.93	2.04	46.1	17.9	83.4	34.2	13.7	121
7	125	90	10	20.5	16.1	318	138	3.94	2.59	37.2	20.4	69.1	37.9	6.83	65.1
8	125	90	13	26.3	20.6	401	165	3.91	2.51	47.5	24.8	87.6	48.3	14.8	137
9	150	90	9	20.9	16.4	484	133	4.81	2.52	48.2	19.0	87.3	35.0	5.61	75.0
10	150	90	12	27.4	21.5	619	168	4.75	2.47	62.3	24.3	114	46.1	13.1	172
11	150	100	9	21.8	17.1	502	179	4.79	2.86	49.0	23.3	89.7	42.9	5.86	80.0
12	150	100	12	28.6	22.4	642	229	4.74	2.83	63.4	30.2	117	56.3	13.7	183
13	150	100	15	35.3	27.7	781	276	4.71	2.80	78.2	37.0	143	69.5	26.4	345
14	200	90	9	29.7	23.3	1,210	200	6.39	2.60	88.7	29.2	160	53.5	12.5	178
15	250	90	10	37.5	29.4	2,440	223	8.07	2.44	149	31.5	261	58.8	17.6	418
16	250	90	12	43.0	33.7	2,790	238	8.06	2.35	174	33.5	301	63.6	25.4	682
17	300	90	11	46.2	36.3	4,470	245	9.83	2.30	235	33.8	391	64.6	24.5	916
18	300	90	13	52.7	41.3	4,940	259	9.68	2.22	264	35.7	445	70.2	35.0	1,463
19	350	100	12	57.7	45.3	7,440	362	11.30	2.50	338	44.5	570	85.8	35.1	1,886
20	400	100	13	68.6	53.8	11,500	388	12.90	2.38	467	47.1	772	93.7	46.8	3,534

【표 A1.6】 등변 각형강관

번호	부재 치수 (mm)			단면적	단위중량	단면2차모멘트		단면2차반경		단면계수		소성단면계수		비틀림 관련 상수	
	H	B	t	A (cm^2)	W (kg/m)	I_x (cm^4)	I_y (cm^4)	r_x (cm)	r_y (cm)	S_x (cm^3)	S_y (cm^3)	Z_x (cm^3)	Z_y (cm^3)	J (cm^4)	C_w (cm^6)
1	40	40	1.6	23.9	1.88	5.79	5.79	1.56	1.56	2.90	2.90	3.54	3.54	9.06	-
2	40	40	2.3	33.3	2.62	7.73	7.73	1.52	1.52	3.86	3.86	4.91	4.91	12.3	-
3	50	50	1.6	30.3	2.38	11.7	11.7	1.96	1.96	4.68	4.68	5.62	5.62	18.1	-
4	50	50	2.3	42.5	3.34	15.9	15.9	1.93	1.93	6.34	6.34	7.86	7.86	25.0	-
5	50	50	3.2	57.3	4.50	20.4	20.4	1.89	1.89	8.16	8.16	10.5	10.5	32.8	-
6	60	60	1.6	36.7	2.88	20.7	20.7	2.37	2.37	6.89	6.89	8.19	8.2	31.9	-
7	60	60	2.3	51.7	4.06	28.3	28.3	2.34	2.34	9.44	9.44	11.5	11.5	44.2	-
8	60	60	3.2	70.1	5.50	36.9	36.9	2.30	2.30	12.3	12.3	15.5	15.5	58.6	-
9	75	75	1.6	46.3	3.64	41.3	41.3	2.99	2.99	11.0	11.0	12.9	12.9	63.3	-
10	75	75	2.3	65.5	5.14	57.1	57.1	2.95	2.95	15.2	15.2	18.2	18.2	88.4	-
11	75	75	3.2	89.3	7.01	75.5	75.5	2.91	2.91	20.1	20.1	24.8	24.8	118	-
12	75	75	4.5	122	9.6	98.6	98.6	2.85	2.85	26.3	26.3	33.6	33.6	158	-
13	80	80	2.3	70.1	5.50	69.9	69.9	3.16	3.16	17.5	17.5	20.8	20.8	108	-
14	80	80	3.2	95.7	7.51	92.7	92.7	3.11	3.11	23.2	23.2	28.3	28.3	145	-
15	80	80	4.5	131	10.3	122	122	3.05	3.05	30.4	30.4	38.5	38.5	194	-
16	90	90	2.3	79.3	6.23	101	101	3.56	3.56	22.4	22.4	26.5	26.5	155	-
17	90	90	3.2	109	8.52	135	135	3.52	3.52	29.9	29.9	36.2	36.2	209	-
18	100	100	2.3	88.5	6.95	140	140	3.97	3.97	27.9	27.9	32.9	32.9	214	-
19	100	100	3.2	121	9.5	187	187	3.93	3.93	37.5	37.5	45.0	45.0	290	-
20	100	100	4.0	150	11.7	226	226	3.89	3.89	45.3	45.3	55.3	55.3	354	-
21	100	100	4.5	167	13.1	249	249	3.87	3.87	49.9	49.9	61.6	61.6	392	-
22	100	100	6.0	216	17.0	311	311	3.79	3.79	62.3	62.3	79.6	79.6	498	-
23	100	100	9.0	307	24.1	408	408	3.65	3.65	81.6	81.6	112	112	678	-
24	100	100	12	385	30.2	471	471	3.50	3.50	94.3	94.3	140	140	818	-
25	125	125	3.2	153	12.0	376	376	4.95	4.95	60.1	60.1	71.2	71.2	578	-
26	125	125	4.5	212	16.6	506	506	4.89	4.89	80.9	80.9	98.1	98	787	-
27	125	125	5.0	234	18.3	553	553	4.86	4.86	88.4	88.4	108	108	864	-
28	125	125	6.0	276	21.7	641	641	4.82	4.82	103	103	128	128	1,011	-
29	125	125	9.0	397	31.1	865	865	4.67	4.67	138	138	182	182	1,405	-
30	125	125	12	505	39.7	1,030	1,030	4.52	4.52	165	165	231	231	1,731	-

【표 A1.6】 등변 각형강관

번호	부재 치수 (㎜)			단면적	단위중량	단면2차모멘트		단면2차반경		단면계수		소성단면계수		비틀림 관련 상수	
	H	B	t	A (cm^2)	W (kg/m)	I_x (cm^4)	I_y (cm^4)	r_x (cm)	r_y (cm)	S_x (cm^3)	S_y (cm^3)	Z_x (cm^3)	Z_y (cm^3)	J (cm^4)	C_w (cm^6)
31	150	150	4.5	257	20.2	896	896	5.91	5.91	120	120	143	143	1,386	-
32	150	150	5.0	284	22.3	982	982	5.89	5.89	131	131	158	158	1,524	-
33	150	150	6.0	336	26.4	1,150	1,150	5.84	5.84	153	153	187	187	1,792	-
34	150	150	9.0	487	38.2	1,580	1,580	5.69	5.69	210	210	269	269	2,523	-
35	175	175	4.5	302	23.7	1,450	1,450	6.93	6.93	166	166	196	196	2,230	-
36	175	175	5.0	334	26.2	1,590	1,590	6.91	6.91	182	182	217	217	2,457	-
37	175	175	6.0	396	31.1	1,860	1,860	6.86	6.86	213	213	257	257	2,896	-
38	200	200	4.5	347	27.2	2,190	2,190	7.95	7.95	219	219	258	258	3,362	-
39	200	200	6.0	456	35.8	2,830	2,830	7.88	7.88	283	283	339	339	4,381	-
40	200	200	8.0	598	46.9	3,620	3,620	7.78	7.78	362	362	443	443	5,662	-
41	200	200	9.0	667	52.3	3,990	3,990	7.73	7.73	399	399	493	493	6,271	-
42	200	200	12	865	67.9	4,980	4,980	7.59	7.59	498	498	637	637	7,974	-
43	250	250	5.0	484	38.0	4,810	4,810	9.97	9.97	384	384	450	450	7,353	-
44	250	250	6.0	576	45.2	5,670	5,670	9.92	9.92	454	454	536	536	8,716	-
45	250	250	8.0	758	59.5	7,320	7,320	9.82	9.82	585	585	703	703	11,338	-
46	250	250	9.0	847	66.5	8,090	8,090	9.78	9.78	647	647	784	784	12,598	-
47	250	250	12	1,105	86.7	10,300	10,300	9.63	9.63	820	820	1,020	1,020	16,178	-
48	300	300	4.5	527	41.3	7,630	7,630	12.00	12.00	508	508	589	589	11,611	-
49	300	300	6.0	696	54.7	9,960	9,960	12.00	12.00	664	664	778	778	15,247	-
50	300	300	9.0	1,027	80.6	14,300	14,300	11.80	11.80	956	956	1,144	1,144	22,178	-
51	300	300	12	1,345	106	18,300	18,300	11.70	11.70	1,220	1,220	1,494	1,494	28,665	-
52	350	350	9	1,207	95	23,200	23,200	13.90	13.90	1,320	1,320	1,570	1,570	35,687	-
53	350	350	12	1,585	124	29,800	29,800	13.70	13.70	1,700	1,700	2,057	2,057	46,337	-

【표 A1.7】 부등변 각형강관

번호	부재 치수 (mm)			단면적	단위중량	단면2차모멘트		단면2차반경		단면계수		소성단면계수		비틀림 관련 상수	
	H	B	t	A (cm^2)	W (kg/m)	I_x (cm^4)	I_y (cm^4)	r_x (cm)	r_y (cm)	S_x (cm^3)	S_y (cm^3)	Z_x (cm^3)	Z_y (cm^3)	J (cm^4)	C_w (cm^6)
1	40	40	1.6	23.9	1.88	5.79	5.79	1.56	1.56	2.90	2.90	3.54	3.54	9.06	-
2	40	40	2.3	33.3	2.62	7.73	7.73	1.52	1.52	3.86	3.86	4.91	4.91	12.3	-
3	50	50	1.6	30.3	2.38	11.7	11.7	1.96	1.96	4.68	4.68	5.62	5.62	18.1	-
4	50	50	2.3	42.5	3.34	15.9	15.9	1.93	1.93	6.34	6.34	7.86	7.86	25.0	-
5	50	50	3.2	57.3	4.50	20.4	20.4	1.89	1.89	8.16	8.16	10.5	10.5	32.8	-
6	60	60	1.6	36.7	2.88	20.7	20.7	2.37	2.37	6.89	6.89	8.19	8.2	31.9	-
7	60	60	2.3	51.7	4.06	28.3	28.3	2.34	2.34	9.44	9.44	11.5	11.5	44.2	-
8	60	60	3.2	70.1	5.50	36.9	36.9	2.30	2.30	12.3	12.3	15.5	15.5	58.6	-
9	75	75	1.6	46.3	3.64	41.3	41.3	2.99	2.99	11.0	11.0	12.9	12.9	63.3	-
10	75	75	2.3	65.5	5.14	57.1	57.1	2.95	2.95	15.2	15.2	18.2	18.2	88.4	-
11	75	75	3.2	89.3	7.01	75.5	75.5	2.91	2.91	20.1	20.1	24.8	24.8	118	-
12	75	75	4.5	122	9.6	98.6	98.6	2.85	2.85	26.3	26.3	33.6	33.6	158	-
13	80	80	2.3	70.1	5.50	69.9	69.9	3.16	3.16	17.5	17.5	20.8	20.8	108	-
14	80	80	3.2	95.7	7.51	92.7	92.7	3.11	3.11	23.2	23.2	28.3	28.3	145	-
15	80	80	4.5	131	10.3	122	122	3.05	3.05	30.4	30.4	38.5	38.5	194	-
16	90	90	2.3	79.3	6.23	101	101	3.56	3.56	22.4	22.4	26.5	26.5	155	-
17	90	90	3.2	109	8.52	135	135	3.52	3.52	29.9	29.9	36.2	36.2	209	-
18	100	100	2.3	88.5	6.95	140	140	3.97	3.97	27.9	27.9	32.9	32.9	214	-
19	100	100	3.2	121	9.5	187	187	3.93	3.93	37.5	37.5	45.0	45.0	290	-
20	100	100	4.0	150	11.7	226	226	3.89	3.89	45.3	45.3	55.3	55.3	354	-
21	100	100	4.5	167	13.1	249	249	3.87	3.87	49.9	49.9	61.6	61.6	392	-
22	100	100	6.0	216	17.0	311	311	3.79	3.79	62.3	62.3	79.6	79.6	498	-
23	100	100	9.0	307	24.1	408	408	3.65	3.65	81.6	81.6	112	112	678	-
24	100	100	12	385	30.2	471	471	3.50	3.50	94.3	94.3	140	140	818	-
25	125	125	3.2	153	12.0	376	376	4.95	4.95	60.1	60.1	71.2	71.2	578	-
26	125	125	4.5	212	16.6	506	506	4.89	4.89	80.9	80.9	98.1	98	787	-
27	125	125	5.0	234	18.3	553	553	4.86	4.86	88.4	88.4	108	108	864	-
28	125	125	6.0	276	21.7	641	641	4.82	4.82	103	103	128	128	1,011	-
29	125	125	9.0	397	31.1	865	865	4.67	4.67	138	138	182	182	1,405	-
30	125	125	12	505	39.7	1,030	1,030	4.52	4.52	165	165	231	231	1,731	-

【표 A1.7】 부등변 각형강관

번호	부재 치수 (mm)			단면적	단위중량	단면2차모멘트		단면2차반경		단면계수		소성단면계수		비틀림 관련 상수	
	H	B	t	A (cm^2)	W (kg/m)	I_x (cm^4)	I_y (cm^4)	r_x (cm)	r_y (cm)	S_x (cm^3)	S_y (cm^3)	Z_x (cm^3)	Z_y (cm^3)	J (cm^4)	C_w (cm^6)
1	50	20	1.6	20.7	1.63	6.08	1.42	1.71	0.83	2.43	1.42	3.30	1.70	3.80	-
2	50	20	2.3	28.7	2.25	8.00	1.83	1.67	0.80	3.20	1.83	4.56	2.31	5.01	-
3	50	30	1.6	23.9	1.88	7.96	3.60	1.82	1.23	3.18	2.40	4.08	2.85	7.87	-
4	50	30	2.3	33.3	2.62	10.6	4.76	1.79	1.20	4.25	3.17	5.66	3.93	10.7	-
5	60	30	1.6	27.1	2.13	12.5	4.25	2.15	1.25	4.16	2.83	5.38	3.30	10.1	-
6	60	30	2.3	37.9	2.98	16.8	5.65	2.11	1.22	5.61	3.76	7.51	4.56	13.8	-
7	60	30	3.2	50.9	3.99	21.4	7.08	2.05	1.18	7.15	4.72	10.0	6.04	17.7	-
8	75	20	1.6	28.7	2.25	17.6	2.10	2.47	0.86	4.69	2.10	6.47	2.43	6.36	-
9	75	20	2.3	40.2	3.16	23.7	2.73	2.43	0.82	6.31	2.73	9.04	3.33	8.43	-
10	75	45	1.6	36.7	2.88	28.4	12.9	2.78	1.88	7.56	5.75	9.41	6.61	27.8	-
11	75	45	2.3	51.7	4.06	38.9	17.6	2.74	1.84	10.4	7.82	13.2	9.24	38.4	-
12	75	45	3.2	70.1	5.50	50.8	22.8	2.69	1.80	13.5	10.1	17.9	12.4	50.7	-
13	80	40	1.6	36.7	2.88	30.7	10.5	2.89	1.69	7.68	5.26	9.7	6.00	24.8	-
14	80	40	2.3	51.7	4.06	42.1	14.3	2.85	1.66	10.5	7.14	13.7	8.38	34.2	-
15	80	40	3.2	70.1	5.50	54.9	18.4	2.80	1.62	13.7	9.21	18.5	11.2	45.0	-
16	90	45	2.3	58.6	4.60	61.0	20.8	3.23	1.88	13.6	9.22	17.5	10.7	49.5	-
17	90	45	3.2	79.7	6.25	80.2	27.0	3.17	1.84	17.8	12.0	23.7	14.4	65.5	-
18	100	20	1.6	36.7	2.88	38.1	2.78	3.22	0.87	7.61	2.8	10.6	3.17	8.98	-
19	100	20	2.3	51.7	4.06	51.9	3.64	3.17	0.84	10.4	3.6	15.0	4.34	11.9	-
20	100	40	1.6	43.1	3.38	53.5	12.9	3.52	1.73	10.7	6.4	13.8	7.23	33.4	-
21	100	40	2.3	60.9	4.78	73.9	17.5	3.48	1.70	14.8	8.8	19.5	10.1	46.1	-
22	100	40	4.2	106	8.32	120	27.6	3.36	1.61	24.0	10.6	33.7	17.1	75.1	-
23	100	50	1.6	46.3	3.64	61.3	21.1	3.64	2.13	12.3	8.43	15.4	9.50	49.4	-
24	100	50	2.3	65.5	5.14	84.8	29.0	3.60	2.10	17.0	11.6	21.7	13.3	68.7	-
25	100	50	3.2	89.3	7.01	112	38.0	3.55	2.06	22.5	15.2	29.5	18.0	91.5	-
26	100	50	4.5	122	9.55	147	48.9	3.47	2.00	29.3	19.5	40.1	24.3	121	-
27	125	40	1.6	51.1	4.01	94.4	15.8	4.30	1.76	15.1	7.91	19.8	8.76	44.4	-
28	125	40	2.3	72.4	5.68	131	21.6	4.25	1.73	20.9	10.8	28.0	12.3	61.4	-
29	125	75	2.3	88.5	6.95	192	87.5	4.65	3.14	30.6	23.3	37.8	26.6	187	-
30	125	75	3.2	121	9.5	257	117	4.60	3.10	41.1	31.1	51.7	36.2	253	-

【표 A1.7】 부등변 각형강관

번호	부재 치수 (mm)			단면적	단위중량	단면2차모멘트		단면2차반경		단면계수		소성단면계수		비틀림 관련 상수	
	H	B	t	A (cm^2)	W (kg/m)	I_x (cm^4)	I_y (cm^4)	r_x (cm)	r_y (cm)	S_x (cm^3)	S_y (cm^3)	Z_x (cm^3)	Z_y (cm^3)	J (cm^4)	C_w (cm^6)
31	125	75	4.0	150	11.7	311	141	4.56	3.07	49.7	37.5	63.7	44.5	308	-
32	125	75	4.5	167	13.1	342	155	4.53	3.04	54.8	41.2	70.9	49.5	340	-
33	125	75	6.0	216	17.0	428	192	4.45	2.98	68.5	51.1	91.9	63.7	430	-
34	150	75	3.2	137	10.8	402	137	5.41	3.16	53.6	36.6	68.2	42.0	325	-
35	150	80	4.5	194	15.2	563	211	5.39	3.30	75.0	52.9	97.1	62.3	491	-
36	150	80	5.0	214	16.8	614	230	5.36	3.28	81.9	57.5	107	68.5	538	-
37	150	80	6.0	252	19.8	710	264	5.31	3.24	94.7	66.1	126	80.5	625	-
38	150	100	3.2	153	12.0	488	262	5.64	4.14	65.1	52.5	80.0	60.5	531	-
39	150	100	4.5	212	16.6	658	352	5.58	4.08	87.7	70.4	110	83.1	721	-
40	150	100	6.0	276	21.7	835	444	5.50	4.01	111	88.8	144	108	924	-
41	150	100	9.0	397	31.1	1,130	595	5.33	3.87	151	119	205	153	1,277	-
42	200	100	4.5	257	20.2	1,330	455	7.20	4.21	133	90.9	170	105	1,078	-
43	200	100	6.0	336	26.4	1,700	577	7.12	4.14	170	115	222	136	1,386	-
44	200	100	9.0	487	38.2	2,350	782	6.94	4.01	235	156	321	194	1,928	-
45	200	150	4.5	302	23.7	1,760	1,130	7.64	6.13	176	151	214	176	2,136	-
46	200	150	6.0	396	31.1	2,270	1,460	7.56	6.06	227	194	281	230	2,771	-
47	200	150	9.0	577	45.3	3,170	2,020	7.41	5.93	317	270	407	332	3,932	-
48	250	150	6.0	456	35.8	3,890	1,770	9.23	6.23	311	236	390	273	3,818	-
49	250	150	9.0	667	52.3	5,480	2,470	9.06	6.09	438	330	568	396	5,441	-
50	250	150	12	865	67.9	6,850	3,070	8.90	5.95	548	409	735	509	6,886	-
51	300	200	6.0	576	45.2	7,370	3,960	11.30	8.29	491	396	602	455	7,999	-
52	300	200	9.0	847	66.5	10,500	5,630	11.20	8.16	702	563	882	665	11,537	-
53	300	200	12	1,105	86.7	13,400	7,110	12.10	8.02	890	711	1,148	863	14,781	-
54	350	150	6.0	576	45.2	8,910	2,390	12.40	6.44	509	319	652	360	6,034	-
55	350	150	9.0	847	66.5	12,700	3,370	12.30	6.31	726	449	956	523	8,633	-
56	350	150	12	1,105	86.7	16,100	4,210	12.10	6.17	921	562	1,246	675	10,970	-
57	400	200	6.0	696	54.7	14,800	5,090	14.60	8.55	739	509	924	572	11,923	-
58	400	200	9.0	1,027	80.6	21,300	7,270	14.40	8.42	1,070	727	1,360	837	17,249	-
59	400	200	12	1,345	106	27,300	9,230	14.20	8.23	1,360	923	1,779	1,088	22,170	-

【표 A1.8】 원형강관

번호	부재 치수 (㎜)		단면적	단위중량	단면2차모멘트		단면2차반경		단면계수		소성단면계수		비틀림 관련 상수	
	D	t	A (cm^2)	W (kg/m)	I_x (cm^4)	I_y (cm^4)	r_x (cm)	r_y (cm)	S_x (cm^3)	S_y (cm^3)	Z_x (cm^3)	Z_y (cm^3)	J (cm^4)	C_w (cm^6)
1	21.7	2.0	1.24	0.97	6.07	6.07	0.70	0.70	0.56	0.56	0.78	0.78	1.21	-
2	27.2	2.0	1.58	1.24	12.6	12.6	0.89	0.89	0.93	0.93	1.27	1.27	2.53	-
3	27.2	2.3	1.80	1.41	14.1	14.1	0.88	0.88	1.03	1.03	1.43	1.43	2.81	-
4	34.0	2.3	2.29	1.80	28.9	28.9	1.12	1.12	1.70	1.70	2.32	2.32	5.78	-
5	42.7	2.3	2.92	2.29	59.7	59.7	1.43	1.43	2.80	2.80	3.76	3.76	11.9	-
6	42.7	2.8	3.51	2.76	70.2	70.2	1.41	1.41	3.29	3.29	4.46	4.46	14.0	-
7	48.6	2.3	3.35	2.63	89.9	89.9	1.64	1.64	3.70	3.70	4.93	4.93	18.0	-
8	48.6	2.8	4.03	3.16	106	106	1.62	1.62	4.36	4.36	5.88	5.88	21.2	-
9	48.6	3.2	4.56	3.58	118	118	1.61	1.61	4.86	4.86	6.61	6.61	23.6	-
10	60.5	2.3	4.21	3.30	178	178	2.06	2.06	5.90	5.90	7.79	7.79	35.7	-
11	60.5	3.2	5.76	4.52	237	237	2.03	2.03	7.84	7.84	10.5	10.5	47.4	-
12	60.5	4.0	7.10	5.57	285	285	2.00	2.00	9.41	9.41	12.8	12.8	56.9	-
13	76.3	2.8	6.47	5.08	437	437	2.60	2.60	11.5	11.5	15.1	15.1	87.4	-
14	76.3	3.2	7.35	5.77	492	492	2.59	2.59	12.9	12.9	17.1	17.1	98.4	-
15	76.3	4.0	9.09	7.13	595	595	2.56	2.56	15.6	15.6	20.9	20.9	119	-
16	89.1	2.8	7.59	5.96	707	707	3.05	3.05	15.9	15.9	20.9	20.9	141	-
17	89.1	3.2	8.64	6.78	798	798	3.04	3.04	17.9	17.9	23.6	23.6	160	-
18	89.1	4.0	10.7	8.39	970	970	3.01	3.01	21.8	21.8	29.0	29.0	194	-
19	101.6	3.2	9.9	7.77	1,200	1,200	3.48	3.48	23.6	23.6	31.0	31.0	240	-
20	101.6	4.0	12.3	9.62	1,460	1,460	3.45	3.45	28.8	28.8	38.1	38.1	293	-
21	101.6	5.0	15.2	11.9	1,770	1,770	3.42	3.42	34.9	34.9	46.7	46.7	355	-
22	114.3	3.2	11.2	8.77	1,720	1,720	3.93	3.93	30.2	30.2	39.5	39.5	345	-
23	114.3	3.6	12.5	9.8	1,920	1,920	3.92	3.92	33.6	33.6	44.1	44.1	384	-
24	114.3	4.5	15.5	12.2	2,340	2,340	3.89	3.89	41.0	41.0	54.3	54.3	469	-
25	114.3	5.6	19.1	15.0	2,830	2,830	3.85	3.85	49.6	49.6	66.2	66.2	566	-
26	139.8	3.6	15.4	12.1	3,570	3,570	4.82	4.82	51.1	51.1	66.8	66.8	715	-
27	139.8	4.0	17.1	13.4	3,940	3,940	4.80	4.80	56.3	56.3	73.8	73.8	787	-
28	139.8	4.5	19.1	15.0	4,380	4,380	4.79	4.79	62.7	62.7	82.4	82.4	876	-
29	139.8	6.0	25.2	19.8	5,660	5,660	4.74	4.74	80.9	80.9	107	107	1,131	-
30	165.2	4.5	22.7	17.8	7,340	7,340	5.68	5.68	88.9	88.9	116	116	1,468	-

【표 A1.8】 원형강관

번호	부재 치수 (mm)		단면적	단위중량	단면2차모멘트		단면2차반경		단면계수		소성단면계수		비틀림 관련 상수	
	D	t	A (cm^2)	W (kg/m)	I_x (cm^4)	I_y (cm^4)	r_x (cm)	r_y (cm)	S_x (cm^3)	S_y (cm^3)	Z_x (cm^3)	Z_y (cm^3)	J (cm^4)	C_w (cm^6)
31	165.2	5.0	25.2	19.8	8,080	8,080	5.67	5.67	97.8	97.8	128	128	1,616	-
32	165.2	6.0	30.0	23.6	9,520	9,520	5.63	5.63	115	115	152	152	1,904	-
33	165.2	7.0	34.8	27.3	10,900	10,900	5.60	5.60	132	132	175	175	2,181	-
34	190.7	4.5	26.3	20.7	11,400	11,400	6.59	6.59	120	120	156	156	2,283	-
35	190.7	5.0	29.2	22.9	12,600	12,600	6.57	6.57	132	132	172	172	2,517	-
36	190.7	6.0	34.8	27.3	14,900	14,900	6.53	6.53	156	156	205	205	2,972	-
37	190.7	7.0	40.4	31.7	17,100	17,100	6.50	6.50	179	179	236	236	3,413	-
38	216.3	4.5	29.9	23.5	16,800	16,800	7.94	7.94	155	155	202	202	3,360	-
39	216.3	6.0	39.6	31.1	21,900	21,900	7.49	7.49	203	203	265	265	4,386	-
40	216.3	7.0	46.0	36.1	25,200	25,200	7.40	7.40	233	233	307	307	5,046	-
41	216.3	8.0	52.4	41.1	28,400	28,400	7.37	7.37	263	263	347	347	5,687	-
42	267.4	6.0	49.3	38.7	42,100	42,100	9.24	9.24	315	315	410	410	8,421	-
43	267.4	7.0	57.3	45.0	48,600	48,600	9.21	9.21	363	363	475	475	9,715	-
44	267.4	8.0	65.2	51.2	54,900	54,900	9.18	9.18	411	411	538	538	10,977	-
45	267.4	9.0	73.1	57.4	61,100	61,100	9.14	9.14	457	457	601	601	12,211	-
46	318.5	6.0	58.9	46.2	71,900	71,900	11.10	11.10	452	452	586	586	14,386	-
47	318.5	7.0	68.5	53.8	83,100	83,100	11.00	11.00	552	552	679	679	16,626	-
48	318.5	8.0	78.0	61.3	94,100	94,100	11.00	11.00	591	591	771	771	18,821	-
49	318.5	9.0	87.5	68.7	105,000	105,000	10.90	10.90	659	659	862	862	20,974	-
50	355.6	6.3	69.1	54.3	105,000	105,000	12.40	12.40	593	593	769	769	21,094	-
51	355.6	8.0	87.4	68.6	132,000	132,000	12.30	12.30	742	742	967	967	26,403	-
52	355.6	9.0	98.0	76.9	147,000	147,000	12.30	12.30	828	828	1,081	1,081	29,452	-
53	355.6	12.0	130	102	191,000	191,000	12.20	12.20	1,080	1,080	1,417	1,417	38,279	-
54	406.4	9.0	112	88.2	222,000	222,000	14.10	14.10	1,090	1,090	1,422	1,422	44,385	-
55	406.4	12.0	149	117	289,000	289,000	14.00	14.00	1,420	1,420	1,867	1,867	57,874	-
56	406.4	16.0	196	154	374,000	374,000	13.80	13.80	1,840	1,840	2,440	2,440	74,898	-
57	406.4	19.0	231	181	435,000	435,000	13.70	13.70	2,140	2,140	2,854	2,854	86,969	-
58	457.2	9.0	127	99	318,000	318,000	15.80	15.80	1,400	1,400	1,808	1,808	63,668	-
59	457.2	12.0	168	132	416,000	416,000	15.70	15.70	1,820	1,820	2,379	2,379	83,225	-
60	457.2	16.0	222	174	540,000	540,000	15.60	15.60	2,360	2,360	3,116	3,116	108,066	-

【표 A1.8】 원형강관

번호	부재 치수 (mm)		단면적	단위중량	단면2차모멘트		단면2차반경		단면계수		소성단면계수		비틀림 관련 상수	
	D	t	A (cm^2)	W (kg/m)	I_x (cm^4)	I_y (cm^4)	r_x (cm)	r_y (cm)	S_x (cm^3)	S_y (cm^3)	Z_x (cm^3)	Z_y (cm^3)	J (cm^4)	C_w (cm^6)
61	457.2	19.0	262	205	629,000	629,000	15.50	15.50	2,750	2,750	3,651	3,651	125,799	-
62	500.0	9.0	139	109	418,000	418,000	17.40	17.40	1,670	1,670	2,170	2,170	83,699	-
63	500.0	12.0	184	144	548,000	548,000	17.30	17.30	2,190	2,190	2,858	2,858	109,596	-
64	500.0	14.0	214	168	632,000	632,000	17.20	17.20	2,530	2,530	3,308	3,308	126,324	-
65	508.0	9.0	141	111	439,000	439,000	17.60	17.60	1,730	1,730	2,241	2,241	87,857	-
66	508.0	12.0	187	147	575,000	575,000	17.50	17.50	2,260	2,260	2,953	2,953	115,072	-
67	508.0	14.0	217	171	663,000	663,000	17.50	17.50	2,610	2,610	3,417	3,417	132,662	-
68	508.0	16.0	247	194	749,000	749,000	17.40	17.40	2,950	2,950	3,874	3,874	149,818	-
69	508.0	19.0	292	229	874,000	874,000	17.30	17.30	3,440	3,440	4,546	4,546	174,753	-
70	508.0	22.0	336	264	994,000	994,000	17.20	17.20	3,910	3,910	5,200	5,200	198,751	-
71	558.8	9.0	156	122	588,000	588,000	19.40	19.40	2,100	2,100	2,721	2,721	117,507	-
72	558.8	12.0	206	162	771,000	771,000	19.30	19.30	2,760	2,760	3,538	3,588	154,158	-
73	558.8	16.0	273	214	1,010,000	1,010,000	19.20	19.20	3,600	3,600	4,715	4,715	201,144	-
74	558.8	19.0	322	253	1,180,000	1,180,000	19.10	19.10	4,210	4,210	5,539	5,539	235,006	-
75	558.8	22.0	371	291	1,340,000	1,340,000	19.00	19.00	4,790	4,790	6,343	6,343	267,719	-
76	600.0	9.0	167	131	730,000	730,000	20.90	20.90	2,430	2,430	3,144	3,144	145,947	-
77	600.0	12.0	222	174	958,000	958,000	20.80	20.80	3,200	3,200	4,150	4,150	191,683	-
78	600.0	14.0	258	202	1,110,000	1,110,000	20.70	20.70	2,690	2,690	4,808	4,808	221,390	-
79	600.0	16.0	294	230	1,250,000	1,250,000	20.70	20.70	4,180	4,180	5,458	5,458	250,481	-
80	609.6	9.0	170	133	766,000	766,000	21.20	21.20	2,510	2,510	3,247	3,247	153,174	-
81	609.6	12.0	225	177	1,010,000	1,010,000	21.10	21.10	3,300	3,300	4,286	4,286	201,223	-
82	609.6	14.0	262	206	1,160,000	1,160,000	21.10	21.10	3,810	3,810	4,967	4,967	232,446	-
83	609.6	16.0	298	234	1,320,000	1,320,000	21.00	21.00	4,320	4,320	5,639	5,639	263,031	-
84	609.6	19.0	352	276	1,540,000	1,540,000	20.90	20.90	5,050	5,050	6,630	6,630	307,732	-
85	609.6	22.0	406	319	1,760,000	1,760,000	20.80	20.80	5,760	5,760	7,600	7,600	351,048	-
86	700.0	9.0	195	153	1,170,000	1,170,000	24.40	24.40	3,330	3,330	4,298	4,298	233,260	-
87	700.0	12.0	259	204	1,540,000	1,540,000	24.30	24.30	4,390	4,390	5,681	5,681	307,021	-
88	700.0	14.0	302	237	1,780,000	1,780,000	24.30	24.30	5,070	5,070	6,589	6,589	355,117	-
89	700.0	16.0	344	270	2,010,000	2,010,000	24.20	24.20	5,750	5,750	7,487	7,487	402,361	-
90	711.2	9.0	199	156	1,220,000	1,220,000	24.80	24.80	3,440	3,440	4,438	4,438	244,786	-

【표 A1.8】 원형강관

번호	부재 치수 (㎜)		단면적	단위중량	단면2차모멘트		단면2차반경		단면계수		소성단면계수		비틀림 관련 상수	
	D	t	A (cm^2)	W (kg/m)	I_x (cm^4)	I_y (cm^4)	r_x (cm)	r_y (cm)	S_x (cm^3)	S_y (cm^3)	Z_x (cm^3)	Z_y (cm^3)	J (cm^4)	C_w (cm^6)
91	711.2	12.0	264	207	1,610,000	1,610,000	24.70	24.70	4,530	4,530	5,867	5,867	322,258	-
92	711.2	14.0	307	241	1,870,000	1,870,000	24.70	24.70	5,240	5,240	6,806	6,806	372,791	-
93	711.2	16.0	349	274	2,120,000	2,120,000	24.60	24.60	5,940	5,940	7,734	7,734	422,444	-
94	711.2	19.0	413	324	2,480,000	2,480,000	24.50	24.50	6,960	6,960	9,106	9,106	495,297	-
95	711.2	22.0	476	374	2,830,000	2,830,000	24.40	24.40	7,960	7,960	10,453	10,453	566,227	-
96	812.8	9.0	227	178	1,840,000	1,840,000	28.40	28.40	4,520	4,520	5,815	5,815	367,139	-
97	812.8	12.0	302	237	2,420,000	2,420,000	28.30	28.30	5,960	5,960	7,696	7,696	484,106	-
98	812.8	14.0	351	276	2,800,000	2,800,000	28.20	28.20	6,900	6,900	8,934	8,934	560,616	-
99	812.8	16.0	401	314	3,180,000	3,180,000	28.20	28.20	7,820	7,820	10,160	10,160	635,965	-
100	812.8	19.0	474	372	3,730,000	3,730,000	28.10	28.10	9,190	9,190	11,975	11,975	746,836	-
101	812.8	22.0	547	429	4,280,000	4,280,000	28.00	28.00	10,500	10,500	13,762	13,762	855,162	-
102	914.4	12.0	340	267	3,460,000	3,460,000	31.90	31.90	7,580	7,580	9,772	9,772	692,700	-
103	914.4	14.0	396	311	4,010,000	4,010,000	31.80	31.80	8,780	8,780	11,351	11,351	802,841	-
104	914.4	16.0	452	355	4,560,000	4,560,000	31.80	31.80	9,970	9,970	12,915	12,915	911,500	-
105	914.4	19.0	535	420	5,360,000	5,360,000	31.70	31.70	11,700	11,700	15,235	15,235	1,071,742	-
106	914.4	22.0	617	484	6,160,000	6,160,000	31.50	31.50	13,400	13,400	17,524	17,524	1,228,726	-
107	1,016.0	12.0	379	297	4,770,000	4,770,000	35.50	35.50	9,390	9,390	12,097	12,097	953,969	-
108	1,016.0	14.0	441	346	5,530,000	5,530,000	35.40	35.40	10,900	10,900	14,057	14,057	1,106,383	-
109	1,016.0	16.0	503	395	6,280,000	6,280,000	35.40	35.40	12,400	12,400	16,001	16,001	1,256,958	-
110	1,016.0	19.0	595	467	7,400,000	7,400,000	35.20	35.20	14,600	14,600	18,888	18,888	1,479,403	-
111	1,016.0	22.0	687	539	8,490,000	8,490,000	35.20	35.20	16,700	16,700	21,740	21,740	1,697,791	-

A2 도표를 이용한 부재선정 방법

부재 종류 및 강종 별로 좌굴길이의 설계압축강도를 표에 정리하였다.

강종별 두께에 따라 변하는 항복강도를 반영하여 설계압축강도를 산정하였다.

<예시> 좌굴길이 6.0m의 설계압축강도가 작용계수하중 $P_u = 8,648.2\,kN$이 작용할 경우, 해당하는 부재를 찾는다.

<예시> H ; SHN355

번호	부재 치수	단위중량	허용 계수 축하중 ; $P_u = \phi_c P_n$ (kN)															비고
		(kg/m)	2.0m	2.5m	3.0m	3.5m	4.0m	4.5m	5.0m	5.5m	6.0m	6.5m	7.0m	7.5m	8.0m	8.5m	9.0m	
47	H 388x402x15/15	178.50	5,525	5,429	5,313	5,178	5,028	4,862	4,684	4,494	4,295	4,089	3,877	3,662	3,445	3,228	3,013	
48	H 394x398x11/18	186.80	5,787	5,695	5,589	5,474	5,334	5,177	5,007	4,825	4,634	4,435	4,230	4,019	3,806	3,592	3,378	
49	H 394x405x18/18	214.40	6,642	6,528	6,392	6,234	6,056	5,861	5,651	5,427	5,192	4,948	4,698	4,443	4,185	3,928	3,672	
50	H 400x400x13/21	218.70	6,781	6,678	6,559	6,411	6,244	6,061	5,862	5,649	5,426	5,192	4,952	4,706	4,456	4,205	3,955	
51	H 400x408x21/21	250.70	7,772	7,641	7,484	7,303	7,099	6,875	6,634	6,376	6,105	5,824	5,535	5,241	4,943	4,645	4,348	
52	H 406x403x16/24	254.90	7,911	7,794	7,645	7,472	7,278	7,064	6,832	6,584	6,324	6,052	5,771	5,485	5,194	4,901	4,609	
53	H 414x405x18/28	295.40	9,177	9,040	8,871	8,674	8,453	8,209	7,945	7,662	7,365	7,054	6,734	6,405	6,072	5,737	5,401	
54	H 428x407x20/35	360.70	11,223	11,057	10,857	10,626	10,365	10,077	9,765	9,431	9,078	8,710	8,329	7,938	7,540	7,139	6,737	
55	H 442x413x26/42	444.20	13,828	13,627	13,385	13,106	12,790	12,441	12,063	11,658	11,230	10,783	10,320	9,845	9,361	8,872	8,381	
56	H 452x416x29/47	499.00	15,541	15,320	15,053	14,744	14,396	14,011	13,592	13,145	12,671	12,176	11,663	11,135	10,598	10,055	9,509	
57	H 458x417x30/50	528.60	16,471	16,241	15,963	15,642	15,279	14,878	14,442	13,974	13,480	12,963	12,426	11,875	11,312	10,743	10,170	
58	H 462x419x32/52	554.50	17,278	17,036	16,745	16,408	16,027	15,606	15,149	14,659	14,141	13,598	13,035	12,457	11,867	11,269	10,668	
59	H 472x422x35/57	610.50	19,032	18,770	18,456	18,091	17,679	17,223	16,727	16,196	15,634	15,045	14,433	13,804	13,162	12,511	11,856	
60	H 484x426x39/63	680.50	21,223	20,937	20,593	20,193	19,741	19,241	18,698	18,115	17,497	16,849	16,177	15,484	14,777	14,059	13,336	
61	H 498x432x45/70	770.10	24,039	23,726	23,349	22,912	22,417	21,870	21,274	20,634	19,955	19,242	18,501	17,737	16,955	16,160	15,358	

53) $H-414\times40\times18\times28 \rightarrow \phi_c P_n = 7,365\,kN \;<\; P_u = 8,648.2\,kN \;...N.G$

54) $H-428\times407\times20\times35 \rightarrow \phi_c P_n = 9,078\,kN \;>\; P_u = 8,648.2\,kN \;...O.K$

위와 같이 53번 부재는 내력이 약간 부족하고 54번 부재는 여유내력이 충분함을 알 수 있다.

A2.1 H-형강의 설계압축강도 표 (하중저항계수설계법) : KDS 14 31 10 ; 2017

SHN355

$E = 210,000\,MPa,\ G = 81,000\,MPa,\ \phi_c = 0.9 \quad : KL_x = KL_y$

번호	부재 치수	단면적	허용 계수 축하중 ; $P_u = \phi_c P_n$ (kN)															비고
		(cm^2)	2.0m	2.5m	3.0m	3.5m	4.0m	4.5m	5.0m	5.5m	6.0m	6.5m	7.0m	7.5m	8.0m	8.5m	9.0m	
1	H-100x50x5x7	11.9	61	-	-	-	-	-	-	-	-	-	-	-	-	-	-	
2	H-100x100x6x8	21.9	437	336	243	178	137	108	-	-	-	-	-	-	-	-	-	
3	H-125x60x6x8	16.8	120	77	-	-	-	-	-	-	-	-	-	-	-	-	-	
4	H-125x125x6.5x9	30.3	720	609	497	391	300	237	192	159	133	-	-	-	-	-	-	
5	H-150x75x5x7	17.9	201	129	89	-	-	-	-	-	-	-	-	-	-	-	-	
6	H-148x100x6x9	26.8	515	386	274	201	154	122	-	-	-	-	-	-	-	-	-	
7	H-150x150x7x10	40.1	1,046	933	811	687	567	456	369	305	257	219	188	164	-	-	-	
8	H-175x90x5x8	23.0	375	256	178	131	100	-	-	-	-	-	-	-	-	-	-	
9	H-175x175x7.5x11	51.2	1,409	1,295	1,169	1,035	900	768	643	531	446	380	328	286	251	222	-	
10	H-198x99x4.5x7	23.2	412	296	206	151	116	-	-	-	-	-	-	-	-	-	-	
11	H-200x100x5.5x8	27.2	485	350	243	179	137	-	-	-	-	-	-	-	-	-	-	
12	H-194x150x6x9	39.0	1,000	884	760	635	517	411	333	275	231	197	170	-	-	-	-	
13	H-200x200x8x12	63.5	1,811	1,699	1,571	1,433	1,288	1,141	997	858	728	620	535	466	409	363	323	
14	H-200x204x12x12	71.5	2,026	1,893	1,743	1,581	1,412	1,242	1,077	919	774	660	569	495	435	386	344	
15	H-208x202x10x16	83.7	2,398	2,255	2,093	1,915	1,729	1,540	1,353	1,173	1,001	853	735	641	563	499	445	
16	H-248x124x5x8	32.7	722	587	456	340	260	206	166	138	-	-	-	-	-	-	-	
17	H-250x125x6x9	37.7	832	677	525	391	300	237	192	159	-	-	-	-	-	-	-	
18	H-244x175x7x11	56.2	1,525	1,390	1,242	1,087	932	783	643	531	447	380	328	286	251	-	-	
19	H-244x252x11x11	82.1	2,420	2,313	2,189	2,051	1,902	1,747	1,588	1,430	1,274	1,124	980	853	750	664	593	
20	H-248x249x8x13	84.7	2,517	2,416	2,299	2,167	2,025	1,875	1,720	1,564	1,409	1,259	1,114	975	857	759	677	
21	H-250x250x9x14	92.2	2,739	2,630	2,502	2,359	2,204	2,041	1,872	1,702	1,534	1,370	1,212	1,061	932	826	737	
22	H-250x255x14x14	104.7	3,096	2,964	2,811	2,640	2,455	2,262	2,063	1,864	1,668	1,478	1,296	1,129	993	879	784	
23	H-298x149x5.5x8	40.8	978	855	718	579	452	357	289	239	201	171	-	-	-	-	-	
24	H-300x150x6.5x9	46.8	1,147	988	823	664	518	409	331	274	230	196	-	-	-	-	-	
25	H-294x200x8x12	72.4	2,032	1,890	1,729	1,557	1,379	1,202	1,031	868	730	622	536	467	410	364	324	
26	H-298x201x9x14	83.4	2,348	2,187	2,006	1,811	1,609	1,407	1,212	1,026	862	734	633	552	485	429	383	
27	H-294x302x12x12	107.7	3,254	3,153	3,034	2,899	2,751	2,592	2,426	2,254	2,080	1,906	1,734	1,567	1,406	1,250	1,115	
28	H-298x299x9x14	110.8	3,359	3,269	3,156	3,028	2,887	2,735	2,574	2,408	2,237	2,066	1,896	1,728	1,566	1,410	1,259	
29	H-300x300x10x15	119.8	3,635	3,535	3,414	3,276	3,123	2,959	2,786	2,606	2,422	2,237	2,053	1,872	1,697	1,528	1,365	
30	H-300x305x15x15	134.8	4,079	3,956	3,811	3,646	3,465	3,270	3,065	2,854	2,639	2,424	2,212	2,004	1,803	1,609	1,435	
31	H-304x301x11x17	134.8	4,097	3,983	3,848	3,695	3,526	3,343	3,150	2,950	2,745	2,539	2,333	2,131	1,934	1,744	1,560	
32	H-310x305x15x20	165.3	5,024	4,884	4,719	4,531	4,323	4,099	3,863	3,617	3,366	3,113	2,861	2,613	2,372	2,139	1,913	
33	H-310x310x20x20	180.8	5,485	5,327	5,141	4,929	4,695	4,444	4,179	3,904	3,624	3,342	3,062	2,788	2,522	2,266	2,021	

A2.1 H-형강의 설계압축강도 표 (하중저항계수설계법) : KDS 14 31 10 ; 2017

SHN355

$E = 210{,}000\,MPa,\ G = 81{,}000\,MPa,\ \phi_c = 0.9 \quad : KL_x = KL_y$

번호	부재 치수	단면적	허용 계수 축하중 ; $P_u = \phi_c P_n$ (kN)															비고
		(cm^2)	2.0m	2.5m	3.0m	3.5m	4.0m	4.5m	5.0m	5.5m	6.0m	6.5m	7.0m	7.5m	8.0m	8.5m	9.0m	
34	H-346x174x6x9	52.7	1,329	1,212	1,079	936	786	641	519	429	360	307	265	231	-	-	-	
35	H-350x175x7x11	63.1	1,652	1,506	1,334	1,149	967	796	645	533	448	381	329	287	-	-	-	
36	H-354x176x8x13	73.7	1,970	1,782	1,576	1,363	1,154	954	775	641	538	459	396	345	303	-	-	
37	H-336x249x8x12	88.2	2,595	2,478	2,343	2,192	2,030	1,861	1,689	1,517	1,349	1,187	1,031	898	790	700	624	
38	H-340x250x9x14	101.5	2,995	2,863	2,711	2,541	2,358	2,167	1,971	1,776	1,583	1,398	1,220	1,063	934	827	738	
39	H-338x351x13x13	135.3	4,148	4,053	3,939	3,809	3,664	3,507	3,339	3,163	2,980	2,794	2,606	2,418	2,232	2,049	1,872	
40	H-344x348x10x16	146.0	4,483	4,393	4,290	4,162	4,020	3,864	3,697	3,521	3,338	3,149	2,957	2,765	2,572	2,382	2,196	
41	H-344x354x16x16	166.6	5,112	4,998	4,861	4,704	4,529	4,339	4,136	3,923	3,702	3,476	3,247	3,018	2,791	2,568	2,351	
42	H-350x350x12x19	173.9	5,347	5,246	5,116	4,966	4,798	4,614	4,417	4,210	3,993	3,771	3,544	3,316	3,089	2,864	2,643	
43	H-350x357x19x19	198.4	6,094	5,960	5,801	5,618	5,414	5,192	4,955	4,705	4,446	4,180	3,911	3,642	3,374	3,111	2,854	
44	H-396x199x7x11	72.2	1,907	1,780	1,633	1,471	1,299	1,119	944	783	658	561	484	421	370	328	-	
45	H-400x200x8x13	84.1	2,291	2,138	1,960	1,755	1,541	1,329	1,127	938	788	671	579	504	443	393	350	
46	H-390x300x10x16	136.0	4,116	3,993	3,847	3,682	3,500	3,304	3,098	2,886	2,670	2,454	2,240	2,030	1,828	1,632	1,456	
47	H-388x402x15x15	178.5	5,525	5,429	5,313	5,178	5,028	4,862	4,684	4,494	4,295	4,089	3,877	3,662	3,445	3,228	3,013	
48	H-394x398x11x18	186.8	5,787	5,695	5,589	5,474	5,334	5,177	5,007	4,825	4,634	4,435	4,230	4,019	3,806	3,592	3,378	
49	H-394x405x18x18	214.4	6,642	6,528	6,392	6,234	6,056	5,861	5,651	5,427	5,192	4,948	4,698	4,443	4,185	3,928	3,672	
50	H-400x400x13x21	218.7	6,781	6,678	6,559	6,411	6,244	6,061	5,862	5,649	5,426	5,192	4,952	4,706	4,456	4,205	3,955	
51	H-400x408x21x21	250.7	7,772	7,641	7,484	7,303	7,099	6,875	6,634	6,376	6,105	5,824	5,535	5,241	4,943	4,645	4,348	
52	H-406x403x16x24	254.9	7,911	7,794	7,645	7,472	7,278	7,064	6,832	6,584	6,324	6,052	5,771	5,485	5,194	4,901	4,609	
53	H-414x405x18x28	295.4	9,177	9,040	8,871	8,674	8,453	8,209	7,945	7,662	7,365	7,054	6,734	6,405	6,072	5,737	5,401	
54	H-428x407x20x35	360.7	11,223	11,057	10,857	10,626	10,365	10,077	9,765	9,431	9,078	8,710	8,329	7,938	7,540	7,139	6,737	
55	H-442x413x26x42	444.2	13,828	13,627	13,385	13,106	12,790	12,441	12,063	11,658	11,230	10,783	10,320	9,845	9,361	8,872	8,381	
56	H-452x416x29x47	499.0	15,541	15,320	15,053	14,744	14,396	14,011	13,592	13,145	12,671	12,176	11,663	11,135	10,598	10,055	9,509	
57	H-458x417x30x50	528.6	16,471	16,241	15,963	15,642	15,279	14,878	14,442	13,974	13,480	12,963	12,426	11,875	11,312	10,743	10,170	
58	H-462x419x32x52	554.5	17,278	17,036	16,745	16,408	16,027	15,606	15,149	14,659	14,141	13,598	13,035	12,457	11,867	11,269	10,668	
59	H-472x422x35x57	610.5	19,032	18,770	18,456	18,091	17,679	17,223	16,727	16,196	15,634	15,045	14,433	13,804	13,162	12,511	11,856	
60	H-484x426x39x63	680.5	21,223	20,937	20,593	20,193	19,741	19,241	18,698	18,115	17,497	16,849	16,177	15,484	14,777	14,059	13,336	
61	H-498x432x45x70	770.1	24,039	23,726	23,349	22,912	22,417	21,870	21,274	20,634	19,955	19,242	18,501	17,737	16,955	16,160	15,358	
62	H-446x199x8x12	84.3	2,204	2,049	1,870	1,672	1,461	1,242	1,034	855	718	612	528	460	404	358	-	
63	H-450x200x9x14	96.8	2,608	2,424	2,212	1,964	1,709	1,461	1,225	1,013	851	725	625	545	479	424	-	
64	H-434x299x10x15	135.0	4,071	3,940	3,787	3,613	3,422	3,218	3,004	2,785	2,562	2,341	2,123	1,912	1,709	1,515	1,351	
65	H-440x300x11x18	157.4	4,757	4,610	4,437	4,241	4,026	3,795	3,552	3,302	3,048	2,795	2,544	2,300	2,065	1,837	1,639	
66	H-496x199x9x14	101.3	2,643	2,452	2,232	1,989	1,725	1,460	1,209	999	839	715	617	537	472	418	-	

A2.1 H-형강의 설계압축강도 표 (하중저항계수설계법) : KDS 14 31 10 ; 2017

SHN355

$E = 210{,}000\,MPa,\ G = 81{,}000\,MPa,\ \phi_c = 0.9 \quad : KL_x = KL_y$

번호	부재 치수	단면적	허용 계수 축하중 ; $P_u = \phi_c P_n$ (kN)														비고
		(cm^2)	2.0m	2.5m	3.0m	3.5m	4.0m	4.5m	5.0m	5.5m	6.0m	6.5m	7.0m	7.5m	8.0m	8.5m	9.0m	
67	H-500x200x10x16	114.2	3,063	2,842	2,586	2,284	1,979	1,682	1,401	1,158	973	829	715	623	547	485	-	
68	H-506x201x11x19	131.3	3,625	3,339	3,020	2,682	2,338	2,002	1,683	1,394	1,171	998	860	749	659	583	-	
69	H-482x300x11x15	145.5	4,371	4,222	4,047	3,849	3,633	3,402	3,162	2,916	2,669	2,424	2,184	1,953	1,730	1,532	1,367	
70	H-488x300x11x18	163.5	4,930	4,772	4,586	4,376	4,145	3,897	3,639	3,373	3,103	2,835	2,571	2,315	2,070	1,835	1,637	
71	H-596x199x10x15	120.5	3,006	2,778	2,513	2,220	1,909	1,589	1,293	1,069	898	765	660	575	505	-	-	
72	H-600x200x11x17	134.4	3,455	3,192	2,888	2,553	2,185	1,826	1,493	1,234	1,037	883	762	663	583	-	-	
73	H-606x201x12x20	152.5	4,038	3,736	3,386	2,976	2,559	2,156	1,777	1,469	1,234	1,052	907	790	694	-	-	
74	H-612x202x13x23	170.7	4,637	4,285	3,854	3,399	2,941	2,496	2,075	1,715	1,441	1,228	1,059	922	811	718	-	
75	H-582x300x12x17	174.5	5,110	4,949	4,758	4,539	4,295	4,007	3,708	3,404	3,099	2,799	2,507	2,228	1,961	1,737	1,549	
76	H-588x300x12x20	192.5	5,669	5,500	5,298	5,067	4,810	4,514	4,198	3,874	3,548	3,225	2,909	2,604	2,309	2,045	1,824	
77	H-594x302x14x23	222.4	6,690	6,467	6,205	5,909	5,584	5,238	4,877	4,506	4,132	3,761	3,398	3,046	2,707	2,397	2,138	
78	H-692x300x13x20	211.5	6,008	5,822	5,599	5,344	5,059	4,748	4,417	4,064	3,689	3,321	2,965	2,623	2,305	2,042	1,821	
79	H-696x300x13x22	223.5	6,380	6,188	5,959	5,695	5,401	5,081	4,739	4,379	3,991	3,607	3,234	2,877	2,534	2,245	2,002	
80	H-700x300x13x24	235.5	6,753	6,554	6,318	6,046	5,743	5,413	5,060	4,694	4,292	3,893	3,504	3,130	2,767	2,451	2,186	
81	H-702x301x14x25	248.5	7,234	7,018	6,760	6,464	6,134	5,774	5,370	4,947	4,521	4,100	3,689	3,294	2,911	2,579	2,300	
82	H-708x302x15x28	273.6	8,103	7,862	7,574	7,253	6,851	6,421	5,973	5,514	5,051	4,593	4,144	3,711	3,291	2,915	2,600	
83	H-714x303x16x31	298.9	8,998	8,702	8,353	7,958	7,526	7,065	6,582	6,088	5,588	5,092	4,605	4,134	3,680	3,260	2,908	
84	H-792x300x14x22	243.4	6,734	6,524	6,274	5,986	5,663	5,312	4,936	4,541	4,133	3,704	3,290	2,890	2,540	2,250	2,007	
85	H-796x300x14x24	255.4	7,106	6,891	6,633	6,337	6,006	5,644	5,258	4,852	4,432	3,993	3,562	3,148	2,767	2,451	2,186	
86	H-800x300x14x26	267.4	7,478	7,256	6,992	6,687	6,347	5,976	5,578	5,161	4,729	4,280	3,833	3,404	2,995	2,653	2,367	
87	H-802x301x15x27	281.5	7,992	7,751	7,463	7,132	6,762	6,359	5,927	5,475	4,982	4,497	4,025	3,574	3,144	2,785	2,484	
88	H-808x302x16x30	307.6	8,892	8,625	8,306	7,940	7,530	7,084	6,593	6,062	5,531	5,005	4,494	4,002	3,530	3,127	2,789	
89	H-814x303x17x33	333.9	9,809	9,516	9,165	8,763	8,312	7,779	7,224	6,656	6,085	5,520	4,968	4,437	3,923	3,475	3,100	
90	H-890x299x15x23	270.9	7,282	7,049	6,770	6,448	6,087	5,693	5,271	4,827	4,367	3,896	3,430	2,990	2,628	2,328	2,076	
91	H-894x299x15x25	282.8	7,653	7,415	7,130	6,802	6,434	6,032	5,602	5,149	4,680	4,202	3,718	3,254	2,860	2,533	2,260	
92	H-900x300x16x28	309.8	8,564	8,299	7,982	7,616	7,208	6,762	6,284	5,781	5,261	4,714	4,187	3,679	3,233	2,864	2,555	
93	H-906x301x17x31	336.8	9,489	9,197	8,847	8,444	7,994	7,503	6,977	6,420	5,820	5,231	4,661	4,113	3,615	3,202	2,856	
94	H-912x302x18x34	364.0	10,433	10,113	9,729	9,288	8,795	8,258	7,668	7,026	6,384	5,753	5,141	4,556	4,004	3,547	3,164	
95	H-918x303x19x37	391.3	11,392	11,042	10,625	10,144	9,607	8,986	8,316	7,633	6,950	6,277	5,622	4,995	4,397	3,895	3,474	

A2.1 H-형강의 설계압축강도 표 (하중저항계수설계법) : KDS 14 31 10 ; 2017

SHN420

$E = 210{,}000\,MPa,\ G = 81{,}000\,MPa,\ \phi_c = 0.9$: $KL_x = KL_y$

번호	부재 치수	단면적	허용 계수 축하중 ; $P_u = \phi_c P_n$ (kN)															비고
		(cm^2)	2.0m	2.5m	3.0m	3.5m	4.0m	4.5m	5.0m	5.5m	6.0m	6.5m	7.0m	7.5m	8.0m	8.5m	9.0m	
1	H-100x50x5x7	11.9	61	-	-	-	-	-	-	-	-	-	-	-	-	-	-	
2	H-100x100x6x8	21.9	475	347	243	178	137	108	-	-	-	-	-	-	-	-	-	
3	H-125x60x6x8	16.8	120	77	-	-	-	-	-	-	-	-	-	-	-	-	-	
4	H-125x125x6.5x9	30.3	807	662	520	392	300	237	192	159	133	-	-	-	-	-	-	
5	H-150x75x5x7	17.9	201	129	89	-	-	-	-	-	-	-	-	-	-	-	-	
6	H-148x100x6x9	26.8	555	395	274	201	154	122	-	-	-	-	-	-	-	-	-	
7	H-150x150x7x10	40.1	1,192	1,041	882	725	577	456	369	305	257	219	188	164	-	-	-	
8	H-175x90x5x8	23.0	392	256	178	131	100	-	-	-	-	-	-	-	-	-	-	
9	H-175x175x7.5x11	51.2	1,622	1,468	1,300	1,126	954	791	643	531	446	380	328	286	251	222	-	
10	H-198x99x4.5x7	23.2	437	296	206	151	116	-	-	-	-	-	-	-	-	-	-	
11	H-200x100x5.5x8	27.2	516	350	243	179	137	-	-	-	-	-	-	-	-	-	-	
12	H-194x150x6x9	39.0	1,137	982	821	664	520	411	333	275	231	197	170	-	-	-	-	
13	H-200x200x8x12	63.5	2,099	1,946	1,774	1,590	1,402	1,215	1,035	866	728	620	535	466	409	363	323	
14	H-200x204x12x12	71.5	2,345	2,164	1,962	1,748	1,529	1,315	1,110	921	774	660	569	495	435	386	344	
15	H-208x202x10x16	83.7	2,781	2,586	2,367	2,132	1,889	1,647	1,413	1,191	1,001	853	735	641	563	499	445	
16	H-248x124x5x8	32.7	798	625	462	340	260	206	166	138	-	-	-	-	-	-	-	
17	H-250x125x6x9	37.7	921	720	533	391	300	237	192	159	-	-	-	-	-	-	-	
18	H-244x175x7x11	56.2	1,751	1,570	1,373	1,173	978	794	643	531	447	380	328	286	251	-	-	
19	H-244x252x11x11	82.1	2,821	2,675	2,506	2,320	2,122	1,919	1,714	1,514	1,321	1,136	980	853	750	664	593	
20	H-248x249x8x13	84.7	2,939	2,800	2,640	2,462	2,272	2,074	1,873	1,674	1,480	1,294	1,119	975	857	759	677	
21	H-250x250x9x14	92.2	3,198	3,047	2,873	2,680	2,473	2,257	2,039	1,822	1,610	1,409	1,218	1,061	932	826	737	
22	H-250x255x14x14	104.7	3,612	3,431	3,221	2,991	2,745	2,491	2,234	1,982	1,737	1,504	1,296	1,129	993	879	784	
23	H-298x149x5.5x8	40.8	1,093	934	762	590	452	357	289	239	201	171	-	-	-	-	-	
24	H-300x150x6.5x9	46.8	1,288	1,084	874	676	518	409	331	274	230	196	-	-	-	-	-	
25	H-294x200x8x12	72.4	2,348	2,154	1,939	1,713	1,484	1,261	1,051	868	730	622	536	467	410	364	324	
26	H-298x201x9x14	83.4	2,715	2,496	2,253	1,996	1,735	1,481	1,241	1,026	862	734	633	552	485	429	383	
27	H-294x302x12x12	107.7	3,805	3,666	3,504	3,320	3,121	2,909	2,690	2,466	2,243	2,023	1,809	1,605	1,411	1,250	1,115	
28	H-298x299x9x14	110.8	3,936	3,812	3,657	3,482	3,290	3,086	2,873	2,654	2,434	2,215	2,001	1,793	1,593	1,411	1,259	
29	H-300x300x10x15	119.8	4,260	4,122	3,955	3,767	3,560	3,340	3,109	2,873	2,635	2,399	2,167	1,943	1,727	1,530	1,365	
30	H-300x305x15x15	134.8	4,778	4,608	4,408	4,184	3,939	3,678	3,408	3,132	2,855	2,582	2,316	2,061	1,816	1,609	1,435	
31	H-304x301x11x17	134.8	4,803	4,645	4,460	4,250	4,021	3,776	3,520	3,256	2,991	2,726	2,467	2,216	1,975	1,749	1,560	
32	H-310x305x15x20	165.3	5,889	5,696	5,469	5,212	4,931	4,630	4,316	3,993	3,667	3,343	3,025	2,718	2,421	2,145	1,913	
33	H-310x310x20x20	180.8	6,428	6,210	5,954	5,665	5,348	5,011	4,659	4,299	3,937	3,577	3,226	2,887	2,558	2,266	2,021	

A2.1 H-형강의 설계압축강도 표 (하중저항계수설계법) : KDS 14 31 10 ; 2017

SHN420

$E = 210,000\,MPa,\ G = 81,000\,MPa,\ \phi_c = 0.9\quad : KL_x = KL_y$

번호	부재 치수	단면적	허용 계수 축하중 ; $P_u = \phi_c P_n$ (kN)															비고
		(cm^2)	2.0m	2.5m	3.0m	3.5m	4.0m	4.5m	5.0m	5.5m	6.0m	6.5m	7.0m	7.5m	8.0m	8.5m	9.0m	
34	H-346x174x6x9	52.7	1,503	1,349	1,176	993	808	641	519	429	360	307	265	231	-	-	-	
35	H-350x175x7x11	63.1	1,868	1,676	1,461	1,226	1,000	796	645	533	448	381	329	287	-	-	-	
36	H-354x176x8x13	73.7	2,247	2,003	1,733	1,460	1,198	957	775	641	538	459	396	345	303	-	-	
37	H-336x249x8x12	88.2	3,025	2,864	2,680	2,477	2,262	2,041	1,820	1,602	1,394	1,196	1,031	898	790	700	624	
38	H-340x250x9x14	101.5	3,492	3,311	3,104	2,875	2,632	2,381	2,129	1,881	1,643	1,415	1,220	1,063	934	827	738	
39	H-338x351x13x13	135.3	4,723	4,599	4,452	4,284	4,098	3,897	3,684	3,462	3,234	3,003	2,773	2,545	2,322	2,106	1,896	
40	H-344x348x10x16	146.0	5,266	5,140	4,999	4,823	4,628	4,417	4,192	3,956	3,714	3,467	3,219	2,972	2,729	2,492	2,264	
41	H-344x354x16x16	166.6	6,004	5,845	5,656	5,441	5,203	4,945	4,673	4,389	4,098	3,803	3,509	3,218	2,934	2,659	2,391	
42	H-350x350x12x19	173.9	6,282	6,142	5,962	5,755	5,526	5,276	5,011	4,734	4,447	4,156	3,862	3,570	3,282	3,001	2,729	
43	H-350x357x19x19	198.4	7,158	6,973	6,753	6,502	6,223	5,923	5,604	5,271	4,929	4,583	4,236	3,893	3,557	3,230	2,916	
44	H-396x199x7x11	72.2	2,171	2,003	1,811	1,601	1,382	1,159	948	783	658	561	484	421	370	328	-	
45	H-400x200x8x13	84.1	2,608	2,405	2,173	1,921	1,646	1,382	1,135	938	788	671	579	504	443	393	350	
46	H-390x300x10x16	136.0	4,822	4,651	4,451	4,226	3,979	3,718	3,446	3,168	2,889	2,614	2,347	2,090	1,842	1,632	1,456	
47	H-388x402x15x15	178.5	6,320	6,195	6,042	5,867	5,671	5,457	5,227	4,985	4,732	4,472	4,206	3,939	3,672	3,408	3,148	
48	H-394x398x11x18	186.8	6,809	6,680	6,533	6,374	6,181	5,967	5,736	5,491	5,234	4,969	4,698	4,423	4,147	3,872	3,601	
49	H-394x405x18x18	214.4	7,814	7,656	7,466	7,249	7,005	6,739	6,454	6,153	5,839	5,516	5,187	4,855	4,524	4,197	3,875	
50	H-400x400x13x21	218.7	7,979	7,835	7,671	7,466	7,237	6,986	6,715	6,429	6,128	5,818	5,501	5,179	4,856	4,534	4,216	
51	H-400x408x21x21	250.7	9,144	8,962	8,745	8,495	8,216	7,910	7,582	7,235	6,873	6,500	6,120	5,737	5,354	4,974	4,600	
52	H-406x403x16x24	254.9	9,310	9,147	8,941	8,702	8,435	8,142	7,827	7,493	7,143	6,781	6,411	6,036	5,659	5,284	4,913	
53	H-414x405x18x28	295.4	10,802	10,611	10,376	10,105	9,801	9,467	9,107	8,726	8,326	7,913	7,489	7,059	6,627	6,196	5,769	
54	H-428x407x20x35	360.7	13,213	12,982	12,705	12,386	12,027	11,633	11,207	10,755	10,281	9,789	9,285	8,771	8,254	7,737	7,224	
55	H-442x413x26x42	444.2	16,282	16,003	15,668	15,281	14,846	14,369	13,853	13,305	12,729	12,131	11,518	10,893	10,262	9,631	9,004	
56	H-452x416x29x47	499.0	18,301	17,993	17,623	17,196	16,716	16,188	15,618	15,011	14,374	13,711	13,030	12,336	11,635	10,933	10,234	
57	H-458x417x30x50	528.6	19,398	19,077	18,692	18,248	17,748	17,198	16,603	15,970	15,304	14,611	13,899	13,172	12,437	11,700	10,965	
58	H-462x419x32x52	554.5	20,348	20,012	19,608	19,142	18,617	18,040	17,416	16,752	16,053	15,327	14,580	13,817	13,046	12,273	11,502	
59	H-472x422x35x57	610.5	22,415	22,052	21,615	21,110	20,542	19,917	19,241	18,520	17,762	16,973	16,160	15,330	14,490	13,646	12,805	
60	H-484x426x39x63	680.5	24,999	24,600	24,122	23,569	22,946	22,261	21,518	20,727	19,893	19,025	18,130	17,216	16,289	15,357	14,428	
61	H-498x432x45x70	770.1	28,319	27,884	27,361	26,756	26,074	25,322	24,507	23,638	22,720	21,763	20,775	19,764	18,737	17,703	16,668	
62	H-446x199x8x12	84.3	2,502	2,298	2,064	1,809	1,543	1,275	1,034	855	718	612	528	460	404	358	-	
63	H-450x200x9x14	96.8	2,961	2,719	2,442	2,139	1,815	1,506	1,226	1,013	851	725	625	545	479	424	-	
64	H-434x299x10x15	135.0	4,733	4,570	4,375	4,138	3,881	3,608	3,327	3,041	2,756	2,476	2,206	1,946	1,710	1,515	1,351	
65	H-440x300x11x18	157.4	5,571	5,368	5,131	4,864	4,573	4,264	3,943	3,617	3,291	2,969	2,657	2,358	2,074	1,837	1,639	
66	H-496x199x9x14	101.3	2,996	2,746	2,459	2,146	1,819	1,492	1,209	999	839	715	617	537	472	418	-	

A2.1 H-형강의 설계압축강도 표 (하중저항계수설계법) : KDS 14 31 10 ; 2017

SHN420

$E = 210,000\,MPa,\ G = 81,000\,MPa,\ \phi_c = 0.9\quad : KL_x = KL_y$

번호	부재 치수	단면적	허용 계수 축하중 ; $P_u = \phi_c P_n$ (kN)															비고
		(cm^2)	2.0m	2.5m	3.0m	3.5m	4.0m	4.5m	5.0m	5.5m	6.0m	6.5m	7.0m	7.5m	8.0m	8.5m	9.0m	
67	H-500x200x10x16	114.2	3,473	3,182	2,848	2,480	2,093	1,727	1,401	1,158	973	829	715	623	547	485	-	
68	H-506x201x11x19	131.3	4,109	3,769	3,364	2,923	2,486	2,069	1,686	1,394	1,171	998	860	749	659	583	-	
69	H-482x300x11x15	145.5	5,054	4,872	4,657	4,399	4,108	3,802	3,486	3,168	2,853	2,545	2,251	1,968	1,730	1,532	1,367	
70	H-488x300x11x18	163.5	5,710	5,514	5,283	5,011	4,700	4,370	4,029	3,683	3,338	2,999	2,672	2,357	2,071	1,835	1,637	
71	H-596x199x10x15	120.5	3,397	3,098	2,754	2,379	1,987	1,597	1,293	1,069	898	765	660	575	505	-	-	
72	H-600x200x11x17	134.4	3,904	3,561	3,167	2,737	2,284	1,843	1,493	1,234	1,037	883	762	663	583	-	-	
73	H-606x201x12x20	152.5	4,567	4,172	3,718	3,216	2,690	2,194	1,777	1,469	1,234	1,052	907	790	694	-	-	
74	H-612x202x13x23	170.7	5,250	4,801	4,278	3,688	3,108	2,560	2,075	1,715	1,441	1,228	1,059	922	811	718	-	
75	H-582x300x12x17	174.5	5,874	5,660	5,406	5,116	4,796	4,450	4,072	3,680	3,293	2,919	2,561	2,231	1,961	1,737	1,549	
76	H-588x300x12x20	192.5	6,531	6,305	6,036	5,730	5,390	5,024	4,631	4,212	3,796	3,390	3,001	2,627	2,309	2,045	1,824	
77	H-594x302x14x23	222.4	7,788	7,521	7,161	6,758	6,322	5,861	5,385	4,904	4,427	3,960	3,512	3,079	2,707	2,397	2,138	
78	H-692x300x13x20	211.5	6,898	6,650	6,356	6,019	5,645	5,241	4,813	4,368	3,907	3,450	3,011	2,623	2,305	2,042	1,821	
79	H-696x300x13x22	223.5	7,336	7,079	6,774	6,426	6,040	5,622	5,179	4,719	4,244	3,766	3,310	2,883	2,534	2,245	2,002	
80	H-700x300x13x24	235.5	7,773	7,508	7,193	6,833	6,434	6,002	5,545	5,069	4,582	4,083	3,604	3,148	2,767	2,451	2,186	
81	H-702x301x14x25	248.5	8,322	8,033	7,691	7,299	6,865	6,395	5,898	5,367	4,825	4,298	3,793	3,312	2,911	2,579	2,300	
82	H-708x302x15x28	273.6	9,324	9,003	8,621	8,185	7,701	7,180	6,591	5,996	5,405	4,830	4,276	3,745	3,291	2,915	2,600	
83	H-714x303x16x31	298.9	10,347	9,992	9,570	9,088	8,524	7,909	7,275	6,632	5,994	5,369	4,767	4,187	3,680	3,260	2,908	
84	H-792x300x14x22	243.4	7,720	7,442	7,111	6,731	6,310	5,852	5,367	4,862	4,347	3,825	3,318	2,890	2,540	2,250	2,007	
85	H-796x300x14x24	255.4	8,157	7,870	7,529	7,138	6,704	6,233	5,734	5,214	4,682	4,145	3,614	3,148	2,767	2,451	2,186	
86	H-800x300x14x26	267.4	8,594	8,299	7,947	7,544	7,097	6,612	6,098	5,563	5,015	4,462	3,912	3,408	2,995	2,653	2,367	
87	H-802x301x15x27	281.5	9,178	8,857	8,475	8,038	7,553	7,027	6,470	5,890	5,290	4,686	4,106	3,577	3,144	2,785	2,484	
88	H-808x302x16x30	307.6	10,214	9,859	9,436	8,953	8,416	7,835	7,218	6,565	5,889	5,233	4,607	4,016	3,530	3,127	2,789	
89	H-814x303x17x33	333.9	11,272	10,881	10,417	9,886	9,296	8,658	7,958	7,223	6,496	5,788	5,111	4,464	3,923	3,475	3,100	
90	H-890x299x15x23	270.9	8,331	8,022	7,654	7,232	6,761	6,250	5,707	5,141	4,562	3,980	3,432	2,990	2,628	2,328	2,076	
91	H-894x299x15x25	282.8	8,767	8,451	8,074	7,642	7,162	6,640	6,085	5,506	4,914	4,320	3,735	3,254	2,860	2,533	2,260	
92	H-900x300x16x28	309.8	9,814	9,462	9,043	8,562	8,028	7,448	6,832	6,190	5,534	4,869	4,223	3,679	3,233	2,864	2,555	
93	H-906x301x17x31	336.8	10,877	10,489	10,027	9,498	8,909	8,270	7,592	6,886	6,153	5,423	4,722	4,113	3,615	3,202	2,856	
94	H-912x302x18x34	364.0	11,963	11,538	11,031	10,451	9,806	9,108	8,366	7,580	6,768	5,983	5,230	4,556	4,004	3,547	3,164	
95	H-918x303x19x37	391.3	13,066	12,602	12,050	11,418	10,716	9,956	9,131	8,251	7,385	6,546	5,743	5,002	4,397	3,895	3,474	

A2.1 H-형강의 설계압축강도 표 (하중저항계수설계법) : KDS 14 31 10 ; 2017

SHN460

$E = 210{,}000\,MPa,\ G = 81{,}000\,MPa,\ \phi_c = 0.9 \quad : KL_x = KL_y$

번호	부재 치수	단면적	허용 계수 축하중 ; $P_u = \phi_c P_n$ (kN)															비고
		(cm^2)	2.0m	2.5m	3.0m	3.5m	4.0m	4.5m	5.0m	5.5m	6.0m	6.5m	7.0m	7.5m	8.0m	8.5m	9.0m	
1	H-100x50x5x7	11.9	61	-	-	-	-	-	-	-	-	-	-	-	-	-	-	
2	H-100x100x6x8	21.9	493	350	243	178	137	108	-	-	-	-	-	-	-	-	-	
3	H-125x60x6x8	16.8	120	77	-	-	-	-	-	-	-	-	-	-	-	-	-	
4	H-125x125x6.5x9	30.3	855	688	529	392	300	237	192	159	133	-	-	-	-	-	-	
5	H-150x75x5x7	17.9	201	129	89	-	-	-	-	-	-	-	-	-	-	-	-	
6	H-148x100x6x9	26.8	573	395	274	201	154	122	-	-	-	-	-	-	-	-	-	
7	H-150x150x7x10	40.1	1,276	1,100	917	740	577	456	369	305	257	219	188	164	-	-	-	
8	H-175x90x5x8	23.0	397	256	178	131	100	-	-	-	-	-	-	-	-	-	-	
9	H-175x175x7.5x11	51.2	1,747	1,566	1,371	1,172	977	794	643	531	446	380	328	286	251	222	-	
10	H-198x99x4.5x7	23.2	448	296	206	151	116	-	-	-	-	-	-	-	-	-	-	
11	H-200x100x5.5x8	27.2	529	350	243	179	137	-	-	-	-	-	-	-	-	-	-	
12	H-194x150x6x9	39.0	1,214	1,034	850	674	520	411	333	275	231	197	170	-	-	-	-	
13	H-200x200x8x12	63.5	2,270	2,089	1,888	1,674	1,458	1,247	1,047	866	728	620	535	466	409	363	323	
14	H-200x204x12x12	71.5	2,534	2,321	2,085	1,836	1,586	1,344	1,115	921	774	660	569	495	435	386	344	
15	H-208x202x10x16	83.7	3,009	2,779	2,522	2,248	1,970	1,695	1,434	1,191	1,001	853	735	641	563	499	445	
16	H-248x124x5x8	32.7	836	642	462	340	260	206	166	138	-	-	-	-	-	-	-	
17	H-250x125x6x9	37.7	967	740	533	391	300	237	192	159	-	-	-	-	-	-	-	
18	H-244x175x7x11	56.2	1,882	1,670	1,443	1,214	995	794	643	531	447	380	328	286	251	-	-	
19	H-244x252x11x11	82.1	3,062	2,888	2,689	2,471	2,242	2,008	1,775	1,548	1,334	1,136	980	853	750	664	593	
20	H-248x249x8x13	84.7	3,192	3,028	2,839	2,630	2,408	2,180	1,950	1,724	1,506	1,298	1,119	975	857	759	677	
21	H-250x250x9x14	92.2	3,474	3,295	3,089	2,862	2,621	2,372	2,122	1,876	1,639	1,412	1,218	1,061	932	826	737	
22	H-250x255x14x14	104.7	3,921	3,706	3,460	3,189	2,903	2,610	2,317	2,032	1,759	1,504	1,296	1,129	993	879	784	
23	H-298x149x5.5x8	40.8	1,157	975	780	590	452	357	289	239	201	171	-	-	-	-	-	
24	H-300x150x6.5x9	46.8	1,363	1,133	895	676	518	409	331	274	230	196	-	-	-	-	-	
25	H-294x200x8x12	72.4	2,534	2,307	2,056	1,794	1,533	1,283	1,051	868	730	622	536	467	410	364	324	
26	H-298x201x9x14	83.4	2,931	2,674	2,390	2,093	1,796	1,510	1,241	1,026	862	734	633	552	485	429	383	
27	H-294x302x12x12	107.7	4,067	3,908	3,722	3,513	3,287	3,048	2,802	2,553	2,305	2,063	1,830	1,606	1,411	1,250	1,115	
28	H-298x299x9x14	110.8	4,286	4,137	3,954	3,747	3,522	3,283	3,036	2,783	2,531	2,283	2,042	1,812	1,593	1,411	1,259	
29	H-300x300x10x15	119.8	4,639	4,475	4,276	4,054	3,811	3,553	3,286	3,014	2,741	2,473	2,213	1,964	1,727	1,530	1,365	
30	H-300x305x15x15	134.8	5,201	4,999	4,762	4,497	4,209	3,906	3,592	3,275	2,959	2,650	2,353	2,066	1,816	1,609	1,435	
31	H-304x301x11x17	134.8	5,230	5,043	4,823	4,576	4,306	4,019	3,721	3,418	3,113	2,813	2,522	2,242	1,975	1,749	1,560	
32	H-310x305x15x20	165.3	6,414	6,184	5,914	5,611	5,280	4,928	4,563	4,191	3,818	3,450	3,092	2,750	2,421	2,145	1,913	
33	H-310x310x20x20	180.8	6,999	6,740	6,436	6,094	5,723	5,329	4,920	4,505	4,091	3,684	3,289	2,911	2,558	2,266	2,021	

A2.1 H-형강의 설계압축강도 표 (하중저항계수설계법) : KDS 14 31 10 ; 2017

SHN460

$E = 210,000\,MPa,\ G = 81,000\,MPa,\ \phi_c = 0.9 \quad : KL_x = KL_y$

번호	부재 치수	단면적	허용 계수 축하중 ; $P_u = \phi_c P_n$ (kN)															비고
		(cm^2)	2.0m	2.5m	3.0m	3.5m	4.0m	4.5m	5.0m	5.5m	6.0m	6.5m	7.0m	7.5m	8.0m	8.5m	9.0m	
34	H-346x174x6x9	52.7	1,603	1,425	1,227	1,019	811	641	519	429	360	307	265	231	-	-	-	
35	H-350x175x7x11	63.1	1,993	1,770	1,523	1,261	1,007	796	645	533	448	381	329	287	-	-	-	
36	H-354x176x8x13	73.7	2,397	2,126	1,814	1,503	1,210	957	775	641	538	459	396	345	303	-	-	
37	H-336x249x8x12	88.2	3,272	3,092	2,875	2,638	2,388	2,134	1,881	1,637	1,404	1,196	1,031	898	790	700	624	
38	H-340x250x9x14	101.5	3,790	3,576	3,331	3,063	2,781	2,492	2,204	1,925	1,660	1,415	1,220	1,063	934	827	738	
39	H-338x351x13x13	135.3	5,044	4,903	4,735	4,543	4,332	4,105	3,865	3,616	3,362	3,105	2,851	2,600	2,357	2,123	1,896	
40	H-344x348x10x16	146.0	5,741	5,592	5,423	5,215	4,984	4,736	4,472	4,198	3,917	3,633	3,349	3,069	2,795	2,531	2,273	
41	H-344x354x16x16	166.6	6,546	6,356	6,132	5,877	5,596	5,293	4,975	4,645	4,308	3,970	3,635	3,306	2,988	2,681	2,391	
42	H-350x350x12x19	173.9	6,851	6,683	6,469	6,224	5,952	5,659	5,349	5,025	4,693	4,357	4,021	3,689	3,364	3,050	2,745	
43	H-350x357x19x19	198.4	7,805	7,584	7,322	7,025	6,696	6,343	5,969	5,582	5,187	4,789	4,394	4,005	3,628	3,265	2,916	
44	H-396x199x7x11	72.2	2,326	2,131	1,909	1,668	1,419	1,170	948	783	658	561	484	421	370	328	-	
45	H-400x200x8x13	84.1	2,794	2,558	2,290	2,000	1,693	1,398	1,135	938	788	671	579	504	443	393	350	
46	H-390x300x10x16	136.0	5,249	5,046	4,809	4,542	4,253	3,948	3,633	3,313	2,996	2,685	2,385	2,096	1,842	1,632	1,456	
47	H-388x402x15x15	178.5	6,758	6,614	6,439	6,239	6,016	5,773	5,513	5,239	4,955	4,663	4,368	4,071	3,776	3,485	3,201	
48	H-394x398x11x18	186.8	7,431	7,277	7,103	6,914	6,685	6,431	6,159	5,871	5,572	5,264	4,950	4,634	4,318	4,005	3,699	
49	H-394x405x18x18	214.4	8,529	8,340	8,114	7,855	7,567	7,253	6,917	6,564	6,198	5,824	5,444	5,064	4,688	4,317	3,956	
50	H-400x400x13x21	218.7	8,710	8,537	8,342	8,098	7,827	7,529	7,211	6,874	6,523	6,163	5,795	5,425	5,055	4,689	4,330	
51	H-400x408x21x21	250.7	9,981	9,764	9,505	9,208	8,877	8,516	8,129	7,723	7,301	6,868	6,430	5,990	5,553	5,123	4,703	
52	H-406x403x16x24	254.9	10,163	9,969	9,722	9,439	9,122	8,776	8,404	8,012	7,603	7,183	6,754	6,323	5,892	5,466	5,047	
53	H-414x405x18x28	295.4	11,794	11,566	11,285	10,962	10,602	10,207	9,783	9,335	8,868	8,386	7,896	7,401	6,906	6,416	5,934	
54	H-428x407x20x35	360.7	14,429	14,153	13,822	13,442	13,016	12,549	12,048	11,516	10,961	10,389	9,803	9,212	8,618	8,029	7,448	
55	H-442x413x26x42	444.2	17,780	17,447	17,047	16,586	16,071	15,505	14,897	14,252	13,578	12,882	12,170	11,448	10,725	10,005	9,294	
56	H-452x416x29x47	499.0	19,987	19,618	19,177	18,669	18,099	17,474	16,801	16,087	15,341	14,568	13,777	12,976	12,170	11,368	10,575	
57	H-458x417x30x50	528.6	21,185	20,802	20,343	19,814	19,220	18,568	17,866	17,121	16,341	15,533	14,705	13,865	13,020	12,177	11,342	
58	H-462x419x32x52	554.5	22,223	21,821	21,340	20,784	20,161	19,478	18,742	17,960	17,141	16,294	15,425	14,544	13,658	12,774	11,898	
59	H-472x422x35x57	610.5	24,482	24,047	23,526	22,925	22,251	21,510	20,712	19,864	18,974	18,053	17,108	16,148	15,182	14,216	13,259	
60	H-484x426x39x63	680.5	27,305	26,829	26,258	25,600	24,860	24,047	23,171	22,239	21,261	20,247	19,206	18,148	17,081	16,014	14,955	
61	H-498x432x45x70	770.1	30,935	30,415	29,791	29,069	28,259	27,368	26,405	25,380	24,304	23,185	22,035	20,862	19,678	18,492	17,311	
62	H-446x199x8x12	84.3	2,677	2,440	2,170	1,879	1,577	1,277	1,034	855	718	612	528	460	404	358	-	
63	H-450x200x9x14	96.8	3,167	2,887	2,567	2,223	1,859	1,513	1,226	1,013	851	725	625	545	479	424	-	
64	H-434x299x10x15	135.0	5,113	4,922	4,696	4,442	4,141	3,824	3,498	3,170	2,846	2,532	2,231	1,946	1,710	1,515	1,351	
65	H-440x300x11x18	157.4	6,063	5,822	5,541	5,226	4,884	4,524	4,153	3,778	3,406	3,043	2,695	2,360	2,074	1,837	1,639	
66	H-496x199x9x14	101.3	3,203	2,913	2,582	2,224	1,856	1,492	1,209	999	839	715	617	537	472	418	-	

A2.1 H-형강의 설계압축강도 표 (하중저항계수설계법) : KDS 14 31 10 ; 2017

SHN460

$E = 210,000\,MPa\,,\ G = 81,000\,MPa,\ \phi_c = 0.9 \quad : KL_x = KL_y$

번호	부재 치수	단면적	허용 계수 축하중 ; $P_u = \phi_c P_n$ (kN)															비고
		(cm^2)	2.0m	2.5m	3.0m	3.5m	4.0m	4.5m	5.0m	5.5m	6.0m	6.5m	7.0m	7.5m	8.0m	8.5m	9.0m	
67	H-500x200x10x16	114.2	3,713	3,375	2,991	2,577	2,140	1,730	1,401	1,158	973	829	715	623	547	485	-	
68	H-506x201x11x19	131.3	4,394	4,000	3,550	3,044	2,549	2,082	1,686	1,394	1,171	998	860	749	659	583	-	
69	H-482x300x11x15	145.5	5,453	5,240	4,988	4,702	4,376	4,020	3,656	3,292	2,935	2,591	2,259	1,968	1,730	1,532	1,367	
70	H-488x300x11x18	163.5	6,168	5,939	5,668	5,360	5,015	4,631	4,237	3,840	3,447	3,066	2,702	2,357	2,071	1,835	1,637	
71	H-596x199x10x15	120.5	3,625	3,279	2,883	2,455	2,013	1,597	1,293	1,069	898	765	660	575	505	-	-	
72	H-600x200x11x17	134.4	4,165	3,769	3,316	2,825	2,318	1,843	1,493	1,234	1,037	883	762	663	583	-	-	
73	H-606x201x12x20	152.5	4,876	4,418	3,896	3,332	2,740	2,194	1,777	1,469	1,234	1,052	907	790	694	-	-	
74	H-612x202x13x23	170.7	5,606	5,087	4,496	3,830	3,175	2,562	2,075	1,715	1,441	1,228	1,059	922	811	718	-	
75	H-582x300x12x17	174.5	6,331	6,081	5,785	5,448	5,077	4,679	4,259	3,812	3,376	2,958	2,561	2,231	1,961	1,737	1,549	
76	H-588x300x12x20	192.5	7,048	6,783	6,469	6,112	5,719	5,296	4,851	4,379	3,908	3,453	3,016	2,627	2,309	2,045	1,824	
77	H-594x302x14x23	222.4	8,401	8,080	7,699	7,250	6,738	6,202	5,653	5,103	4,561	4,038	3,535	3,079	2,707	2,397	2,138	
78	H-692x300x13x20	211.5	7,430	7,141	6,798	6,407	5,975	5,509	5,019	4,513	3,997	3,488	3,011	2,623	2,305	2,042	1,821	
79	H-696x300x13x22	223.5	7,908	7,608	7,253	6,848	6,400	5,918	5,410	4,886	4,354	3,819	3,310	2,883	2,534	2,245	2,002	
80	H-700x300x13x24	235.5	8,385	8,075	7,707	7,288	6,826	6,327	5,802	5,259	4,708	4,151	3,614	3,148	2,767	2,451	2,186	
81	H-702x301x14x25	248.5	8,972	8,635	8,236	7,781	7,278	6,736	6,166	5,573	4,960	4,370	3,802	3,312	2,911	2,579	2,300	
82	H-708x302x15x28	273.6	10,055	9,680	9,234	8,727	8,167	7,564	6,915	6,234	5,565	4,919	4,299	3,745	3,291	2,915	2,600	
83	H-714x303x16x31	298.9	11,160	10,745	10,253	9,693	9,074	8,373	7,640	6,905	6,180	5,478	4,806	4,187	3,680	3,260	2,908	
84	H-792x300x14x22	243.4	8,309	7,985	7,600	7,160	6,672	6,146	5,591	5,016	4,434	3,848	3,318	2,890	2,540	2,250	2,007	
85	H-796x300x14x24	255.4	8,786	8,451	8,054	7,600	7,097	6,555	5,983	5,390	4,788	4,188	3,614	3,148	2,767	2,451	2,186	
86	H-800x300x14x26	267.4	9,263	8,917	8,507	8,039	7,521	6,962	6,372	5,761	5,140	4,521	3,912	3,408	2,995	2,653	2,367	
87	H-802x301x15x27	281.5	9,887	9,513	9,068	8,561	7,999	7,394	6,754	6,093	5,421	4,746	4,106	3,577	3,144	2,785	2,484	
88	H-808x302x16x30	307.6	11,005	10,590	10,098	9,537	8,916	8,246	7,540	6,810	6,046	5,312	4,610	4,016	3,530	3,127	2,789	
89	H-814x303x17x33	333.9	12,146	11,691	11,150	10,533	9,851	9,115	8,341	7,501	6,678	5,886	5,124	4,464	3,923	3,475	3,100	
90	H-890x299x15x23	270.9	8,956	8,597	8,170	7,681	7,138	6,550	5,929	5,286	4,633	3,980	3,432	2,990	2,628	2,328	2,076	
91	H-894x299x15x25	282.8	9,432	9,064	8,626	8,125	7,570	6,969	6,334	5,676	5,007	4,332	3,735	3,254	2,860	2,533	2,260	
92	H-900x300x16x28	309.8	10,560	10,150	9,663	9,106	8,489	7,821	7,116	6,386	5,644	4,898	4,223	3,679	3,233	2,864	2,555	
93	H-906x301x17x31	336.8	11,706	11,254	10,717	10,103	9,423	8,688	7,911	7,108	6,288	5,476	4,722	4,113	3,615	3,202	2,856	
94	H-912x302x18x34	364.0	12,876	12,381	11,792	11,120	10,375	9,571	8,722	7,844	6,928	6,054	5,230	4,556	4,004	3,547	3,164	
95	H-918x303x19x37	391.3	14,065	13,525	12,884	12,151	11,340	10,465	9,542	8,548	7,570	6,634	5,743	5,002	4,397	3,895	3,474	

A2.1 H-형강의 설계압축강도 표 (하중저항계수설계법) : KDS 14 31 10 ; 2017

SM355 $E = 210,000\,MPa,\ G = 81,000\,MPa,\ \phi_c = 0.9 \quad : KL_x = KL_y$

번호	부재 치수	단면적	허용 계수 축하중 ; $P_u = \phi_c P_n$ (kN)															비고
		(cm^2)	2.0m	2.5m	3.0m	3.5m	4.0m	4.5m	5.0m	5.5m	6.0m	6.5m	7.0m	7.5m	8.0m	8.5m	9.0m	
1	H-100x50x5x7	11.9	61	-	-	-	-	-	-	-	-	-	-	-	-	-	-	
2	H-100x100x6x8	21.9	437	336	243	178	137	108	-	-	-	-	-	-	-	-	-	
3	H-125x60x6x8	16.8	120	77	-	-	-	-	-	-	-	-	-	-	-	-	-	
4	H-125x125x6.5x9	30.3	720	609	497	391	300	237	192	159	133	-	-	-	-	-	-	
5	H-150x75x5x7	17.9	201	129	89	-	-	-	-	-	-	-	-	-	-	-	-	
6	H-148x100x6x9	26.8	515	386	274	201	154	122	-	-	-	-	-	-	-	-	-	
7	H-150x150x7x10	40.1	1,046	933	811	687	567	456	369	305	257	219	188	164	-	-	-	
8	H-175x90x5x8	23.0	375	256	178	131	100	-	-	-	-	-	-	-	-	-	-	
9	H-175x175x7.5x11	51.2	1,409	1,295	1,169	1,035	900	768	643	531	446	380	328	286	251	222	-	
10	H-198x99x4.5x7	23.2	412	296	206	151	116	-	-	-	-	-	-	-	-	-	-	
11	H-200x100x5.5x8	27.2	485	350	243	179	137	-	-	-	-	-	-	-	-	-	-	
12	H-194x150x6x9	39.0	1,000	884	760	635	517	411	333	275	231	197	170	-	-	-	-	
13	H-200x200x8x12	63.5	1,811	1,699	1,571	1,433	1,288	1,141	997	858	728	620	535	466	409	363	323	
14	H-200x204x12x12	71.5	2,026	1,893	1,743	1,581	1,412	1,242	1,077	919	774	660	569	495	435	386	344	
15	H-208x202x10x16	83.7	2,398	2,255	2,093	1,915	1,729	1,540	1,353	1,173	1,001	853	735	641	563	499	445	
16	H-248x124x5x8	32.7	722	587	456	340	260	206	166	138	-	-	-	-	-	-	-	
17	H-250x125x6x9	37.7	832	677	525	391	300	237	192	159	-	-	-	-	-	-	-	
18	H-244x175x7x11	56.2	1,525	1,390	1,242	1,087	932	783	643	531	447	380	328	286	251	-	-	
19	H-244x252x11x11	82.1	2,420	2,313	2,189	2,051	1,902	1,747	1,588	1,430	1,274	1,124	980	853	750	664	593	
20	H-248x249x8x13	84.7	2,517	2,416	2,299	2,167	2,025	1,875	1,720	1,564	1,409	1,259	1,114	975	857	759	677	
21	H-250x250x9x14	92.2	2,739	2,630	2,502	2,359	2,204	2,041	1,872	1,702	1,534	1,370	1,212	1,061	932	826	737	
22	H-250x255x14x14	104.7	3,096	2,964	2,811	2,640	2,455	2,262	2,063	1,864	1,668	1,478	1,296	1,129	993	879	784	
23	H-298x149x5.5x8	40.8	978	855	718	579	452	357	289	239	201	171	-	-	-	-	-	
24	H-300x150x6.5x9	46.8	1,147	988	823	664	518	409	331	274	230	196	-	-	-	-	-	
25	H-294x200x8x12	72.4	2,032	1,890	1,729	1,557	1,379	1,202	1,031	868	730	622	536	467	410	364	324	
26	H-298x201x9x14	83.4	2,348	2,187	2,006	1,811	1,609	1,407	1,212	1,026	862	734	633	552	485	429	383	
27	H-294x302x12x12	107.7	3,254	3,153	3,034	2,899	2,751	2,592	2,426	2,254	2,080	1,906	1,734	1,567	1,406	1,250	1,115	
28	H-298x299x9x14	110.8	3,359	3,269	3,156	3,028	2,887	2,735	2,574	2,408	2,237	2,066	1,896	1,728	1,566	1,410	1,259	
29	H-300x300x10x15	119.8	3,635	3,535	3,414	3,276	3,123	2,959	2,786	2,606	2,422	2,237	2,053	1,872	1,697	1,528	1,365	
30	H-300x305x15x15	134.8	4,079	3,956	3,811	3,646	3,465	3,270	3,065	2,854	2,639	2,424	2,212	2,004	1,803	1,609	1,435	
31	H-304x301x11x17	134.8	3,987	3,879	3,752	3,606	3,446	3,272	3,089	2,898	2,702	2,504	2,307	2,112	1,922	1,739	1,560	
32	H-310x305x15x20	165.3	4,889	4,757	4,601	4,422	4,225	4,012	3,787	3,553	3,313	3,071	2,829	2,590	2,357	2,132	1,913	
33	H-310x310x20x20	180.8	5,338	5,189	5,013	4,812	4,590	4,351	4,098	3,836	3,568	3,298	3,030	2,766	2,509	2,261	2,021	

A2.1 H-형강의 설계압축강도 표 (하중저항계수설계법) : KDS 14 31 10 ; 2017

SM355

$E = 210{,}000\,MPa,\ G = 81{,}000\,MPa,\ \phi_c = 0.9 \quad : KL_x = KL_y$

번호	부재 치수	단면적	허용 계수 축하중 ; $P_u = \phi_c P_n\ (kN)$															비고
		(cm^2)	2.0m	2.5m	3.0m	3.5m	4.0m	4.5m	5.0m	5.5m	6.0m	6.5m	7.0m	7.5m	8.0m	8.5m	9.0m	
34	H-346x174x6x9	52.7	1,329	1,212	1,079	936	786	641	519	429	360	307	265	231	-	-	-	
35	H-350x175x7x11	63.1	1,652	1,506	1,334	1,149	967	796	645	533	448	381	329	287	-	-	-	
36	H-354x176x8x13	73.7	1,970	1,782	1,576	1,363	1,154	954	775	641	538	459	396	345	303	-	-	
37	H-336x249x8x12	88.2	2,595	2,478	2,343	2,192	2,030	1,861	1,689	1,517	1,349	1,187	1,031	898	790	700	624	
38	H-340x250x9x14	101.5	2,995	2,863	2,711	2,541	2,358	2,167	1,971	1,776	1,583	1,398	1,220	1,063	934	827	738	
39	H-338x351x13x13	135.3	4,148	4,053	3,939	3,809	3,664	3,507	3,339	3,163	2,980	2,794	2,606	2,418	2,232	2,049	1,872	
40	H-344x348x10x16	146.0	4,483	4,393	4,290	4,162	4,020	3,864	3,697	3,521	3,338	3,149	2,957	2,765	2,572	2,382	2,196	
41	H-344x354x16x16	166.6	5,112	4,998	4,861	4,704	4,529	4,339	4,136	3,923	3,702	3,476	3,247	3,018	2,791	2,568	2,351	
42	H-350x350x12x19	173.9	5,202	5,107	4,983	4,841	4,682	4,508	4,321	4,123	3,917	3,705	3,488	3,270	3,052	2,835	2,623	
43	H-350x357x19x19	198.4	5,929	5,802	5,652	5,479	5,285	5,075	4,849	4,611	4,364	4,111	3,853	3,595	3,338	3,084	2,836	
44	H-396x199x7x11	72.2	1,907	1,780	1,633	1,471	1,299	1,119	944	783	658	561	484	421	370	328	-	
45	H-400x200x8x13	84.1	2,291	2,138	1,960	1,755	1,541	1,329	1,127	938	788	671	579	504	443	393	350	
46	H-390x300x10x16	136.0	4,116	3,993	3,847	3,682	3,500	3,304	3,098	2,886	2,670	2,454	2,240	2,030	1,828	1,632	1,456	
47	H-388x402x15x15	178.5	5,525	5,429	5,313	5,178	5,028	4,862	4,684	4,494	4,295	4,089	3,877	3,662	3,445	3,228	3,013	
48	H-394x398x11x18	186.8	5,629	5,542	5,442	5,333	5,200	5,051	4,890	4,718	4,536	4,346	4,150	3,950	3,746	3,541	3,336	
49	H-394x405x18x18	214.4	6,461	6,353	6,224	6,074	5,906	5,721	5,521	5,309	5,085	4,853	4,614	4,370	4,124	3,877	3,632	
50	H-400x400x13x21	218.7	6,596	6,498	6,386	6,246	6,088	5,914	5,725	5,523	5,310	5,089	4,859	4,625	4,386	4,146	3,905	
51	H-400x408x21x21	250.7	7,559	7,436	7,287	7,116	6,923	6,711	6,481	6,236	5,979	5,711	5,436	5,154	4,870	4,584	4,299	
52	H-406x403x16x24	254.9	7,694	7,584	7,443	7,279	7,095	6,892	6,672	6,437	6,189	5,931	5,664	5,390	5,112	4,832	4,552	
53	H-414x405x18x28	295.4	8,926	8,796	8,636	8,450	8,240	8,009	7,758	7,490	7,207	6,912	6,606	6,293	5,975	5,654	5,332	
54	H-428x407x20x35	360.7	10,915	10,758	10,569	10,350	10,103	9,830	9,534	9,217	8,882	8,531	8,168	7,796	7,416	7,032	6,647	
55	H-442x413x26x42	444.2	13,068	12,889	12,673	12,423	12,140	11,828	11,488	11,124	10,738	10,334	9,915	9,483	9,043	8,597	8,147	
56	H-452x416x29x47	499.0	14,687	14,489	14,251	13,975	13,663	13,318	12,942	12,540	12,113	11,666	11,201	10,723	10,234	9,738	9,238	
57	H-458x417x30x50	528.6	15,565	15,359	15,112	14,824	14,500	14,140	13,749	13,329	12,883	12,416	11,931	11,431	10,919	10,399	9,875	
58	H-462x419x32x52	554.5	16,328	16,112	15,852	15,551	15,210	14,833	14,422	13,982	13,515	13,025	12,515	11,991	11,454	10,909	10,359	
59	H-472x422x35x57	610.5	17,984	17,751	17,470	17,144	16,775	16,367	15,922	15,445	14,938	14,406	13,853	13,283	12,699	12,106	11,506	
60	H-484x426x39x63	680.5	20,055	19,800	19,492	19,135	18,730	18,283	17,795	17,271	16,714	16,130	15,522	14,894	14,251	13,597	12,936	
61	H-498x432x45x70	770.1	22,714	22,435	22,099	21,708	21,266	20,775	20,240	19,665	19,054	18,411	17,741	17,049	16,339	15,615	14,883	
62	H-446x199x8x12	84.3	2,204	2,049	1,870	1,672	1,461	1,242	1,034	855	718	612	528	460	404	358	-	
63	H-450x200x9x14	96.8	2,608	2,424	2,212	1,964	1,709	1,461	1,225	1,013	851	725	625	545	479	424	-	
64	H-434x299x10x15	135.0	4,071	3,940	3,787	3,613	3,422	3,218	3,004	2,785	2,562	2,341	2,123	1,912	1,709	1,515	1,351	
65	H-440x300x11x18	157.4	4,630	4,491	4,328	4,142	3,937	3,717	3,486	3,247	3,005	2,761	2,520	2,285	2,058	1,837	1,639	
66	H-496x199x9x14	101.3	2,643	2,452	2,232	1,989	1,725	1,460	1,209	999	839	715	617	537	472	418	-	

A2.1 H-형강의 설계압축강도 표 (하중저항계수설계법) : KDS 14 31 10 ; 2017

SM355

$E = 210,000\,MPa,\ G = 81,000\,MPa,\ \phi_c = 0.9 \quad : KL_x = KL_y$

번호	부재 치수	단면적	허용 계수 축하중 ; $P_u = \phi_c P_n$ (kN)															비고
		(cm^2)	2.0m	2.5m	3.0m	3.5m	4.0m	4.5m	5.0m	5.5m	6.0m	6.5m	7.0m	7.5m	8.0m	8.5m	9.0m	
67	H-500x200x10x16	114.2	3,063	2,842	2,586	2,284	1,979	1,682	1,401	1,158	973	829	715	623	547	485	-	
68	H-506x201x11x19	131.3	3,537	3,266	2,962	2,639	2,310	1,987	1,678	1,394	1,171	998	860	749	659	583	-	
69	H-482x300x11x15	145.5	4,371	4,222	4,047	3,849	3,633	3,402	3,162	2,916	2,669	2,424	2,184	1,953	1,730	1,532	1,367	
70	H-488x300x11x18	163.5	4,799	4,650	4,473	4,274	4,054	3,819	3,572	3,318	3,061	2,803	2,549	2,302	2,065	1,835	1,637	
71	H-596x199x10x15	120.5	3,006	2,778	2,513	2,220	1,909	1,589	1,293	1,069	898	765	660	575	505	-	-	
72	H-600x200x11x17	134.4	3,383	3,132	2,841	2,520	2,164	1,818	1,493	1,234	1,037	883	762	663	583	-	-	
73	H-606x201x12x20	152.5	3,953	3,665	3,330	2,932	2,532	2,144	1,777	1,469	1,234	1,052	907	790	694	-	-	
74	H-612x202x13x23	170.7	4,539	4,193	3,782	3,348	2,909	2,480	2,075	1,715	1,441	1,228	1,059	922	811	718	-	
75	H-582x300x12x17	174.5	4,990	4,837	4,654	4,445	4,205	3,931	3,646	3,355	3,062	2,774	2,492	2,222	1,961	1,737	1,549	
76	H-588x300x12x20	192.5	5,534	5,373	5,181	4,960	4,713	4,425	4,124	3,814	3,502	3,192	2,887	2,593	2,309	2,045	1,824	
77	H-594x302x14x23	222.4	6,513	6,302	6,053	5,772	5,464	5,135	4,790	4,436	4,078	3,721	3,371	3,032	2,707	2,397	2,138	
78	H-692x300x13x20	211.5	5,868	5,690	5,478	5,235	4,963	4,666	4,349	4,006	3,647	3,293	2,949	2,620	2,305	2,042	1,821	
79	H-696x300x13x22	223.5	6,230	6,047	5,829	5,577	5,297	4,991	4,664	4,315	3,942	3,574	3,214	2,868	2,534	2,245	2,002	
80	H-700x300x13x24	235.5	6,592	6,404	6,178	5,920	5,630	5,315	4,978	4,623	4,237	3,854	3,480	3,117	2,767	2,451	2,186	
81	H-702x301x14x25	248.5	7,064	6,858	6,612	6,330	6,015	5,672	5,276	4,872	4,464	4,059	3,664	3,281	2,911	2,579	2,300	
82	H-708x302x15x28	273.6	7,911	7,681	7,408	7,086	6,704	6,295	5,867	5,429	4,986	4,545	4,113	3,694	3,291	2,915	2,600	
83	H-714x303x16x31	298.9	8,759	8,479	8,148	7,774	7,363	6,924	6,464	5,992	5,514	5,037	4,568	4,114	3,677	3,260	2,908	
84	H-792x300x14x22	243.4	6,579	6,379	6,140	5,865	5,557	5,221	4,861	4,482	4,089	3,675	3,276	2,890	2,540	2,250	2,007	
85	H-796x300x14x24	255.4	6,941	6,736	6,490	6,207	5,891	5,546	5,176	4,787	4,384	3,959	3,544	3,145	2,767	2,451	2,186	
86	H-800x300x14x26	267.4	7,303	7,092	6,839	6,549	6,224	5,869	5,490	5,090	4,676	4,241	3,810	3,395	2,995	2,653	2,367	
87	H-802x301x15x27	281.5	7,806	7,576	7,302	6,986	6,633	6,247	5,834	5,396	4,923	4,456	4,001	3,565	3,144	2,785	2,484	
88	H-808x302x16x30	307.6	8,684	8,430	8,126	7,776	7,386	6,959	6,479	5,972	5,463	4,958	4,464	3,989	3,530	3,127	2,789	
89	H-814x303x17x33	333.9	9,579	9,300	8,966	8,582	8,135	7,628	7,098	6,555	6,008	5,465	4,933	4,420	3,923	3,475	3,100	
90	H-890x299x15x23	270.9	7,117	6,895	6,628	6,321	5,976	5,599	5,195	4,769	4,328	3,872	3,421	2,990	2,628	2,328	2,076	
91	H-894x299x15x25	282.8	7,478	7,251	6,979	6,666	6,315	5,930	5,518	5,084	4,634	4,173	3,705	3,254	2,860	2,533	2,260	
92	H-900x300x16x28	309.8	8,368	8,115	7,812	7,464	7,073	6,647	6,189	5,707	5,204	4,678	4,169	3,679	3,233	2,864	2,555	
93	H-906x301x17x31	336.8	9,271	8,992	8,658	8,274	7,844	7,374	6,871	6,331	5,755	5,188	4,638	4,113	3,615	3,202	2,856	
94	H-912x302x18x34	364.0	10,193	9,887	9,521	9,100	8,629	8,115	7,540	6,926	6,310	5,703	5,113	4,546	4,004	3,547	3,164	
95	H-918x303x19x37	391.3	11,128	10,795	10,397	9,938	9,428	8,814	8,175	7,522	6,867	6,219	5,588	4,982	4,397	3,895	3,474	

A2.1 H-형강의 설계압축강도 표 (하중저항계수설계법) : KDS 14 31 10 ; 2017

SM420

$E = 210,000\,MPa,\ G = 81,000\,MPa,\ \phi_c = 0.9 \quad : KL_x = KL_y$

번호	부재 치수	단면적	허용 계수 축하중 ; $P_u = \phi_c P_n$ (kN)															비고
		(cm^2)	2.0m	2.5m	3.0m	3.5m	4.0m	4.5m	5.0m	5.5m	6.0m	6.5m	7.0m	7.5m	8.0m	8.5m	9.0m	
1	H-100x50x5x7	11.9	61	-	-	-	-	-	-	-	-	-	-	-	-	-	-	
2	H-100x100x6x8	21.9	475	347	243	178	137	108	-	-	-	-	-	-	-	-	-	
3	H-125x60x6x8	16.8	120	77	-	-	-	-	-	-	-	-	-	-	-	-	-	
4	H-125x125x6.5x9	30.3	807	662	520	392	300	237	192	159	133	-	-	-	-	-	-	
5	H-150x75x5x7	17.9	201	129	89	-	-	-	-	-	-	-	-	-	-	-	-	
6	H-148x100x6x9	26.8	555	395	274	201	154	122	-	-	-	-	-	-	-	-	-	
7	H-150x150x7x10	40.1	1,192	1,041	882	725	577	456	369	305	257	219	188	164	-	-	-	
8	H-175x90x5x8	23.0	392	256	178	131	100	-	-	-	-	-	-	-	-	-	-	
9	H-175x175x7.5x11	51.2	1,622	1,468	1,300	1,126	954	791	643	531	446	380	328	286	251	222	-	
10	H-198x99x4.5x7	23.2	437	296	206	151	116	-	-	-	-	-	-	-	-	-	-	
11	H-200x100x5.5x8	27.2	516	350	243	179	137	-	-	-	-	-	-	-	-	-	-	
12	H-194x150x6x9	39.0	1,137	982	821	664	520	411	333	275	231	197	170	-	-	-	-	
13	H-200x200x8x12	63.5	2,099	1,946	1,774	1,590	1,402	1,215	1,035	866	728	620	535	466	409	363	323	
14	H-200x204x12x12	71.5	2,345	2,164	1,962	1,748	1,529	1,315	1,110	921	774	660	569	495	435	386	344	
15	H-208x202x10x16	83.7	2,781	2,586	2,367	2,132	1,889	1,647	1,413	1,191	1,001	853	735	641	563	499	445	
16	H-248x124x5x8	32.7	798	625	462	340	260	206	166	138	-	-	-	-	-	-	-	
17	H-250x125x6x9	37.7	921	720	533	391	300	237	192	159	-	-	-	-	-	-	-	
18	H-244x175x7x11	56.2	1,751	1,570	1,373	1,173	978	794	643	531	447	380	328	286	251	-	-	
19	H-244x252x11x11	82.1	2,821	2,675	2,506	2,320	2,122	1,919	1,714	1,514	1,321	1,136	980	853	750	664	593	
20	H-248x249x8x13	84.7	2,939	2,800	2,640	2,462	2,272	2,074	1,873	1,674	1,480	1,294	1,119	975	857	759	677	
21	H-250x250x9x14	92.2	3,198	3,047	2,873	2,680	2,473	2,257	2,039	1,822	1,610	1,409	1,218	1,061	932	826	737	
22	H-250x255x14x14	104.7	3,612	3,431	3,221	2,991	2,745	2,491	2,234	1,982	1,737	1,504	1,296	1,129	993	879	784	
23	H-298x149x5.5x8	40.8	1,093	934	762	590	452	357	289	239	201	171	-	-	-	-	-	
24	H-300x150x6.5x9	46.8	1,288	1,084	874	676	518	409	331	274	230	196	-	-	-	-	-	
25	H-294x200x8x12	72.4	2,348	2,154	1,939	1,713	1,484	1,261	1,051	868	730	622	536	467	410	364	324	
26	H-298x201x9x14	83.4	2,715	2,496	2,253	1,996	1,735	1,481	1,241	1,026	862	734	633	552	485	429	383	
27	H-294x302x12x12	107.7	3,805	3,666	3,504	3,320	3,121	2,909	2,690	2,466	2,243	2,023	1,809	1,605	1,411	1,250	1,115	
28	H-298x299x9x14	110.8	3,936	3,812	3,657	3,482	3,290	3,086	2,873	2,654	2,434	2,215	2,001	1,793	1,593	1,411	1,259	
29	H-300x300x10x15	119.8	4,260	4,122	3,955	3,767	3,560	3,340	3,109	2,873	2,635	2,399	2,167	1,943	1,727	1,530	1,365	
30	H-300x305x15x15	134.8	4,778	4,608	4,408	4,184	3,939	3,678	3,408	3,132	2,855	2,582	2,316	2,061	1,816	1,609	1,435	
31	H-304x301x11x17	134.8	4,695	4,545	4,368	4,167	3,947	3,712	3,466	3,213	2,957	2,701	2,450	2,207	1,973	1,749	1,560	
32	H-310x305x15x20	165.3	5,757	5,573	5,356	5,110	4,841	4,552	4,250	3,940	3,626	3,313	3,005	2,706	2,419	2,145	1,913	
33	H-310x310x20x20	180.8	6,284	6,076	5,831	5,555	5,252	4,928	4,590	4,243	3,894	3,546	3,206	2,876	2,558	2,266	2,021	

A2.1 H-형강의 설계압축강도 표 (하중저항계수설계법) : KDS 14 31 10 ; 2017

SM420

$E = 210,000\,MPa,\ G = 81,000\,MPa,\ \phi_c = 0.9 \quad : KL_x = KL_y$

번호	부재 치수	단면적	허용 계수 축하중 ; $P_u = \phi_c P_n$ (kN)															비고
		(cm^2)	2.0m	2.5m	3.0m	3.5m	4.0m	4.5m	5.0m	5.5m	6.0m	6.5m	7.0m	7.5m	8.0m	8.5m	9.0m	
34	H-346x174x6x9	52.7	1,503	1,349	1,176	993	808	641	519	429	360	307	265	231	-	-	-	
35	H-350x175x7x11	63.1	1,868	1,676	1,461	1,226	1,000	796	645	533	448	381	329	287	-	-	-	
36	H-354x176x8x13	73.7	2,247	2,003	1,733	1,460	1,198	957	775	641	538	459	396	345	303	-	-	
37	H-336x249x8x12	88.2	3,025	2,864	2,680	2,477	2,262	2,041	1,820	1,602	1,394	1,196	1,031	898	790	700	624	
38	H-340x250x9x14	101.5	3,492	3,311	3,104	2,875	2,632	2,381	2,129	1,881	1,643	1,415	1,220	1,063	934	827	738	
39	H-338x351x13x13	135.3	4,723	4,599	4,452	4,284	4,098	3,897	3,684	3,462	3,234	3,003	2,773	2,545	2,322	2,106	1,896	
40	H-344x348x10x16	146.0	5,266	5,140	4,999	4,823	4,628	4,417	4,192	3,956	3,714	3,467	3,219	2,972	2,729	2,492	2,264	
41	H-344x354x16x16	166.6	6,004	5,845	5,656	5,441	5,203	4,945	4,673	4,389	4,098	3,803	3,509	3,218	2,934	2,659	2,391	
42	H-350x350x12x19	173.9	6,139	6,005	5,833	5,636	5,416	5,178	4,924	4,657	4,382	4,101	3,818	3,536	3,257	2,985	2,720	
43	H-350x357x19x19	198.4	6,995	6,818	6,608	6,368	6,102	5,814	5,508	5,189	4,860	4,527	4,192	3,860	3,534	3,217	2,913	
44	H-396x199x7x11	72.2	2,171	2,003	1,811	1,601	1,382	1,159	948	783	658	561	484	421	370	328	-	
45	H-400x200x8x13	84.1	2,608	2,405	2,173	1,921	1,646	1,382	1,135	938	788	671	579	504	443	393	350	
46	H-390x300x10x16	136.0	4,822	4,651	4,451	4,226	3,979	3,718	3,446	3,168	2,889	2,614	2,347	2,090	1,842	1,632	1,456	
47	H-388x402x15x15	178.5	6,320	6,195	6,042	5,867	5,671	5,457	5,227	4,985	4,732	4,472	4,206	3,939	3,672	3,408	3,148	
48	H-394x398x11x18	186.8	6,652	6,529	6,390	6,238	6,053	5,848	5,627	5,392	5,146	4,892	4,631	4,366	4,100	3,835	3,572	
49	H-394x405x18x18	214.4	7,635	7,484	7,303	7,095	6,862	6,608	6,335	6,046	5,744	5,434	5,117	4,798	4,478	4,162	3,850	
50	H-400x400x13x21	218.7	7,796	7,658	7,502	7,306	7,087	6,847	6,588	6,313	6,025	5,727	5,422	5,112	4,800	4,489	4,182	
51	H-400x408x21x21	250.7	8,934	8,761	8,553	8,315	8,047	7,755	7,441	7,108	6,761	6,403	6,037	5,668	5,298	4,930	4,569	
52	H-406x403x16x24	254.9	9,095	8,941	8,743	8,516	8,260	7,980	7,678	7,358	7,023	6,675	6,319	5,958	5,595	5,233	4,874	
53	H-414x405x18x28	295.4	10,553	10,371	10,147	9,888	9,597	9,278	8,934	8,568	8,185	7,788	7,380	6,967	6,550	6,134	5,721	
54	H-428x407x20x35	360.7	12,908	12,688	12,424	12,118	11,776	11,399	10,992	10,559	10,104	9,632	9,147	8,653	8,155	7,656	7,160	
55	H-442x413x26x42	444.2	15,529	15,275	14,971	14,618	14,222	13,786	13,315	12,812	12,284	11,734	11,168	10,590	10,005	9,419	8,834	
56	H-452x416x29x47	499.0	17,455	17,175	16,838	16,450	16,012	15,530	15,009	14,453	13,868	13,258	12,630	11,989	11,339	10,686	10,035	
57	H-458x417x30x50	528.6	18,500	18,209	17,859	17,454	16,998	16,496	15,952	15,372	14,761	14,124	13,468	12,796	12,115	11,430	10,746	
58	H-462x419x32x52	554.5	19,407	19,101	18,734	18,309	17,831	17,304	16,734	16,126	15,484	14,816	14,127	13,423	12,709	11,990	11,272	
59	H-472x422x35x57	610.5	21,378	21,047	20,650	20,190	19,673	19,102	18,484	17,824	17,128	16,403	15,654	14,887	14,109	13,326	12,542	
60	H-484x426x39x63	680.5	23,841	23,479	23,044	22,540	21,973	21,347	20,669	19,944	19,179	18,381	17,557	16,712	15,855	14,990	14,124	
61	H-498x432x45x70	770.1	27,006	26,611	26,135	25,584	24,963	24,277	23,533	22,736	21,895	21,016	20,106	19,173	18,223	17,264	16,301	
62	H-446x199x8x12	84.3	2,502	2,298	2,064	1,809	1,543	1,275	1,034	855	718	612	528	460	404	358	-	
63	H-450x200x9x14	96.8	2,961	2,719	2,442	2,139	1,815	1,506	1,226	1,013	851	725	625	545	479	424	-	
64	H-434x299x10x15	135.0	4,733	4,570	4,375	4,138	3,881	3,608	3,327	3,041	2,756	2,476	2,206	1,946	1,710	1,515	1,351	
65	H-440x300x11x18	157.4	5,447	5,253	5,026	4,771	4,492	4,196	3,887	3,573	3,258	2,947	2,644	2,353	2,074	1,837	1,639	
66	H-496x199x9x14	101.3	2,996	2,746	2,459	2,146	1,819	1,492	1,209	999	839	715	617	537	472	418	-	

A2.1 H-형강의 설계압축강도 표 (하중저항계수설계법) : KDS 14 31 10 ; 2017

SM420 $E = 210,000\,MPa$, $G = 81,000\,MPa$, $\phi_c = 0.9$: $KL_x = KL_y$

번호	부재 치수	단면적	허용 계수 축하중 ; $P_u = \phi_c P_n$ (kN)															비고
		(cm^2)	2.0m	2.5m	3.0m	3.5m	4.0m	4.5m	5.0m	5.5m	6.0m	6.5m	7.0m	7.5m	8.0m	8.5m	9.0m	
67	H-500x200x10x16	114.2	3,473	3,182	2,848	2,480	2,093	1,727	1,401	1,158	973	829	715	623	547	485	-	
68	H-506x201x11x19	131.3	4,036	3,709	3,314	2,890	2,467	2,062	1,686	1,394	1,171	998	860	749	659	583	-	
69	H-482x300x11x15	145.5	5,054	4,872	4,657	4,399	4,108	3,802	3,486	3,168	2,853	2,545	2,251	1,968	1,730	1,532	1,367	
70	H-488x300x11x18	163.5	5,594	5,407	5,184	4,917	4,618	4,302	3,973	3,640	3,306	2,979	2,661	2,357	2,071	1,835	1,637	
71	H-596x199x10x15	120.5	3,397	3,098	2,754	2,379	1,987	1,597	1,293	1,069	898	765	660	575	505	-	-	
72	H-600x200x11x17	134.4	3,837	3,506	3,127	2,712	2,272	1,843	1,493	1,234	1,037	883	762	663	583	-	-	
73	H-606x201x12x20	152.5	4,488	4,108	3,670	3,184	2,674	2,195	1,777	1,469	1,234	1,052	907	790	694	-	-	
74	H-612x202x13x23	170.7	5,158	4,726	4,217	3,649	3,087	2,554	2,075	1,715	1,441	1,228	1,059	922	811	718	-	
75	H-582x300x12x17	174.5	5,758	5,553	5,309	5,031	4,722	4,389	4,021	3,642	3,268	2,905	2,559	2,231	1,961	1,737	1,549	
76	H-588x300x12x20	192.5	6,401	6,183	5,926	5,631	5,305	4,952	4,570	4,165	3,763	3,370	2,992	2,627	2,309	2,045	1,824	
77	H-594x302x14x23	222.4	7,633	7,361	7,018	6,632	6,213	5,771	5,313	4,849	4,388	3,936	3,500	3,079	2,707	2,397	2,138	
78	H-692x300x13x20	211.5	6,763	6,525	6,242	5,918	5,559	5,170	4,757	4,328	3,879	3,436	3,011	2,623	2,305	2,042	1,821	
79	H-696x300x13x22	223.5	7,191	6,945	6,652	6,317	5,946	5,543	5,117	4,673	4,212	3,748	3,304	2,883	2,534	2,245	2,002	
80	H-700x300x13x24	235.5	7,619	7,364	7,062	6,716	6,332	5,917	5,476	5,017	4,544	4,060	3,595	3,148	2,767	2,451	2,186	
81	H-702x301x14x25	248.5	8,157	7,880	7,551	7,175	6,757	6,305	5,826	5,309	4,785	4,274	3,784	3,312	2,911	2,579	2,300	
82	H-708x302x15x28	273.6	9,139	8,831	8,464	8,045	7,580	7,070	6,503	5,929	5,359	4,801	4,263	3,745	3,291	2,915	2,600	
83	H-714x303x16x31	298.9	10,141	9,800	9,395	8,935	8,377	7,787	7,176	6,557	5,940	5,335	4,750	4,187	3,680	3,260	2,908	
84	H-792x300x14x22	243.4	7,571	7,304	6,985	6,621	6,215	5,775	5,307	4,819	4,320	3,813	3,318	2,890	2,540	2,250	2,007	
85	H-796x300x14x24	255.4	7,998	7,723	7,395	7,019	6,601	6,148	5,666	5,164	4,650	4,128	3,614	3,148	2,767	2,451	2,186	
86	H-800x300x14x26	267.4	8,425	8,141	7,804	7,417	6,987	6,520	6,024	5,507	4,977	4,441	3,910	3,408	2,995	2,653	2,367	
87	H-802x301x15x27	281.5	8,998	8,690	8,324	7,904	7,437	6,931	6,393	5,833	5,251	4,664	4,104	3,577	3,144	2,785	2,484	
88	H-808x302x16x30	307.6	10,014	9,673	9,267	8,802	8,286	7,726	7,132	6,497	5,843	5,207	4,597	4,016	3,530	3,127	2,789	
89	H-814x303x17x33	333.9	11,050	10,675	10,229	9,719	9,152	8,537	7,854	7,145	6,442	5,756	5,097	4,464	3,923	3,475	3,100	
90	H-890x299x15x23	270.9	8,172	7,876	7,522	7,115	6,663	6,170	5,646	5,099	4,539	3,976	3,432	2,990	2,628	2,328	2,076	
91	H-894x299x15x25	282.8	8,598	8,295	7,933	7,518	7,055	6,552	6,017	5,458	4,885	4,309	3,735	3,254	2,860	2,533	2,260	
92	H-900x300x16x28	309.8	9,624	9,287	8,884	8,422	7,908	7,349	6,755	6,135	5,500	4,853	4,223	3,679	3,233	2,864	2,555	
93	H-906x301x17x31	336.8	10,667	10,295	9,850	9,341	8,775	8,159	7,505	6,823	6,111	5,402	4,722	4,113	3,615	3,202	2,856	
94	H-912x302x18x34	364.0	11,731	11,323	10,836	10,279	9,658	8,985	8,270	7,505	6,719	5,958	5,230	4,556	4,004	3,547	3,164	
95	H-918x303x19x37	391.3	12,813	12,368	11,837	11,229	10,554	9,821	9,016	8,167	7,329	6,515	5,737	5,002	4,397	3,895	3,474	

A2.1 H-형강의 설계압축강도 표 (하중저항계수설계법) : KDS 14 31 10 ; 2017

SS275 $E = 210,000\,MPa,\ G = 81,000\,MPa,\ \phi_c = 0.9 \quad : KL_x = KL_y$

번호	부재 치수	단면적	허용 계수 축하중 ; $P_u = \phi_c P_n$ (kN)															비고
		(cm^2)	2.0m	2.5m	3.0m	3.5m	4.0m	4.5m	5.0m	5.5m	6.0m	6.5m	7.0m	7.5m	8.0m	8.5m	9.0m	
1	H-100x50x5x7	11.9	61	-	-	-	-	-	-	-	-	-	-	-	-	-	-	
2	H-100x100x6x8	21.9	377	307	239	178	137	108	-	-	-	-	-	-	-	-	-	
3	H-125x60x6x8	16.8	120	77	-	-	-	-	-	-	-	-	-	-	-	-	-	
4	H-125x125x6.5x9	30.3	596	524	447	371	299	237	192	159	133	-	-	-	-	-	-	
5	H-150x75x5x7	17.9	197	129	89	-	-	-	-	-	-	-	-	-	-	-	-	
6	H-148x100x6x9	26.8	447	358	273	201	154	122	-	-	-	-	-	-	-	-	-	
7	H-150x150x7x10	40.1	848	776	696	612	528	447	369	305	257	219	188	164	-	-	-	
8	H-175x90x5x8	23.0	338	252	178	131	100	-	-	-	-	-	-	-	-	-	-	
9	H-175x175x7.5x11	51.2	1,129	1,058	977	889	798	705	615	528	446	380	328	286	251	222	-	
10	H-198x99x4.5x7	23.2	364	282	206	151	116	-	-	-	-	-	-	-	-	-	-	
11	H-200x100x5.5x8	27.2	428	332	243	179	137	-	-	-	-	-	-	-	-	-	-	
12	H-194x150x6x9	39.0	814	740	658	573	488	407	333	275	231	197	170	-	-	-	-	
13	H-200x200x8x12	63.5	1,440	1,370	1,289	1,200	1,105	1,006	906	807	711	620	535	466	409	363	323	
14	H-200x204x12x12	71.5	1,613	1,530	1,435	1,330	1,219	1,104	988	874	765	660	569	495	435	386	344	
15	H-208x202x10x16	83.7	1,904	1,815	1,713	1,599	1,478	1,351	1,222	1,094	969	849	735	641	563	499	445	
16	H-248x124x5x8	32.7	608	518	426	338	260	206	166	138	-	-	-	-	-	-	-	
17	H-250x125x6x9	37.7	701	597	490	389	300	237	192	159	-	-	-	-	-	-	-	
18	H-244x175x7x11	56.2	1,226	1,141	1,046	943	837	731	629	531	447	380	328	286	251	-	-	
19	H-244x252x11x11	82.1	1,909	1,843	1,766	1,679	1,584	1,483	1,378	1,270	1,161	1,054	949	848	750	664	593	
20	H-248x249x8x13	84.7	1,982	1,920	1,848	1,765	1,675	1,578	1,476	1,371	1,265	1,159	1,054	952	854	759	677	
21	H-250x250x9x14	92.2	2,157	2,090	2,011	1,921	1,823	1,717	1,606	1,492	1,376	1,261	1,147	1,036	929	826	737	
22	H-250x255x14x14	104.7	2,441	2,360	2,265	2,157	2,039	1,914	1,782	1,647	1,512	1,376	1,244	1,116	993	879	784	
23	H-298x149x5.5x8	40.8	818	733	636	539	444	357	289	239	201	171	-	-	-	-	-	
24	H-300x150x6.5x9	46.8	943	840	730	618	509	409	331	274	230	196	-	-	-	-	-	
25	H-294x200x8x12	72.4	1,621	1,532	1,430	1,318	1,200	1,079	958	840	727	622	536	467	410	364	324	
26	H-298x201x9x14	83.4	1,871	1,771	1,656	1,530	1,396	1,259	1,121	986	857	734	633	552	485	429	383	
27	H-294x302x12x12	107.7	2,553	2,491	2,418	2,334	2,241	2,141	2,033	1,921	1,805	1,687	1,568	1,449	1,333	1,219	1,108	
28	H-298x299x9x14	110.8	2,633	2,578	2,509	2,430	2,342	2,245	2,143	2,034	1,922	1,807	1,691	1,574	1,458	1,344	1,233	
29	H-300x300x10x15	119.8	2,849	2,788	2,714	2,628	2,533	2,429	2,318	2,201	2,080	1,956	1,830	1,704	1,579	1,456	1,336	
30	H-300x305x15x15	134.8	3,199	3,124	3,034	2,932	2,819	2,695	2,564	2,426	2,283	2,138	1,991	1,844	1,700	1,558	1,421	
31	H-304x301x11x17	134.8	3,097	3,033	2,956	2,867	2,769	2,661	2,546	2,424	2,297	2,167	2,034	1,901	1,769	1,637	1,509	
32	H-310x305x15x20	165.3	3,798	3,719	3,625	3,516	3,395	3,263	3,122	2,972	2,817	2,657	2,495	2,331	2,169	2,008	1,850	
33	H-310x310x20x20	180.8	4,149	4,059	3,953	3,830	3,694	3,545	3,386	3,219	3,045	2,866	2,685	2,503	2,323	2,145	1,971	

A2.1 H-형강의 설계압축강도 표 (하중저항계수설계법) : KDS 14 31 10 ; 2017

SS275

$E = 210,000\,MPa,\ G = 81,000\,MPa,\ \phi_c = 0.9 \quad : KL_x = KL_y$

번호	부재 치수	단면적	허용 계수 축하중 ; $P_u = \phi_c P_n$ (kN)															비고
		(cm^2)	2.0m	2.5m	3.0m	3.5m	4.0m	4.5m	5.0m	5.5m	6.0m	6.5m	7.0m	7.5m	8.0m	8.5m	9.0m	
34	H-346x174x6x9	52.7	1,096	1,019	930	830	723	618	518	429	360	307	265	231	-	-	-	
35	H-350x175x7x11	63.1	1,355	1,251	1,134	1,010	884	760	642	533	448	381	329	287	-	-	-	
36	H-354x176x8x13	73.7	1,588	1,470	1,336	1,195	1,049	906	769	641	538	459	396	345	303	-	-	
37	H-336x249x8x12	88.2	2,048	1,976	1,892	1,797	1,693	1,583	1,468	1,351	1,233	1,117	1,004	895	790	700	624	
38	H-340x250x9x14	101.5	2,362	2,281	2,186	2,080	1,963	1,838	1,708	1,575	1,442	1,309	1,180	1,055	934	827	738	
39	H-338x351x13x13	135.3	3,243	3,185	3,116	3,036	2,946	2,848	2,741	2,629	2,510	2,388	2,262	2,135	2,006	1,878	1,751	
40	H-344x348x10x16	146.0	3,504	3,449	3,387	3,308	3,220	3,123	3,018	2,906	2,788	2,665	2,539	2,410	2,279	2,147	2,016	
41	H-344x354x16x16	166.6	3,996	3,927	3,843	3,747	3,639	3,520	3,392	3,255	3,112	2,964	2,812	2,657	2,501	2,344	2,190	
42	H-350x350x12x19	173.9	4,031	3,974	3,900	3,814	3,717	3,610	3,495	3,371	3,241	3,106	2,965	2,822	2,676	2,529	2,382	
43	H-350x357x19x19	198.4	4,595	4,519	4,429	4,324	4,207	4,077	3,937	3,788	3,631	3,468	3,300	3,129	2,955	2,781	2,608	
44	H-396x199x7x11	72.2	1,558	1,476	1,379	1,271	1,147	1,020	894	773	658	561	484	421	370	328	-	
45	H-400x200x8x13	84.1	1,869	1,759	1,634	1,497	1,353	1,206	1,062	922	788	671	579	504	443	393	350	
46	H-390x300x10x16	136.0	3,228	3,153	3,063	2,961	2,846	2,722	2,590	2,452	2,308	2,162	2,014	1,867	1,721	1,579	1,440	
47	H-388x402x15x15	178.5	4,311	4,253	4,182	4,100	4,007	3,904	3,793	3,673	3,547	3,414	3,276	3,134	2,990	2,843	2,695	
48	H-394x398x11x18	186.8	4,354	4,302	4,242	4,177	4,096	4,006	3,908	3,801	3,688	3,569	3,445	3,317	3,185	3,050	2,913	
49	H-394x405x18x18	214.4	4,997	4,933	4,856	4,766	4,664	4,552	4,429	4,298	4,158	4,011	3,859	3,701	3,540	3,376	3,210	
50	H-400x400x13x21	218.7	5,101	5,042	4,975	4,891	4,796	4,690	4,575	4,451	4,318	4,179	4,034	3,883	3,728	3,570	3,410	
51	H-400x408x21x21	250.7	5,846	5,772	5,684	5,581	5,464	5,335	5,194	5,043	4,882	4,714	4,538	4,356	4,170	3,981	3,790	
52	H-406x403x16x24	254.9	5,949	5,883	5,799	5,701	5,590	5,467	5,332	5,187	5,033	4,871	4,701	4,526	4,346	4,161	3,975	
53	H-414x405x18x28	295.4	6,899	6,822	6,727	6,615	6,489	6,348	6,195	6,030	5,854	5,669	5,476	5,275	5,069	4,858	4,645	
54	H-428x407x20x35	360.7	8,434	8,341	8,228	8,097	7,948	7,783	7,602	7,407	7,199	6,980	6,751	6,513	6,268	6,017	5,762	
55	H-442x413x26x42	444.2	9,620	9,524	9,407	9,271	9,116	8,944	8,755	8,551	8,333	8,103	7,861	7,610	7,349	7,082	6,810	
56	H-452x416x29x47	499.0	10,811	10,704	10,575	10,425	10,254	10,064	9,856	9,631	9,390	9,135	8,868	8,589	8,301	8,005	7,702	
57	H-458x417x30x50	528.6	11,456	11,345	11,211	11,055	10,877	10,679	10,462	10,227	9,976	9,711	9,431	9,140	8,839	8,530	8,213	
58	H-462x419x32x52	554.5	12,017	11,901	11,760	11,596	11,410	11,202	10,975	10,728	10,465	10,186	9,893	9,588	9,272	8,948	8,616	
59	H-472x422x35x57	610.5	13,235	13,109	12,957	12,780	12,578	12,354	12,107	11,840	11,555	11,253	10,935	10,604	10,261	9,908	9,547	
60	H-484x426x39x63	680.5	14,757	14,620	14,453	14,259	14,038	13,792	13,521	13,229	12,916	12,584	12,235	11,872	11,495	11,106	10,709	
61	H-498x432x45x70	770.1	16,710	16,560	16,378	16,166	15,924	15,655	15,359	15,038	14,695	14,331	13,948	13,547	13,132	12,704	12,266	
62	H-446x199x8x12	84.3	1,809	1,707	1,588	1,452	1,299	1,145	995	852	718	612	528	460	404	358	-	
63	H-450x200x9x14	96.8	2,135	2,002	1,850	1,685	1,513	1,340	1,169	1,006	851	725	625	545	479	424	-	
64	H-434x299x10x15	135.0	3,195	3,115	3,021	2,913	2,793	2,663	2,525	2,381	2,232	2,081	1,930	1,779	1,631	1,487	1,348	
65	H-440x300x11x18	157.4	3,601	3,518	3,419	3,306	3,180	3,042	2,896	2,742	2,583	2,421	2,257	2,094	1,932	1,773	1,619	
66	H-496x199x9x14	101.3	2,173	2,047	1,901	1,726	1,540	1,353	1,171	998	839	715	617	537	472	418	-	

A2.1 H-형강의 설계압축강도 표 (하중저항계수설계법) : KDS 14 31 10 ; 2017

SS275 $E = 210,000\,MPa,\ G = 81,000\,MPa,\ \phi_c = 0.9\quad : KL_x = KL_y$

번호	부재 치수	단면적	허용 계수 축하중 ; $P_u = \phi_c P_n$ (kN)															비고
		(cm^2)	2.0m	2.5m	3.0m	3.5m	4.0m	4.5m	5.0m	5.5m	6.0m	6.5m	7.0m	7.5m	8.0m	8.5m	9.0m	
67	H-500x200x10x16	114.2	2,511	2,349	2,165	1,966	1,760	1,551	1,348	1,154	973	829	715	623	547	485	-	
68	H-506x201x11x19	131.3	2,808	2,641	2,450	2,242	2,024	1,803	1,584	1,372	1,171	998	860	749	659	583	-	
69	H-482x300x11x15	145.5	3,433	3,342	3,234	3,111	2,975	2,828	2,672	2,509	2,343	2,174	2,006	1,840	1,677	1,520	1,367	
70	H-488x300x11x18	163.5	3,735	3,645	3,538	3,416	3,281	3,134	2,977	2,813	2,644	2,471	2,297	2,124	1,954	1,787	1,626	
71	H-596x199x10x15	120.5	2,485	2,333	2,156	1,957	1,735	1,502	1,279	1,069	898	765	660	575	505	-	-	
72	H-600x200x11x17	134.4	2,775	2,611	2,414	2,179	1,936	1,693	1,457	1,234	1,037	883	762	663	583	-	-	
73	H-606x201x12x20	152.5	3,225	3,014	2,775	2,517	2,249	1,979	1,716	1,465	1,234	1,052	907	790	694	-	-	
74	H-612x202x13x23	170.7	3,628	3,400	3,141	2,861	2,568	2,272	1,981	1,703	1,441	1,228	1,059	922	811	718	-	
75	H-582x300x12x17	174.5	3,964	3,857	3,730	3,585	3,425	3,252	3,070	2,880	2,685	2,488	2,292	2,098	1,909	1,727	1,549	
76	H-588x300x12x20	192.5	4,386	4,275	4,143	3,992	3,825	3,644	3,452	3,252	3,045	2,836	2,626	2,417	2,213	2,014	1,823	
77	H-594x302x14x23	222.4	5,071	4,944	4,794	4,622	4,431	4,224	4,005	3,775	3,539	3,299	3,058	2,819	2,583	2,355	2,134	
78	H-692x300x13x20	211.5	4,714	4,600	4,464	4,307	4,127	3,912	3,686	3,451	3,211	2,968	2,727	2,490	2,259	2,037	1,821	
79	H-696x300x13x22	223.5	4,995	4,878	4,738	4,576	4,395	4,175	3,943	3,701	3,453	3,202	2,951	2,704	2,463	2,229	2,002	
80	H-700x300x13x24	235.5	5,275	5,155	5,012	4,846	4,662	4,437	4,198	3,949	3,694	3,435	3,175	2,918	2,666	2,422	2,186	
81	H-702x301x14x25	248.5	5,656	5,510	5,336	5,137	4,917	4,679	4,426	4,163	3,893	3,619	3,345	3,073	2,807	2,549	2,300	
82	H-708x302x15x28	273.6	6,235	6,078	5,891	5,677	5,440	5,183	4,911	4,626	4,333	4,036	3,738	3,442	3,152	2,869	2,598	
83	H-714x303x16x31	298.9	6,819	6,651	6,450	6,222	5,968	5,692	5,400	5,094	4,779	4,458	4,136	3,816	3,501	3,194	2,898	
84	H-792x300x14x22	243.4	5,299	5,171	5,017	4,838	4,637	4,416	4,177	3,905	3,622	3,337	3,054	2,777	2,509	2,250	2,007	
85	H-796x300x14x24	255.4	5,580	5,448	5,290	5,108	4,902	4,676	4,431	4,157	3,866	3,573	3,281	2,994	2,715	2,446	2,186	
86	H-800x300x14x26	267.4	5,860	5,725	5,564	5,377	5,166	4,934	4,684	4,408	4,109	3,807	3,506	3,209	2,919	2,639	2,367	
87	H-802x301x15x27	281.5	6,270	6,123	5,947	5,743	5,519	5,239	4,943	4,635	4,320	4,002	3,684	3,371	3,066	2,771	2,484	
88	H-808x302x16x30	307.6	6,970	6,810	6,590	6,339	6,062	5,763	5,446	5,115	4,776	4,433	4,091	3,752	3,421	3,100	2,789	
89	H-814x303x17x33	333.9	7,601	7,405	7,171	6,905	6,610	6,291	5,953	5,600	5,237	4,870	4,502	4,137	3,780	3,434	3,100	
90	H-890x299x15x23	270.9	5,753	5,609	5,436	5,236	5,010	4,760	4,490	4,203	3,889	3,561	3,237	2,923	2,620	2,328	2,076	
91	H-894x299x15x25	282.8	6,033	5,887	5,711	5,507	5,277	5,024	4,750	4,458	4,145	3,809	3,476	3,152	2,838	2,533	2,260	
92	H-900x300x16x28	309.8	6,745	6,583	6,387	6,161	5,905	5,624	5,324	4,970	4,610	4,247	3,887	3,535	3,194	2,864	2,555	
93	H-906x301x17x31	336.8	7,468	7,289	7,073	6,824	6,551	6,206	5,841	5,463	5,077	4,688	4,302	3,922	3,553	3,199	2,856	
94	H-912x302x18x34	364.0	8,205	8,009	7,762	7,455	7,115	6,749	6,362	5,960	5,548	5,133	4,720	4,313	3,917	3,535	3,164	
95	H-918x303x19x37	391.3	8,889	8,649	8,364	8,040	7,681	7,293	6,884	6,457	6,021	5,580	5,140	4,705	4,282	3,873	3,474	

A2.1 H-형강의 설계압축강도 표 (하중저항계수설계법) : KDS 14 31 10 ; 2017

SS315

$E = 210{,}000\,MPa,\ G = 81{,}000\,MPa,\ \phi_c = 0.9 \quad : KL_x = KL_y$

번호	부재 치수	단면적	허용 계수 축하중 ; $P_u = \phi_c P_n$ (kN)															비고
		(cm^2)	2.0m	2.5m	3.0m	3.5m	4.0m	4.5m	5.0m	5.5m	6.0m	6.5m	7.0m	7.5m	8.0m	8.5m	9.0m	
1	H-100x50x5x7	11.9	61	-	-	-	-	-	-	-	-	-	-	-	-	-	-	
2	H-100x100x6x8	21.9	409	324	243	178	137	108	-	-	-	-	-	-	-	-	-	
3	H-125x60x6x8	16.8	120	77	-	-	-	-	-	-	-	-	-	-	-	-	-	
4	H-125x125x6.5x9	30.3	661	570	475	384	300	237	192	159	133	-	-	-	-	-	-	
5	H-150x75x5x7	17.9	201	129	89	-	-	-	-	-	-	-	-	-	-	-	-	
6	H-148x100x6x9	26.8	484	375	274	201	154	122	-	-	-	-	-	-	-	-	-	
7	H-150x150x7x10	40.1	950	858	757	654	552	455	369	305	257	219	188	164	-	-	-	
8	H-175x90x5x8	23.0	359	256	178	131	100	-	-	-	-	-	-	-	-	-	-	
9	H-175x175x7.5x11	51.2	1,271	1,180	1,077	967	854	742	634	531	446	380	328	286	251	222	-	
10	H-198x99x4.5x7	23.2	390	291	206	151	116	-	-	-	-	-	-	-	-	-	-	
11	H-200x100x5.5x8	27.2	459	344	243	179	137	-	-	-	-	-	-	-	-	-	-	
12	H-194x150x6x9	39.0	910	815	713	608	506	411	333	275	231	197	170	-	-	-	-	
13	H-200x200x8x12	63.5	1,628	1,538	1,435	1,322	1,203	1,080	958	839	726	620	535	466	409	363	323	
14	H-200x204x12x12	71.5	1,822	1,716	1,595	1,462	1,323	1,181	1,040	904	774	660	569	495	435	386	344	
15	H-208x202x10x16	83.7	2,154	2,040	1,909	1,765	1,612	1,454	1,297	1,142	994	853	735	641	563	499	445	
16	H-248x124x5x8	32.7	668	556	444	340	260	206	166	138	-	-	-	-	-	-	-	
17	H-250x125x6x9	37.7	770	641	512	391	300	237	192	159	-	-	-	-	-	-	-	
18	H-244x175x7x11	56.2	1,378	1,270	1,149	1,021	890	763	642	531	447	380	328	286	251	-	-	
19	H-244x252x11x11	82.1	2,167	2,082	1,982	1,871	1,750	1,623	1,491	1,358	1,226	1,097	973	853	750	664	593	
20	H-248x249x8x13	84.7	2,252	2,172	2,078	1,972	1,857	1,734	1,606	1,476	1,346	1,217	1,092	972	857	759	677	
21	H-250x250x9x14	92.2	2,451	2,363	2,261	2,146	2,021	1,887	1,748	1,607	1,465	1,325	1,189	1,058	932	826	737	
22	H-250x255x14x14	104.7	2,771	2,667	2,544	2,406	2,256	2,097	1,933	1,767	1,601	1,438	1,281	1,129	993	879	784	
23	H-298x149x5.5x8	40.8	901	799	682	563	452	357	289	239	201	171	-	-	-	-	-	
24	H-300x150x6.5x9	46.8	1,048	919	781	646	518	409	331	274	230	196	-	-	-	-	-	
25	H-294x200x8x12	72.4	1,830	1,715	1,585	1,444	1,297	1,148	1,002	862	730	622	536	467	410	364	324	
26	H-298x201x9x14	83.4	2,113	1,984	1,838	1,678	1,511	1,342	1,175	1,014	862	734	633	552	485	429	383	
27	H-294x302x12x12	107.7	2,905	2,825	2,731	2,623	2,503	2,375	2,239	2,098	1,953	1,808	1,662	1,519	1,380	1,246	1,115	
28	H-298x299x9x14	110.8	2,998	2,927	2,837	2,735	2,621	2,498	2,368	2,231	2,091	1,948	1,805	1,663	1,523	1,388	1,257	
29	H-300x300x10x15	119.8	3,244	3,165	3,068	2,958	2,836	2,703	2,562	2,415	2,263	2,109	1,954	1,801	1,650	1,504	1,362	
30	H-300x305x15x15	134.8	3,641	3,544	3,428	3,296	3,151	2,993	2,826	2,653	2,475	2,295	2,115	1,938	1,765	1,598	1,435	
31	H-304x301x11x17	134.8	3,545	3,460	3,359	3,244	3,116	2,977	2,828	2,673	2,513	2,350	2,185	2,021	1,860	1,702	1,549	
32	H-310x305x15x20	165.3	4,347	4,243	4,119	3,978	3,821	3,650	3,468	3,278	3,082	2,881	2,680	2,479	2,281	2,087	1,900	
33	H-310x310x20x20	180.8	4,747	4,630	4,490	4,331	4,154	3,962	3,758	3,545	3,325	3,101	2,877	2,654	2,435	2,221	2,015	

A2.1 H-형강의 설계압축강도 표 (하중저항계수설계법) : KDS 14 31 10 ; 2017

SS315

$E = 210,000\,MPa,\ G = 81,000\,MPa,\ \phi_c = 0.9\quad : KL_x = KL_y$

번호	부재 치수	단면적	허용 계수 축하중 ; $P_u = \phi_c P_n$ (kN)															비고
		(cm^2)	2.0m	2.5m	3.0m	3.5m	4.0m	4.5m	5.0m	5.5m	6.0m	6.5m	7.0m	7.5m	8.0m	8.5m	9.0m	
34	H-346x174x6x9	52.7	1,215	1,119	1,009	889	760	635	519	429	360	307	265	231	-	-	-	
35	H-350x175x7x11	63.1	1,511	1,387	1,240	1,086	932	784	645	533	448	381	329	287	-	-	-	
36	H-354x176x8x13	73.7	1,783	1,631	1,463	1,287	1,109	938	775	641	538	459	396	345	303	-	-	
37	H-336x249x8x12	88.2	2,324	2,231	2,122	2,001	1,869	1,730	1,587	1,443	1,300	1,161	1,027	898	790	700	624	
38	H-340x250x9x14	101.5	2,681	2,577	2,454	2,317	2,169	2,012	1,850	1,686	1,523	1,364	1,211	1,063	934	827	738	
39	H-338x351x13x13	135.3	3,698	3,622	3,532	3,428	3,312	3,186	3,050	2,907	2,758	2,604	2,448	2,290	2,133	1,978	1,825	
40	H-344x348x10x16	146.0	3,996	3,924	3,843	3,741	3,627	3,502	3,368	3,225	3,075	2,921	2,763	2,602	2,441	2,280	2,121	
41	H-344x354x16x16	166.6	4,557	4,466	4,358	4,233	4,093	3,940	3,776	3,603	3,422	3,236	3,046	2,855	2,663	2,474	2,287	
42	H-350x350x12x19	173.9	4,619	4,544	4,447	4,334	4,208	4,069	3,920	3,761	3,594	3,422	3,244	3,064	2,882	2,701	2,521	
43	H-350x357x19x19	198.4	5,265	5,165	5,047	4,910	4,756	4,588	4,407	4,216	4,015	3,809	3,597	3,383	3,168	2,954	2,743	
44	H-396x199x7x11	72.2	1,736	1,632	1,511	1,377	1,232	1,077	926	783	658	561	484	421	370	328	-	
45	H-400x200x8x13	84.1	2,086	1,960	1,806	1,634	1,455	1,277	1,102	938	788	671	579	504	443	393	350	
46	H-390x300x10x16	136.0	3,675	3,577	3,461	3,328	3,182	3,024	2,856	2,682	2,503	2,322	2,141	1,963	1,788	1,620	1,456	
47	H-388x402x15x15	178.5	4,920	4,844	4,752	4,645	4,525	4,393	4,249	4,096	3,935	3,767	3,593	3,415	3,235	3,054	2,873	
48	H-394x398x11x18	186.8	4,994	4,925	4,846	4,760	4,655	4,538	4,409	4,272	4,126	3,973	3,814	3,651	3,484	3,315	3,144	
49	H-394x405x18x18	214.4	5,732	5,647	5,545	5,427	5,294	5,148	4,988	4,818	4,638	4,450	4,256	4,057	3,854	3,649	3,444	
50	H-400x400x13x21	218.7	5,851	5,774	5,686	5,575	5,450	5,312	5,162	5,001	4,830	4,652	4,466	4,275	4,079	3,881	3,681	
51	H-400x408x21x21	250.7	6,706	6,609	6,492	6,357	6,204	6,036	5,853	5,657	5,450	5,234	5,010	4,780	4,546	4,309	4,072	
52	H-406x403x16x24	254.9	6,824	6,738	6,627	6,498	6,353	6,192	6,017	5,829	5,630	5,422	5,205	4,982	4,754	4,523	4,291	
53	H-414x405x18x28	295.4	7,916	7,814	7,688	7,541	7,376	7,193	6,993	6,779	6,552	6,314	6,067	5,812	5,551	5,287	5,020	
54	H-428x407x20x35	360.7	9,678	9,555	9,407	9,234	9,039	8,823	8,587	8,334	8,066	7,784	7,490	7,187	6,877	6,562	6,243	
55	H-442x413x26x42	444.2	11,541	11,402	11,234	11,038	10,817	10,571	10,303	10,015	9,709	9,386	9,050	8,702	8,346	7,982	7,613	
56	H-452x416x29x47	499.0	12,970	12,817	12,631	12,415	12,171	11,900	11,604	11,285	10,946	10,590	10,217	9,832	9,436	9,032	8,623	
57	H-458x417x30x50	528.6	13,745	13,585	13,392	13,168	12,913	12,631	12,322	11,990	11,637	11,265	10,876	10,473	10,059	9,637	9,208	
58	H-462x419x32x52	554.5	14,419	14,251	14,048	13,813	13,546	13,250	12,926	12,578	12,207	11,817	11,409	10,986	10,552	10,109	9,659	
59	H-472x422x35x57	610.5	15,881	15,700	15,481	15,226	14,937	14,616	14,266	13,888	13,486	13,063	12,620	12,161	11,689	11,207	10,717	
60	H-484x426x39x63	680.5	17,709	17,510	17,270	16,991	16,674	16,323	15,939	15,525	15,083	14,618	14,132	13,627	13,108	12,576	12,037	
61	H-498x432x45x70	770.1	20,055	19,838	19,576	19,270	18,924	18,539	18,118	17,664	17,180	16,668	16,133	15,577	15,004	14,418	13,820	
62	H-446x199x8x12	84.3	2,010	1,883	1,735	1,571	1,389	1,202	1,023	855	718	612	528	460	404	358	-	
63	H-450x200x9x14	96.8	2,379	2,228	2,041	1,834	1,622	1,410	1,206	1,013	851	725	625	545	479	424	-	
64	H-434x299x10x15	135.0	3,636	3,532	3,410	3,270	3,117	2,951	2,777	2,596	2,411	2,225	2,041	1,859	1,683	1,514	1,351	
65	H-440x300x11x18	157.4	4,119	4,010	3,880	3,732	3,569	3,392	3,205	3,010	2,810	2,608	2,406	2,206	2,011	1,822	1,639	
66	H-496x199x9x14	101.3	2,413	2,256	2,074	1,873	1,643	1,417	1,201	999	839	715	617	537	472	418	-	

A2.1 H-형강의 설계압축강도 표 (하중저항계수설계법) : KDS 14 31 10 ; 2017

SS315

$E = 210{,}000\,MPa,\ G = 81{,}000\,MPa,\ \phi_c = 0.9 \quad : KL_x = KL_y$

번호	부재 치수	단면적	허용 계수 축하중 ; $P_u = \phi_c P_n$ (kN)															비고
		(cm^2)	2.0m	2.5m	3.0m	3.5m	4.0m	4.5m	5.0m	5.5m	6.0m	6.5m	7.0m	7.5m	8.0m	8.5m	9.0m	
67	H-500x200x10x16	114.2	2,797	2,614	2,386	2,137	1,881	1,629	1,386	1,158	973	829	715	623	547	485	-	
68	H-506x201x11x19	131.3	3,179	2,962	2,717	2,454	2,181	1,909	1,645	1,394	1,171	998	860	749	659	583	-	
69	H-482x300x11x15	145.5	3,905	3,787	3,647	3,489	3,314	3,127	2,930	2,727	2,521	2,315	2,110	1,911	1,719	1,532	1,367	
70	H-488x300x11x18	163.5	4,270	4,153	4,013	3,854	3,679	3,490	3,290	3,082	2,869	2,655	2,441	2,231	2,026	1,829	1,637	
71	H-596x199x10x15	120.5	2,752	2,563	2,343	2,099	1,837	1,558	1,293	1,069	898	765	660	575	505	-	-	
72	H-600x200x11x17	134.4	3,086	2,881	2,641	2,365	2,064	1,769	1,489	1,234	1,037	883	762	663	583	-	-	
73	H-606x201x12x20	152.5	3,604	3,372	3,066	2,740	2,407	2,078	1,763	1,469	1,234	1,052	907	790	694	-	-	
74	H-612x202x13x23	170.7	4,104	3,809	3,477	3,122	2,757	2,394	2,045	1,715	1,441	1,228	1,059	922	811	718	-	
75	H-582x300x12x17	174.5	4,501	4,377	4,222	4,035	3,828	3,607	3,374	3,135	2,892	2,650	2,411	2,178	1,954	1,737	1,549	
76	H-588x300x12x20	192.5	4,984	4,854	4,695	4,499	4,283	4,051	3,806	3,552	3,294	3,035	2,777	2,525	2,281	2,045	1,824	
77	H-594x302x14x23	222.4	5,797	5,631	5,434	5,210	4,963	4,698	4,418	4,128	3,832	3,534	3,239	2,949	2,667	2,397	2,138	
78	H-692x300x13x20	211.5	5,299	5,155	4,982	4,784	4,561	4,317	4,046	3,751	3,452	3,154	2,861	2,576	2,303	2,042	1,821	
79	H-696x300x13x22	223.5	5,620	5,472	5,295	5,090	4,861	4,610	4,336	4,031	3,721	3,412	3,107	2,809	2,523	2,245	2,002	
80	H-700x300x13x24	235.5	5,942	5,790	5,607	5,396	5,161	4,902	4,624	4,310	3,991	3,670	3,353	3,042	2,742	2,451	2,186	
81	H-702x301x14x25	248.5	6,370	6,203	6,004	5,774	5,502	5,196	4,875	4,543	4,205	3,866	3,531	3,203	2,886	2,579	2,300	
82	H-708x302x15x28	273.6	7,127	6,920	6,676	6,398	6,091	5,762	5,414	5,055	4,688	4,320	3,955	3,597	3,250	2,915	2,600	
83	H-714x303x16x31	298.9	7,796	7,575	7,313	7,015	6,687	6,333	5,960	5,573	5,178	4,780	4,385	3,996	3,619	3,257	2,908	
84	H-792x300x14x22	243.4	5,948	5,786	5,591	5,366	5,114	4,837	4,539	4,224	3,882	3,532	3,191	2,860	2,540	2,250	2,007	
85	H-796x300x14x24	255.4	6,269	6,103	5,903	5,673	5,414	5,130	4,825	4,502	4,155	3,794	3,439	3,095	2,766	2,451	2,186	
86	H-800x300x14x26	267.4	6,591	6,420	6,215	5,978	5,713	5,422	5,109	4,777	4,426	4,053	3,687	3,329	2,986	2,653	2,367	
87	H-802x301x15x27	281.5	7,048	6,862	6,639	6,381	6,092	5,775	5,432	5,045	4,652	4,259	3,873	3,497	3,135	2,785	2,484	
88	H-808x302x16x30	307.6	7,839	7,632	7,385	7,100	6,779	6,395	5,992	5,575	5,152	4,729	4,311	3,902	3,509	3,127	2,789	
89	H-814x303x17x33	333.9	8,644	8,429	8,124	7,778	7,397	6,988	6,557	6,111	5,658	5,204	4,754	4,314	3,888	3,475	3,100	
90	H-890x299x15x23	270.9	6,445	6,264	6,046	5,794	5,511	5,200	4,865	4,510	4,140	3,746	3,357	2,984	2,628	2,328	2,076	
91	H-894x299x15x25	282.8	6,766	6,581	6,359	6,103	5,815	5,498	5,157	4,796	4,419	4,021	3,620	3,234	2,860	2,533	2,260	
92	H-900x300x16x28	309.8	7,568	7,362	7,116	6,830	6,510	6,159	5,780	5,380	4,941	4,496	4,061	3,640	3,233	2,864	2,555	
93	H-906x301x17x31	336.8	8,383	8,156	7,884	7,569	7,217	6,830	6,407	5,932	5,452	4,975	4,506	4,051	3,616	3,202	2,856	
94	H-912x302x18x34	364.0	9,213	8,965	8,666	8,322	7,947	7,478	6,986	6,481	5,969	5,458	4,955	4,467	3,998	3,547	3,164	
95	H-918x303x19x37	391.3	10,056	9,785	9,469	9,047	8,584	8,088	7,567	7,030	6,486	5,942	5,406	4,884	4,381	3,895	3,474	

A2.2 C형강의 설계압축강도 표 (하중저항계수설계법) : KDS 14 31 10 ; 2017

SS275 $E = 210,000\,MPa,\ G = 81,000\,MPa,\ \phi_c = 0.9 \quad : KL_x = KL_y$

번호	부재 치수	단면적	허용 계수 축하중 ; $P_u = \phi_c P_n$ (kN)															비고
		(cm^2)	0.5m	0.75m	1.0m	1.24m	1.5m	1.75m	2.0m	2.25m	2.5m	3.0m	3.5m	4.0m	4.5m	5.0m	5.5m	
1	C-75x40x5/7	8.82	197	174	145	116	88	64	49	39	-	-	-	-	-	-	-	
2	C-100x50x5/7.5	11.92	272	256	229	199	167	136	107	84	68	-	-	-	-	-	-	
3	C-125x65x6/8	17.11	400	380	361	333	300	264	229	194	162	112	82	-	-	-	-	
4	C-150x75x6.5/10	23.71	562	539	515	492	455	416	374	332	290	212	156	119	-	-	-	
5	C-150x75x9/12.5	30.59	727	702	674	632	583	531	476	421	367	267	196	150	-	-	-	
6	C-180x75x7/10.5	27.20	649	626	600	562	519	472	424	375	326	237	174	133	-	-	-	
7	C-200x80x7.5/11	31.33	752	727	699	660	615	565	513	460	407	306	225	172	136	-	-	
8	C-200x90x8/13.5	38.65	930	903	873	844	804	755	702	647	590	477	371	284	224	182	-	
9	C-250x90x9/13	44.07	1,066	1,039	1,003	957	904	845	781	715	648	515	392	300	237	192	-	
10	C-250x90x11/14.5	51.17	1,238	1,207	1,162	1,107	1,043	973	898	819	740	584	441	338	267	216	-	
11	C-300x90x9/13	48.57	1,176	1,144	1,101	1,049	987	920	847	772	696	547	412	315	249	202	-	
12	C-300x90x10/15.5	55.74	1,350	1,314	1,266	1,206	1,137	1,060	978	892	806	636	480	368	291	235	-	
13	C-300x90x12/16	61.90	1,498	1,456	1,400	1,330	1,250	1,162	1,068	970	871	680	508	389	308	-	-	
14	C-380x100x10.5/16	69.39	1,687	1,649	1,598	1,535	1,461	1,378	1,288	1,194	1,096	900	712	548	433	351	290	
15	C-380x100x13/16.5	78.96	1,848	1,805	1,747	1,675	1,591	1,496	1,395	1,288	1,178	958	751	576	455	368	-	
16	C-380x100x13/20	85.71	2,009	1,965	1,906	1,832	1,745	1,648	1,543	1,432	1,318	1,086	865	668	527	427	353	

A2.3 2C형강의 설계압축강도 표 (하중저항계수설계법) : KDS 14 31 10 ; 2017

SS275, $e = 6mm$ $E = 210{,}000\,MPa,\ G = 81{,}000\,MPa,\ \phi_c = 0.9$: $KL_x = KL_y$

번호	부재 치수	단면적	허용 계수 축하중 ; $P_u = \phi_c P_n$ (kN)															비고
		(cm^2)	0.5m	1.0m	1.5m	2.0m	2.5m	3.0m	3.5m	4.0m	4.5m	5.0m	5.5m	6.0m	6.5m	7.0m	7.5m	
1	2C 75x40x5/7	17.30	399	377	322	259	195	138	102	78	62	50	41	35	29	25	22	
2	2C 100x50x5/7.5	23.50	548	510	479	412	340	268	202	155	122	99	82	69	59	51	44	
3	2C 125x65x6/8	33.88	805	748	706	672	594	510	426	346	275	223	184	155	132	114	99	
4	2C 150x75x6.5/10	46.90	1,125	1,057	1,001	964	900	805	705	605	509	419	346	291	248	214	186	
5	2C 150x75x9/12.5	60.00	1,441	1,374	1,331	1,258	1,147	1,023	894	766	642	527	435	366	312	269	234	
6	2C 180x75x7/10.5	53.76	1,293	1,215	1,143	1,092	1,009	893	774	655	543	441	365	307	261	225	196	
7	2C 200x70x7/10	53.20	1,277	1,191	1,108	1,046	930	798	665	540	428	347	287	241	205	177	154	
8	2C 200x80x7.5/11	61.90	1,494	1,410	1,326	1,260	1,191	1,066	935	803	677	558	461	387	330	284	248	
9	2C 200x90x8/13.5	76.28	1,848	1,762	1,680	1,618	1,575	1,455	1,324	1,188	1,050	915	786	665	566	488	425	
10	2C 250x90x9/13	87.12	2,115	2,016	1,905	1,810	1,736	1,587	1,420	1,250	1,081	920	768	645	550	474	413	
11	2C 250x90x11/14.5	100.82	2,447	2,340	2,231	2,144	2,004	1,819	1,623	1,423	1,226	1,038	863	725	618	533	464	
12	2C 300x90x9/13	96.12	2,335	2,225	2,090	1,963	1,856	1,698	1,504	1,307	1,114	933	771	648	552	476	415	
13	2C 300x90x10/15.5	109.60	2,663	2,542	2,406	2,286	2,169	1,966	1,750	1,530	1,314	1,109	920	773	659	568	495	
14	2C 300x90x12/16	121.92	2,962	2,832	2,693	2,578	2,378	2,141	1,891	1,639	1,394	1,162	960	807	688	593	516	
15	2C 380x100x10.5/16	137.08	3,343	3,212	3,041	2,867	2,710	2,546	2,296	2,037	1,779	1,529	1,291	1,085	924	797	694	
16	2C 380x100x13/16.5	156.22	3,673	3,536	3,366	3,200	3,023	2,757	2,473	2,181	1,892	1,614	1,351	1,135	967	834	727	
17	2C 380x100x13/20	168.40	3,959	3,816	3,646	3,490	3,330	3,067	2,782	2,486	2,189	1,898	1,622	1,366	1,164	1,004	874	

A2.3 2C형강의 설계압축강도 표 (하중저항계수설계법) : KDS 14 31 10 ; 2017

SS275, $e = 9mm$ $E = 210,000\,MPa,\ G = 81,000\,MPa,\ \phi_c = 0.9$: $KL_x = KL_y$

번호	부재 치수	단면적	허용 계수 축하중 ; $P_u = \phi_c P_n$ (kN)															비고
		(cm^2)	0.5m	1.0m	1.5m	2.0m	2.5m	3.0m	3.5m	4.0m	4.5m	5.0m	5.5m	6.0m	6.5m	7.0m	7.5m	
1	2C 75x40x5/7	17.30	398	381	332	273	212	155	114	87	69	56	46	39	33	28	25	
2	2C 100x50x5/7.5	23.50	547	508	487	425	356	287	222	170	134	109	90	75	64	55	48	
3	2C 125x65x6/8	33.88	804	746	704	678	608	528	447	368	295	239	198	166	142	122	106	
4	2C 150x75x6.5/10	46.90	1,124	1,055	999	961	914	823	726	629	535	445	368	309	264	227	198	
5	2C 150x75x9/12.5	60.00	1,440	1,372	1,329	1,271	1,165	1,047	922	797	676	561	463	389	332	286	249	
6	2C 180x75x7/10.5	53.76	1,292	1,213	1,141	1,089	1,026	915	800	684	574	470	389	326	278	240	209	
7	2C 200x70x7/10	53.20	1,276	1,189	1,106	1,044	951	825	697	573	459	372	307	258	220	190	165	
8	2C 200x80x7.5/11	61.90	1,494	1,409	1,324	1,258	1,208	1,088	962	834	709	592	489	411	350	302	263	
9	2C 200x90x8/13.5	76.28	1,847	1,761	1,678	1,615	1,572	1,474	1,348	1,216	1,082	949	822	700	596	514	448	
10	2C 250x90x9/13	87.12	2,114	2,015	1,903	1,807	1,733	1,612	1,452	1,286	1,121	962	810	681	580	500	436	
11	2C 250x90x11/14.5	100.82	2,447	2,339	2,229	2,141	2,027	1,850	1,661	1,466	1,273	1,087	911	766	652	563	490	
12	2C 300x90x9/13	96.12	2,335	2,224	2,089	1,960	1,853	1,729	1,541	1,349	1,161	981	814	684	583	503	438	
13	2C 300x90x10/15.5	109.60	2,662	2,541	2,404	2,283	2,189	2,000	1,791	1,578	1,366	1,163	972	817	696	600	523	
14	2C 300x90x12/16	121.92	2,961	2,831	2,691	2,576	2,409	2,182	1,941	1,695	1,455	1,226	1,016	854	727	627	546	
15	2C 380x100x10.5/16	137.08	3,343	3,212	3,040	2,865	2,708	2,576	2,340	2,089	1,836	1,590	1,356	1,141	972	838	730	
16	2C 380x100x13/16.5	156.22	3,672	3,535	3,364	3,198	3,055	2,800	2,525	2,241	1,958	1,684	1,424	1,196	1,019	879	766	
17	2C 380x100x13/20	168.40	3,959	3,815	3,645	3,488	3,360	3,108	2,833	2,546	2,255	1,970	1,696	1,437	1,224	1,056	920	

A2.4 등변 L형강의 설계압축강도 표 (하중저항계수설계법) : KDS 14 31 10 ; 2017

SS275

$E = 210{,}000\,MPa,\ G = 81{,}000\,MPa,\ \phi_c = 0.9 \quad : KL_x = KL_y$

번호	부재 치수	단면적	허용 계수 축하중 ; $P_u = \phi_c P_n\ (kN)$															
			단일부재 또는 평면 트러스								박스형 또는 입체형 트러스							
		(cm^2)	0.5m	1.0m	1.5m	2.0m	2.5m	3.0m	3.5m	4.0m	0.5m	1.0m	1.5m	2.0m	2.5m	3.0m	3.5m	4.0m
1	L 25x3	1.43	15	6	3	2	1	1	1	0	17	7	4	2	2	1	1	1
2	L 30x3	1.73	21	10	5	3	2	1	1	1	23	12	6	4	3	2	2	1
3	L 40x5	3.76	51	33	17	11	7	5	4	3	57	37	21	14	10	7	5	4
4	L 45x4	3.49	50	35	20	12	8	6	5	4	55	39	24	15	11	8	6	5
5	L 45x5	4.30	61	43	24	15	10	7	6	4	68	49	29	19	13	10	8	6
6	L 50x4	3.89	57	43	27	17	11	8	6	5	64	48	31	21	15	11	8	7
7	L 50x5	4.80	71	52	33	20	14	10	8	6	79	59	38	25	18	13	10	8
8	L 50x6	5.64	83	61	37	23	16	12	9	7	92	68	44	29	21	15	12	10
9	L 60x4	4.69	69	56	43	27	19	14	11	8	76	62	47	33	24	18	14	11
10	L 60x5	5.80	89	71	53	34	23	17	13	10	99	79	59	40	29	22	17	14
11	L 60x6	6.84	105	83	61	39	27	20	15	12	117	93	69	47	34	25	20	16
12	L 65x5	6.37	99	80	63	42	29	21	16	13	109	90	70	49	36	27	21	17
13	L 65x6	7.53	118	95	74	49	34	25	19	15	130	106	83	58	42	32	25	20
14	L 65x8	9.76	152	122	95	62	43	31	24	19	168	137	105	73	53	40	31	25
15	L 70x6	8.13	129	106	85	60	42	31	24	19	143	119	95	69	51	39	31	25
16	L 75x6	8.73	140	117	96	72	51	38	29	23	154	131	107	82	60	46	37	30
17	L 75x9	12.69	203	170	137	101	71	53	40	32	224	189	154	116	85	65	52	42
18	L 75x12	16.59	265	221	178	130	91	67	52	41	293	246	199	149	109	84	66	54
19	L 80x6	9.33	149	127	106	85	60	45	35	28	164	141	119	95	71	55	44	35
20	L 80x7	10.80	175	149	123	98	69	51	40	31	193	166	138	109	81	63	50	40
21	L 90x6	10.55	166	146	126	107	82	62	48	38	182	161	140	119	94	73	59	48
22	L 90x7	12.22	200	174	149	124	95	71	55	44	220	193	166	139	109	85	68	55
23	L 90x8	13.76	227	197	168	140	106	79	61	49	250	219	187	156	121	94	75	62
24	L 90x9	15.39	253	220	187	155	117	87	68	54	279	244	209	174	134	104	83	68
25	L 90x10	17.00	279	242	206	171	128	96	74	59	308	270	230	192	148	115	92	75
26	L 90x13	21.71	356	308	261	216	161	120	93	74	393	343	292	242	186	144	115	94
27	L 100x7	13.62	220	196	172	148	125	94	74	59	241	216	191	165	138	110	89	73
28	L 100x8	15.36	256	226	197	168	140	105	82	66	282	251	220	189	156	123	99	81
29	L 100x10	19.00	317	280	243	208	171	129	100	81	349	311	271	232	191	151	121	100
30	L 100x13	24.31	405	357	309	263	214	161	126	101	446	396	345	295	241	189	152	125

A2.4 등변 L형강의 설계압축강도 표 (하중저항계수설계법) : KDS 14 31 10 ; 2017

SS275 $E = 210{,}000\,MPa,\ G = 81{,}000\,MPa,\ \phi_c = 0.9 \quad : KL_x = KL_y$

번호	부재 치수	단면적	허용 계수 축하중 ; $P_u = \phi_c P_n$ (kN)															
		(cm^2)	단일부재 또는 평면 트러스								박스형 또는 입체형 트러스							
			0.5m	1.0m	1.5m	2.0m	2.5m	3.0m	3.5m	4.0m	0.5m	1.0m	1.5m	2.0m	2.5m	3.0m	3.5m	4.0m
31	L 120x8	18.76	304	278	251	225	199	173	137	110	333	306	278	249	221	190	158	131
32	L 130x9	22.74	375	345	314	284	254	225	187	152	411	380	347	315	282	250	212	178
33	L 130x10	25.16	426	390	354	318	283	249	206	167	468	431	393	355	316	279	234	196
34	L 130x12	29.76	509	465	421	377	334	293	240	194	561	515	468	421	374	328	274	228
35	L 130x15	36.75	629	574	518	464	410	360	293	237	692	635	577	518	459	402	335	279
36	L 150x10	29.21	482	449	416	382	349	317	286	244	526	493	458	423	387	352	317	276
37	L 150x12	34.77	601	557	513	468	425	382	342	288	660	616	569	522	475	428	382	328
38	L 150x15	42.74	740	685	630	574	520	467	416	348	813	758	699	640	581	523	464	397
39	L 150x19	53.38	902	836	770	704	639	576	515	429	988	922	853	782	712	642	571	490
40	L 175x12	40.52	680	641	600	560	519	479	440	402	743	703	661	619	575	532	489	447
41	L 175x15	50.21	879	824	768	713	658	603	551	500	965	910	852	793	734	675	617	560
42	L 200x15	57.75	1,000	948	895	842	788	735	683	632	1095	1,043	988	932	875	818	761	705
43	L 200x20	76.00	1,307	1,239	1,170	1,100	1,030	960	892	825	1,430	1,361	1,290	1,217	1,143	1,068	994	920
44	L 200x25	93.75	1,612	1,527	1,441	1,354	1,267	1,180	1,096	1,013	1,763	1,678	1,589	1,498	1,406	1,313	1,221	1,129
45	L 250x25	119.40	2,075	1,990	1,904	1,816	1,729	1,641	1,554	1,467	2,268	2,183	2,095	2,005	1,913	1,820	1,727	1,633
46	L 250x35	162.60	2,824	2,706	2,586	2,465	2,343	2,221	2,100	1,981	3,086	2,968	2,846	2,721	2,594	2,464	2,335	2,205

A2.5 부등변 L형강의 설계압축강도 표 (하중저항계수설계법) : KDS 14 31 10 ; 2017

SS275

$E = 210{,}000\,MPa,\ G = 81{,}000\,MPa,\ \phi_c = 0.9 \quad : KL_x = KL_y$

번호	부재 치수	단면적	허용 계수 축하중 ; $P_u = \phi_c P_n$ (kN)															
			긴 다리로 접합된 부등변ㄱ형강의 단일 부재 또는 평면 트러스								긴 다리로 접합된 부등변ㄱ형강의 박스형 또는 입체 트러스							
		(cm^2)	0.5m	1.0m	1.5m	2.0m	2.5m	3.0m	3.5m	4.0m	0.5m	1.0m	1.5m	2.0m	2.5m	3.0m	3.5m	4.0m
1	L 100x75x7	11.87	183	154	125	91	64	47	36	29	211	190	168	146	123	99	80	66
2	L 100x75x10	16.50	262	217	173	123	86	63	49	39	304	272	238	205	171	135	109	90
3	L 125x75x7	13.62	196	166	136	98	69	51	39	31	227	212	195	179	162	145	125	106
4	L 125x75x10	19.00	299	245	193	132	92	68	52	41	357	328	298	268	238	209	175	146
5	L 125x75x13	24.31	382	312	245	166	116	85	65	52	458	420	382	343	304	266	221	185
6	L 150x90x9	20.94	316	275	235	196	141	105	81	65	364	343	321	298	276	253	231	204
7	L 150x90x12	27.36	443	378	314	252	178	132	102	81	521	487	451	415	379	344	309	269

번호	부재 치수	단면적	허용 계수 축하중 ; $P_u = \phi_c P_n$ (kN)															
			짧은 다리로 접합된 부등변ㄱ형강의 단일 부재 또는 평면 트러스								짧은 다리로 접합된 부등변ㄱ형강의 박스형 또는 입체 트러스							
		(cm^2)	0.5m	1.0m	1.5m	2.0m	2.5m	3.0m	3.5m	4.0m	0.5m	1.0m	1.5m	2.0m	2.5m	3.0m	3.5m	4.0m
1	L 100x75x7	11.87	187	166	146	126	89	62	46	35	194	162	131	98	72	56	44	36
2	L 100x75x10	16.50	268	236	205	175	119	83	61	47	278	229	182	133	98	75	60	49
3	L 125x75x7	13.62	198	182	167	151	106	74	54	42	196	164	133	98	73	57	45	37
4	L 125x75x10	19.00	303	275	247	217	143	99	73	56	299	241	187	133	99	77	61	50
5	L 125x75x13	24.31	389	352	316	275	180	125	92	71	383	308	237	168	125	97	77	63
6	L 150x90x9	20.94	316	295	273	252	223	162	119	91	317	273	230	187	143	112	91	75
7	L 150x90x12	27.36	444	410	376	343	292	205	151	115	444	375	307	240	182	143	115	95

A2. 2L형강의 설계압축강도 표 (하중저항계수설계법) : KDS 14 31 10 ; 2017

SS275, $e = 9mm$ $E = 210{,}000\,MPa,\ G = 81{,}000\,MPa,\ \phi_c = 0.9$ $: KL_x = KL_y$

번호	부재 치수	단면적 (cm^2)	허용 계수 축하중 ; $P_u = \phi_c P_n$ (kN)															
			1차 조임의 볼트로 접합된 경우								용접 또는 볼트로 접합된 경우							
			0.5m	1.0m	1.5m	2.0m	2.5m	3.0m	3.5m	4.0m	0.5m	1.0m	1.5m	2.0m	2.5m	3.0m	3.5m	4.0m
1	2L 25x3	2.85	55	26	10	7	4	3	2	2	55	26	10	7	4	3	2	2
2	2L 30x3	3.45	70	44	21	8	7	5	4	3	70	44	21	8	7	5	4	3
3	2L 40x5	7.51	165	126	78	44	20	20	14	11	169	126	78	44	20	20	14	11
4	2L 45x4	6.98	151	123	88	53	29	24	17	13	157	123	88	53	29	24	17	13
5	2L 45x5	8.60	190	155	108	65	36	29	21	16	197	155	108	65	36	29	21	16
6	2L 50x4	7.78	167	142	108	73	44	24	24	19	172	142	108	73	44	24	24	19
7	2L 50x5	8.16	184	158	124	87	55	32	29	23	189	158	124	87	55	32	29	23
8	2L 50x6	11.29	254	214	160	103	64	33	34	26	263	214	160	103	64	33	34	26
9	2L 60x4	9.38	186	168	141	110	80	53	33	32	189	168	141	110	80	53	33	32
10	2L 60x5	11.60	255	228	188	143	100	65	38	40	261	228	188	143	100	65	38	40
11	2L 60x6	13.69	309	274	225	170	118	76	45	46	316	274	225	170	118	76	45	46
12	2L 65x5	12.73	273	249	212	169	125	87	56	50	278	267	212	169	125	87	56	50
13	2L 65x6	15.05	338	306	258	204	150	102	65	60	344	323	258	204	150	102	65	60
14	2L 65x8	19.52	451	406	341	267	192	132	83	75	460	417	341	267	192	132	83	75
15	2L 70x6	16.25	363	333	288	235	180	130	88	56	369	355	288	235	180	130	88	56
16	2L 75x6	17.45	385	358	316	265	211	159	114	77	390	378	316	265	211	159	114	77
17	2L 75x9	25.38	590	545	478	398	314	234	166	111	599	563	478	398	314	234	166	111
18	2L 75x12	33.18	784	724	634	524	407	298	218	146	796	734	634	524	407	298	218	146
19	2L 80x6	18.65	400	376	338	291	239	188	141	101	404	393	338	291	239	188	141	101
20	2L 80x7	21.59	486	455	407	348	284	221	163	115	492	478	407	348	284	221	163	115
21	2L 90x6	21.10	425	405	374	335	289	242	195	151	428	419	374	335	289	242	195	151
22	2L 90x7	24.44	536	509	467	414	354	291	231	176	541	529	467	414	354	291	231	176
23	2L 90x8	27.53	625	592	542	478	407	333	263	199	631	616	542	478	407	333	263	199
24	2L 90x9	30.79	709	671	613	540	458	373	293	222	716	699	613	540	458	373	293	222
25	2L 90x10	34.00	791	749	684	601	509	415	325	246	799	780	684	601	509	415	325	246
26	2L 90x13	43.42	1,029	973	887	778	658	535	417	316	1,040	995	887	778	658	535	417	316
27	2L 100x7	27.24	566	544	510	464	412	354	297	241	570	560	543	464	412	354	297	241
28	2L 100x8	30.72	685	657	612	554	487	415	343	275	691	677	656	554	487	415	343	275
29	2L 100x10	38.00	878	840	781	704	616	523	430	343	885	868	821	704	616	523	430	343
30	2L 100x13	48.62	1,149	1,099	1,019	918	802	679	558	444	1,159	1,132	1,048	918	802	679	558	444

A2.6 2L형강의 설계압축강도 표 (하중저항계수설계법) : KDS 14 31 10 ; 2017

SS275, $e = 9mm$

$E = 210{,}000\,MPa,\ G = 81{,}000\,MPa,\ \phi_c = 0.9\quad : KL_x = KL_y$

번호	부재 치수	단면적	허용 계수 축하중 ; $P_u = \phi_c P_n$ (kN)															
		(cm^2)	1차 조임의 볼트로 접합된 경우								용접 또는 볼트로 접합된 경우							
			0.5m	1.0m	1.5m	2.0m	2.5m	3.0m	3.5m	4.0m	0.5m	1.0m	1.5m	2.0m	2.5m	3.0m	3.5m	4.0m
31	2L 120x8	37.52	760	740	708	665	613	554	492	427	764	754	738	665	613	554	492	427
32	2L 130x9	45.48	944	922	887	840	782	716	645	572	948	938	920	897	782	716	645	572
33	2L 130x10	50.32	1,107	1,080	1,036	978	907	827	740	652	1,112	1,099	1,078	1,049	907	827	740	652
34	2L 130x12	59.52	1,370	1,334	1,277	1,202	1,110	1,008	898	786	1,376	1,359	1,332	1,279	1,110	1,008	898	786
35	2L 130x15	73.50	1,731	1,686	1,613	1,515	1,398	1,267	1,127	985	1,740	1,719	1,678	1,576	1,398	1,267	1,127	985
36	2L 150x10	58.42	1,187	1,167	1,134	1,089	1,033	969	897	821	1,191	1,181	1,165	1,143	1,033	969	897	821
37	2L 150x12	69.54	1,563	1,533	1,485	1,420	1,341	1,249	1,148	1,041	1,568	1,554	1,531	1,499	1,341	1,249	1,148	1,041
38	2L 150x15	85.48	1,991	1,951	1,887	1,802	1,696	1,576	1,444	1,305	1,998	1,979	1,949	1,901	1,696	1,576	1,444	1,305
39	2L 150x19	106.76	2,450	2,402	2,325	2,221	2,094	1,949	1,789	1,621	2,459	2,437	2,400	2,293	2,094	1,949	1,789	1,621
40	2L 175x12	81.04	1,681	1,659	1,623	1,574	1,513	1,441	1,360	1,271	1,685	1,674	1,657	1,632	1,602	1,441	1,360	1,271
41	2L 175x15	100.42	2,296	2,264	2,210	2,137	2,046	1,939	1,821	1,692	2,302	2,287	2,261	2,225	2,180	1,939	1,821	1,692
42	2L 200x15	115.50	2,522	2,495	2,452	2,392	2,317	2,228	2,127	2,016	2,526	2,514	2,492	2,463	2,426	2,381	2,127	2,016
43	2L 200x20	152.00	3,427	3,390	3,329	3,245	3,141	3,017	2,877	2,723	3,433	3,416	3,387	3,347	3,296	3,184	2,877	2,723
44	2L 200x25	187.50	4,311	4,263	4,185	4,078	3,945	3,787	3,609	3,413	4,319	4,297	4,261	4,211	4,080	3,919	3,609	3,413
45	2L 250x25	238.80	5,388	5,350	5,288	5,203	5,095	4,966	4,817	4,651	5,394	5,377	5,347	5,306	5,254	5,190	5,089	4,916
46	2L 250x35	325.20	7,540	7,486	7,396	7,272	7,116	6,929	6,715	6,476	7,550	7,525	7,484	7,426	7,307	7,117	6,900	6,476

A2.7 T형강의 설계압축강도 표 (하중저항계수설계법) : KDS 14 31 10 ; 2017

SS275

$E = 210,000\,MPa,\ G = 81,000\,MPa,\ \phi_c = 0.9 \quad : KL_x = KL_y$

번호	부재 치수	단면적 (cm^2)	허용 계수 축하중 ; $P_u = \phi_c P_n$ (kN)															비고
			0.5m	1.0m	1.5m	2.0m	2.5m	3.0m	3.5m	4.0m	4.5m	5.0m	5.5m	6.0m	6.5m	7.0m	7.5m	
1	T-50x100x6x8	11.0	246	185	115	66	-	-	-	-	-	-	-	-	-	-	-	
2	T-62.5x125x6.5x9	15.2	353	295	218	143	92	64	-	-	-	-	-	-	-	-	-	
3	T-75x75x5x7	8.9	200	173	136	97	63	44	-	-	-	-	-	-	-	-	-	
4	T-75x100x6x9	13.5	320	290	244	191	140	98	72	55	-	-	-	-	-	-	-	
5	T-75x150x7x10	20.1	476	420	341	254	174	121	89	-	-	-	-	-	-	-	-	
6	T-100x100x5.5x8	13.6	306	283	248	206	161	119	88	68	-	-	-	-	-	-	-	
7	T-97x150x6x9	19.5	465	443	397	341	281	221	167	128	101	82	-	-	-	-	-	
8	T-100x200x8x12	31.8	768	715	634	536	433	333	246	189	149	-	-	-	-	-	-	
9	T-100x204x12x12	35.8	866	819	743	648	544	439	341	261	206	167	-	-	-	-	-	
10	T-104x202x10x16	41.9	1,012	944	841	715	581	450	335	257	203	-	-	-	-	-	-	
11	T-124x124x5x8	16.3	298	287	268	244	217	186	156	126	100	82	68	-	-	-	-	
12	T-125x125x6x9	18.8	414	395	365	326	281	234	188	146	116	94	78	-	-	-	-	
13	T-122x175x7x11	28.1	670	655	616	560	496	427	358	292	233	188	156	131	-	-	-	
14	T-122x252x11x11	41.0	977	965	905	827	737	640	542	447	359	291	240	202	172	-	-	
15	T-124x249x8x13	42.4	1,029	983	906	809	700	586	475	372	294	238	197	-	-	-	-	
16	T-125x250x9x14	46.1	1,121	1,072	992	890	774	652	533	421	333	270	223	-	-	-	-	
17	T-125x255x14x14	52.3	1,265	1,233	1,160	1,064	953	832	709	590	477	387	320	269	229	-	-	
18	T-149x149x5.5x8	20.4	315	307	296	280	260	238	214	188	163	138	115	98	83	-	-	
19	T-150x150x6.5x9	23.4	445	433	413	385	352	315	275	235	195	160	133	112	96	-	-	
20	T-147x200x8x12	36.2	852	837	812	778	719	652	582	510	439	371	308	259	221	190	166	
21	T-149x201x9x14	41.7	993	976	948	897	830	754	673	590	509	431	359	302	257	222	193	
22	T-147x302x12x12	53.8	1,267	1,258	1,232	1,159	1,071	973	869	762	657	557	463	389	332	286	249	
23	T-149x299x9x14	55.4	1,338	1,313	1,244	1,154	1,047	930	809	688	573	467	386	324	276	238	-	
24	T-150x300x10x15	59.9	1,450	1,422	1,350	1,255	1,142	1,019	890	761	637	522	431	363	309	266	-	
25	T-150x305x15x15	67.4	1,618	1,606	1,546	1,457	1,350	1,230	1,102	970	840	715	598	502	428	369	321	
26	T-152x301x11x17	67.4	1,582	1,545	1,470	1,370	1,252	1,122	986	848	716	591	488	410	350	301	-	
27	T-173x174x6x9	26.3	365	360	351	338	323	306	285	264	241	217	194	171	148	128	112	
28	T-175x175x7x11	31.6	564	554	537	513	485	451	414	375	335	294	255	217	186	161	141	
29	T-168x249x8x12	44.1	1,007	997	979	955	902	837	766	692	616	541	469	400	341	294	256	
30	T-170x250x9x14	50.8	1,202	1,189	1,167	1,125	1,057	979	895	807	717	629	544	463	394	340	296	
31	T-172x348x10x16	73.0	1,763	1,748	1,678	1,584	1,471	1,344	1,208	1,068	928	794	667	560	477	412	359	
32	T-172x354x16x16	83.3	1,990	1,979	1,946	1,861	1,756	1,637	1,506	1,367	1,226	1,085	948	818	698	601	524	
33	T-175x350x12x19	86.9	2,041	2,011	1,935	1,834	1,712	1,574	1,425	1,270	1,115	964	821	690	588	507	442	

A2.7 T형강의 설계압축강도 표 (하중저항계수설계법) : KDS 14 31 10 ; 2017

SS275

$E = 210{,}000\,MPa,\ G = 81{,}000\,MPa,\ \phi_c = 0.9 \quad : KL_x = KL_y$

번호	부재 치수	단면적	허용 계수 축하중 ; $P_u = \phi_c P_n$ (kN)														비고
		(cm^2)	0.5m	1.0m	1.5m	2.0m	2.5m	3.0m	3.5m	4.0m	4.5m	5.0m	5.5m	6.0m	6.5m	7.0m	7.5m	
34	T-175x357x19x19	99.2	2,311	2,298	2,241	2,148	2,035	1,904	1,760	1,608	1,451	1,294	1,140	993	852	735		
35	T-169x351x13x13	67.6	1,571	1,563	1,549	1,506	1,420	1,320	1,212	1,098	982	866	754	647	552	476		
36	T-198x199x7x11	36.1	528	522	512	498	480	459	435	409	381	352	321	291	261	232		
37	T-200x200x8x13	42.1	760	750	732	707	677	641	601	558	512	464	417	370	325	282		
38	T-193x299x9x14	60.1	1,353	1,344	1,328	1,306	1,253	1,182	1,104	1,021	933	845	757	670	588	509		
39	T-195x300x10x16	68.0	1,614	1,602	1,582	1,542	1,468	1,383	1,289	1,188	1,083	976	871	768	670	579		
40	T-194x402x15x15	89.2	2,075	2,066	2,052	2,032	1,949	1,845	1,729	1,604	1,473	1,340	1,206	1,075	949	827		
41	T-197x398x11x18	93.4	2,176	2,167	2,109	2,020	1,912	1,788	1,652	1,507	1,358	1,209	1,064	924	792	683		
42	T-197x405x18x18	107.2	2,466	2,456	2,439	2,372	2,274	2,159	2,032	1,894	1,748	1,599	1,449	1,301	1,157	1,019		
43	T-200x400x13x21	109.4	2,565	2,547	2,473	2,373	2,250	2,109	1,953	1,787	1,617	1,445	1,276	1,114	959	827		
44	T-200x408x21x21	125.4	2,915	2,903	2,869	2,778	2,666	2,534	2,388	2,229	2,062	1,890	1,716	1,544	1,377	1,216		
45	T-203x403x16x24	127.4	2,998	2,973	2,892	2,782	2,647	2,491	2,318	2,134	1,943	1,749	1,557	1,371	1,194	1,030		
46	T-207x405x18x28	147.7	3,488	3,447	3,354	3,228	3,073	2,894	2,696	2,484	2,264	2,041	1,819	1,605	1,400	1,208		
47	T-214x407x20x35	180.3	4,276	4,207	4,093	3,938	3,748	3,528	3,284	3,024	2,754	2,480	2,210	1,947	1,696	1,463		
48	T-229x417x30x50	264.3	5,802	5,726	5,603	5,434	5,224	4,979	4,704	4,406	4,090	3,764	3,434	3,106	2,784	2,474		
49	T-249x432x45x70	385.0	8,459	8,369	8,220	8,016	7,761	7,461	7,121	6,747	6,348	5,929	5,499	5,063	4,628	4,201		
50	T-223x199x8x12	42.2	616	608	595	578	556	530	501	468	434	398	361	324	288	253		
51	T-225x200x9x14	48.4	852	839	819	790	755	714	668	617	564	510	455	401	349	303		
52	T-217x299x10x15	67.5	1,483	1,472	1,455	1,430	1,399	1,362	1,318	1,245	1,167	1,085	1,002	918	835	754		
53	T-220x300x11x18	78.7	1,796	1,783	1,761	1,731	1,693	1,630	1,549	1,460	1,366	1,268	1,168	1,067	967	870		
54	T-248x199x9x14	50.6	755	745	729	706	678	645	607	566	522	476	430	384	339	296		
55	T-250x200x10x16	57.1	1,003	988	963	928	886	836	780	719	655	590	525	461	399	346		
56	T-253x201x11x19	65.7	1,297	1,276	1,241	1,193	1,134	1,065	988	906	820	733	648	564	485	420		
57	T-241x300x11x15	72.8	1,532	1,521	1,502	1,477	1,444	1,405	1,361	1,310	1,255	1,195	1,133	1,067	999	931		
58	T-244x300x11x18	81.8	1,743	1,731	1,710	1,682	1,646	1,603	1,554	1,499	1,439	1,374	1,305	1,224	1,139	1,055		
59	T-298x199x10x15	60.2	737	728	713	693	668	638	604	567	526	484	440	397	353	311		
60	T-300x200x11x17	67.2	978	965	943	912	874	829	778	722	663	601	539	478	417	363		
61	T-303x201x12x20	76.2	1,286	1,266	1,234	1,189	1,134	1,069	996	918	835	750	666	583	504	437		
62	T-306x202x13x23	85.3	517	516	513	510	506	500	492	483	470	455	436	413	386	358		
63	T-291x300x12x17	87.2	1,584	1,573	1,556	1,531	1,501	1,464	1,421	1,373	1,320	1,263	1,202	1,138	1,072	1,005		
64	T-294x300x12x20	96.2	1,802	1,790	1,771	1,744	1,709	1,668	1,621	1,567	1,509	1,445	1,378	1,308	1,236	1,161		
65	T-297x302x14x23	125.2	2,400	2,383	2,355	2,317	2,267	2,207	2,138	2,059	1,972	1,877	1,777	1,671	1,561	1,449		
66	T-346x300x13x20	105.7	1,675	1,665	1,649	1,626	1,596	1,561	1,520	1,473	1,422	1,367	1,308	1,245	1,180	1,113		

A2.7 T형강의 설계압축강도 표 (하중저항계수설계법) : KDS 14 31 10 ; 2017

SS275 $E = 210,000\,MPa,\ G = 81,000\,MPa,\ \phi_c = 0.9$: $KL_x = KL_y$

번호	부재 치수	단면적	허용 계수 축하중 ; $P_u = \phi_c P_n$ (kN)															비고
		(cm^2)	0.5m	1.0m	1.5m	2.0m	2.5m	3.0m	3.5m	4.0m	4.5m	5.0m	5.5m	6.0m	6.5m	7.0m	7.5m	
67	T-350x300x13x24	117.7	1,931	1,919	1,901	1,874	1,841	1,802	1,756	1,704	1,647	1,585	1,519	1,450	1,378	1,304	1,229	
68	T-354x302x15x28	136.8	2,699	2,680	2,649	2,606	2,552	2,487	2,413	2,329	2,237	2,139	2,034	1,925	1,813	1,699	1,584	
69	T-396x300x14x22	121.7	1,707	1,698	1,682	1,661	1,633	1,600	1,561	1,517	1,468	1,415	1,358	1,298	1,236	1,170	1,104	
70	T-400x300x14x26	133.7	1,949	1,938	1,921	1,896	1,865	1,827	1,784	1,735	1,681	1,622	1,559	1,493	1,423	1,352	1,279	
71	T-404x302x16x30	153.8	2,738	2,720	2,690	2,649	2,597	2,535	2,463	2,382	2,293	2,197	2,095	1,989	1,879	1,767	1,653	

A2.8 등변 각형강관의 설계압축강도 표 (하중저항계수설계법) : KDS 14 31 10 ; 2017

SNRT275

$E = 210{,}000\,MPa,\ G = 81{,}000\,MPa,\ \phi_c = 0.9 \quad : KL_x = KL_y$

번호	부재 치수	단면적	허용 계수 축하중 ; $P_u = \phi_c P_n$ (kN)															비고
		(cm^2)	0.5m	1.0m	1.5m	2.0m	2.5m	3.0m	3.5m	4.0m	4.5m	5.0m	5.5m	6.0m	6.5m	7.0m	7.5m	
1	B 40x40x1.6	2.39	56	47	35	24	15	11	8	6	5	4	3	3	2	2	2	
2	B 40x40x2.3	3.33	78	65	48	31	20	14	10	8	6	5	4	3	3	3	2	
3	B 50x50x1.6	3.03	72	65	54	42	30	21	16	12	9	8	6	5	5	4	3	
4	B 50x50x2.3	4.25	101	91	75	58	41	29	21	16	13	10	9	7	6	5	5	
5	B 50x50x3.2	5.73	136	121	100	76	54	37	27	21	17	13	11	9	8	7	6	
6	B 60x60x1.6	3.67	89	82	73	61	49	37	28	21	17	13	11	9	8	7	6	
7	B 60x60x2.3	5.17	125	116	102	85	68	51	38	29	23	19	15	13	11	9	8	
8	B 60x60x3.2	7.01	169	156	137	114	90	67	50	38	30	24	20	17	14	12	11	
9	B 75x75x1.6	4.63	106	101	94	85	75	64	53	42	33	27	22	19	16	14	12	
10	B 75x75x2.3	6.55	160	152	140	126	109	91	74	58	46	37	31	26	22	19	17	
11	B 75x75x3.2	8.93	217	207	191	170	147	122	99	77	61	49	41	34	29	25	22	
12	B 75x75x4.5	12.17	296	281	258	229	196	163	130	101	80	65	53	45	38	33	29	
13	B 80x80x2.3	7.01	171	164	153	139	123	105	88	71	57	46	38	32	27	23	20	
14	B 80x80x3.2	9.57	233	224	208	188	165	141	117	94	75	61	50	42	36	31	27	
15	B 80x80x4.5	13.07	319	305	283	255	223	189	156	124	98	80	66	55	47	41	35	
16	B 90x90x2.3	7.93	194	188	178	165	149	132	115	97	81	66	54	46	39	34	29	
17	B 90x90x3.2	10.85	266	257	243	224	203	179	155	131	108	88	73	61	52	45	39	
18	B 100x100x2.3	8.85	214	209	200	188	174	158	141	124	107	91	75	63	54	47	41	
19	B 100x100x3.2	12.13	298	290	277	260	240	217	193	169	145	122	101	85	73	63	54	
20	B 100x100x4	14.95	367	357	341	319	294	266	236	206	176	148	122	103	88	76	66	
21	B 100x100x4.5	16.67	409	398	380	356	327	296	262	228	195	163	135	113	97	83	73	
22	B 100x100x6	21.63	530	515	491	459	420	378	333	288	245	203	168	141	120	104	90	
23	B 100x100x9	30.67	751	728	691	643	585	522	456	390	326	267	221	186	158	136	119	
24	B 100x100x12	38.53	943	911	861	795	718	634	547	462	381	309	255	214	183	158	137	
25	B 125x125x3.2	15.33	377	371	361	347	329	309	287	264	240	215	191	168	145	125	109	
26	B 125x125x4.5	21.17	521	512	497	477	453	425	394	361	327	293	260	227	196	169	147	
27	B 125x125x5	23.36	575	565	548	526	499	468	433	397	359	321	284	248	214	184	160	
28	B 125x125x6	27.63	680	668	648	621	589	551	510	467	421	376	332	289	249	214	187	
29	B 125x125x9	39.67	976	957	927	887	837	781	719	653	586	519	454	393	335	289	252	
30	B 125x125x12	50.53	1,242	1,217	1,176	1,122	1,055	979	896	810	721	634	550	469	400	345	300	
31	B 150x150x4.5	25.67	633	625	613	596	575	551	523	493	460	427	393	358	325	292	260	
32	B 150x150x5	28.36	699	691	677	658	635	608	577	543	508	470	432	394	357	320	285	
33	B 150x150x6	33.63	829	819	802	780	752	719	682	641	599	554	509	463	418	375	333	

A2.8 등변 각형강관의 설계압축강도 표 (하중저항계수설계법) : KDS 14 31 10 ; 2017

SNRT275

$E = 210{,}000\,MPa,\ G = 81{,}000\,MPa,\ \phi_c = 0.9 \quad : KL_x = KL_y$

번호	부재 치수	단면적	허용 계수 축하중 ; $P_u = \phi_c P_n$ (kN)															비고
		(cm^2)	0.5m	1.0m	1.5m	2.0m	2.5m	3.0m	3.5m	4.0m	4.5m	5.0m	5.5m	6.0m	6.5m	7.0m	7.5m	
34	B 150x150x9	48.67	1,199	1,184	1,159	1,125	1,082	1,032	976	915	851	785	717	650	584	520	458	
35	B 175x175x4.5	30.17	745	738	728	713	695	673	648	621	591	559	526	492	458	424	390	
36	B 175x175x5	33.36	823	816	804	788	768	744	716	685	652	617	581	543	505	467	429	
37	B 175x175x6	39.63	978	969	955	936	911	882	849	812	772	730	686	641	596	550	505	
38	B 200x200x4.5	34.67	835	830	821	809	793	775	754	730	704	676	646	615	583	550	517	
39	B 200x200x6	45.63	1,127	1,119	1,107	1,090	1,068	1,042	1,012	979	942	903	862	818	774	729	683	
40	B 200x200x8	59.79	1,476	1,466	1,450	1,426	1,397	1,363	1,322	1,278	1,229	1,176	1,121	1,064	1,004	944	883	
41	B 200x200x9	66.67	1,646	1,635	1,616	1,590	1,557	1,518	1,473	1,422	1,367	1,308	1,246	1,181	1,114	1,046	978	
42	B 200x200x12	86.53	2,136	2,121	2,096	2,061	2,016	1,964	1,903	1,836	1,762	1,683	1,600	1,514	1,425	1,335	1,245	
43	B 250x250x5	48.36	1,068	1,064	1,057	1,048	1,036	1,022	1,006	987	966	944	919	893	866	837	807	
44	B 250x250x6	57.63	1,424	1,418	1,408	1,395	1,377	1,356	1,331	1,303	1,272	1,239	1,203	1,164	1,124	1,082	1,038	
45	B 250x250x8	75.79	1,873	1,865	1,852	1,833	1,809	1,781	1,748	1,711	1,669	1,624	1,576	1,525	1,471	1,415	1,357	
46	B 250x250x9	84.67	2,093	2,083	2,068	2,047	2,021	1,989	1,952	1,910	1,863	1,812	1,758	1,700	1,640	1,577	1,512	
47	B 250x250x12	110.50	2,731	2,719	2,698	2,670	2,634	2,591	2,541	2,485	2,423	2,355	2,282	2,205	2,124	2,039	1,953	
48	B 300x300x4.5	52.67	924	922	919	915	909	902	894	885	875	864	851	838	824	809	793	
49	B 300x300x6	69.63	1,538	1,534	1,527	1,518	1,506	1,492	1,475	1,456	1,435	1,412	1,387	1,360	1,331	1,300	1,268	
50	B 300x300x9	102.70	2,539	2,532	2,519	2,502	2,479	2,452	2,421	2,385	2,345	2,301	2,253	2,202	2,148	2,091	2,031	
51	B 300x300x12	134.50	3,326	3,315	3,299	3,275	3,246	3,210	3,167	3,120	3,066	3,008	2,944	2,877	2,805	2,729	2,650	
52	B 350x350x9	120.70	2,985	2,979	2,968	2,953	2,934	2,911	2,884	2,853	2,818	2,780	2,739	2,694	2,646	2,595	2,541	
53	B 350x350x12	158.50	3,920	3,911	3,897	3,877	3,851	3,820	3,783	3,741	3,695	3,643	3,587	3,527	3,462	3,393	3,321	

A2.9 부등변 각형강관의 설계압축강도 표 (하중저항계수설계법) : KDS 14 31 10 ; 2017

SNRT275

$E=210{,}000\,MPa,\ G=81{,}000\,MPa,\ \phi_c=0.9\quad : KL_x=KL_y$

번호	부재 치수	단면적	허용 계수 축하중 ; $P_u=\phi_c P_n\ (kN)$															비고
		(cm^2)	0.5m	1.0m	1.5m	2.0m	2.5m	3.0m	3.5m	4.0m	4.5m	5.0m	5.5m	6.0m	6.5m	7.0m	7.5m	
1	B 50x20x1.6	2.07	42	23	10	6	4	3	2	1	1	1	1	1	1	0	0	
2	B 50x20x2.3	2.87	57	30	13	7	5	3	2	2	1	1	1	1	1	1	1	
3	B 50x30x1.6	2.39	54	41	26	15	9	7	5	4	3	2	2	2	1	1	1	
4	B 50x30x2.3	3.33	75	56	35	20	13	9	6	5	4	3	3	2	2	2	1	
5	B 60x30x1.6	2.71	61	47	30	17	11	8	6	4	3	3	2	2	2	1	1	
6	B 60x30x2.3	3.79	85	65	41	23	15	10	8	6	5	4	3	3	2	2	2	
7	B 60x30x3.2	5.09	114	84	51	29	19	13	9	7	6	5	4	3	3	2	2	
8	B 75x20x1.6	2.87	56	33	15	9	5	4	3	2	2	1	1	1	1	1	1	
9	B 75x20x2.3	4.02	81	44	20	11	7	5	4	3	2	2	1	1	1	1	1	
10	B 75x45x1.6	3.67	83	74	62	48	34	24	17	13	10	8	7	6	5	4	4	
11	B 75x45x2.3	5.17	123	109	89	66	46	32	23	18	14	11	9	8	7	6	5	
12	B 75x45x3.2	7.01	166	146	118	87	59	41	30	23	18	15	12	10	9	8	7	
13	B 80x40x1.6	3.67	80	70	56	41	27	19	14	11	8	7	6	5	4	4	3	
14	B 80x40x2.3	5.17	122	105	81	57	37	26	19	15	12	9	8	6	6	5	4	
15	B 80x40x3.2	7.01	164	140	108	74	48	33	25	19	15	12	10	8	7	6	5	
16	B 90x45x2.3	5.86	139	124	102	77	54	38	28	21	17	14	11	9	8	7	6	
17	B 90x45x3.2	7.97	189	167	136	102	71	49	36	28	22	18	15	12	10	9	8	
18	B 100x20x1.6	3.67	61	40	20	11	7	5	4	3	2	2	2	1	1	1	1	
19	B 100x20x2.3	5.17	103	58	26	15	10	7	5	4	3	2	2	2	1	1	1	
20	B 100x40x1.6	4.31	83	75	62	47	34	23	17	13	10	8	7	6	5	4	4	
21	B 100x40x2.3	6.09	141	122	97	70	46	32	24	18	14	12	10	8	7	6	5	
22	B 100x40x4.2	10.60	249	212	162	111	72	50	37	28	22	18	15	12	11	9	8	
23	B 100x50x1.6	4.63	92	86	75	63	50	38	28	21	17	14	11	10	8	7	6	
24	B 100x50x2.3	6.55	154	141	120	97	73	53	39	30	23	19	16	13	11	10	8	
25	B 100x50x3.2	8.93	214	194	165	131	98	69	51	39	31	25	20	17	15	13	11	
26	B 100x50x4.5	12.17	291	262	220	173	126	88	65	50	39	32	26	22	19	16	14	
27	B 125x40x1.6	5.11	86	79	67	54	40	29	21	16	13	10	9	7	6	5	5	
28	B 125x40x2.3	7.24	149	132	108	82	57	39	29	22	18	14	12	10	8	7	6	
29	B 125x75x2.3	8.85	193	186	174	160	143	124	106	87	71	57	47	40	34	29	25	
30	B 125x75x3.2	12.13	296	283	264	238	209	178	148	119	94	76	63	53	45	39	34	
31	B 125x75x4	14.95	365	349	324	292	256	218	180	144	114	92	76	64	55	47	41	
32	B 125x75x4.5	16.67	406	389	360	324	283	240	198	158	124	101	83	70	60	51	45	
33	B 125x75x6	21.63	527	503	465	417	362	305	249	196	155	126	104	87	74	64	56	

A2.9 각형강관의 설계압축강도 표 (하중저항계수설계법) : KDS 14 31 10 ; 2017

SNRT275 $E = 210,000\,MPa,\ G = 81,000\,MPa,\ \phi_c = 0.9\quad : KL_x = KL_y$

번호	부재 치수	단면적	허용 계수 축하중 ; $P_u = \phi_c P_n\ (kN)$															비고
		(cm^2)	0.5m	1.0m	1.5m	2.0m	2.5m	3.0m	3.5m	4.0m	4.5m	5.0m	5.5m	6.0m	6.5m	7.0m	7.5m	
34	B 150x75x3.2	13.73	318	305	286	261	232	200	169	139	111	90	74	62	53	46	40	
35	B 150x80x4.5	19.37	473	456	427	391	349	303	257	212	170	138	114	96	82	70	61	
36	B 150x80x5	21.36	522	502	471	430	383	332	281	231	186	150	124	104	89	77	67	
37	B 150x80x6	25.23	616	592	554	505	449	388	327	268	214	173	143	120	103	88	77	
38	B 150x100x3.2	15.33	359	351	337	320	298	274	248	221	193	167	142	119	102	88	76	
39	B 150x100x4.5	21.17	520	507	486	459	425	388	348	307	267	228	191	160	136	118	102	
40	B 150x100x6	27.63	678	661	633	596	551	501	448	394	340	288	240	202	172	148	129	
41	B 150x100x9	39.67	973	946	903	846	779	703	623	542	463	389	321	270	230	198	173	
42	B 200x100x4.5	25.67	612	598	576	546	510	469	425	379	333	288	246	207	176	152	132	
43	B 200x100x6	33.63	826	806	774	731	680	622	560	496	432	370	312	262	223	192	168	
44	B 200x100x9	48.67	1,194	1,164	1,115	1,049	971	883	789	693	599	508	423	356	303	261	228	
45	B 200x150x4.5	30.17	726	718	705	688	666	640	610	578	544	508	471	433	396	359	324	
46	B 200x150x6	39.63	977	966	948	923	892	856	815	770	722	672	621	569	518	468	419	
47	B 200x150x9	57.67	1,422	1,405	1,378	1,340	1,293	1,238	1,176	1,109	1,037	962	885	808	732	658	587	
48	B 250x150x6	45.63	1,125	1,113	1,094	1,067	1,033	993	948	898	845	790	733	675	617	560	505	
49	B 250x150x9	66.67	1,644	1,626	1,595	1,554	1,503	1,442	1,374	1,299	1,218	1,135	1,049	962	877	792	711	
50	B 250x150x12	86.53	2,133	2,108	2,067	2,011	1,942	1,860	1,767	1,666	1,559	1,447	1,332	1,218	1,104	993	886	
51	B 300x200x6	57.63	1,321	1,313	1,301	1,284	1,262	1,237	1,207	1,174	1,137	1,097	1,055	1,010	964	916	868	
52	B 300x200x9	84.67	2,091	2,078	2,057	2,027	1,989	1,944	1,892	1,834	1,770	1,701	1,628	1,552	1,473	1,393	1,311	
53	B 300x200x12	110.50	2,729	2,711	2,682	2,642	2,591	2,530	2,460	2,382	2,296	2,204	2,106	2,004	1,899	1,791	1,683	
54	B 350x150x6	57.63	1,203	1,193	1,176	1,153	1,124	1,089	1,050	1,006	959	909	856	802	748	693	638	
55	B 350x150x9	84.67	2,088	2,067	2,031	1,982	1,921	1,848	1,766	1,676	1,580	1,479	1,374	1,268	1,162	1,058	956	
56	B 350x150x12	110.50	2,725	2,695	2,647	2,580	2,497	2,398	2,287	2,166	2,035	1,899	1,759	1,618	1,477	1,338	1,204	
57	B 400x200x6	69.63	1,376	1,370	1,360	1,345	1,327	1,305	1,279	1,251	1,219	1,184	1,147	1,108	1,066	1,023	979	
58	B 400x200x9	102.70	2,464	2,450	2,427	2,394	2,354	2,305	2,249	2,186	2,116	2,041	1,961	1,877	1,790	1,700	1,609	
59	B 400x200x12	134.50	3,322	3,302	3,268	3,221	3,163	3,092	3,011	2,920	2,820	2,712	2,598	2,478	2,354	2,228	2,099	

A2.10 원형강관의 설계압축강도 표 (하중저항계수설계법) : KDS 14 31 10 ; 2017

SNT275

$E = 210{,}000\,MPa,\ G = 81{,}000\,MPa,\ \phi_c = 0.9 \quad : KL_x = KL_y$

번호	부재 치수	단면적	허용 계수 축하중 ; $P_u = \phi_c P_n$ (kN)															비고
		(cm^2)	0.5m	1.0m	1.5m	2.0m	2.5m	3.0m	3.5m	4.0m	4.5m	5.0m	5.5m	6.0m	6.5m	7.0m	7.5m	
1	P 21.7x2	1.24	23	10	4	2	2	1	1	1	0	0	0	0	0	0	0	
2	P 27.2x2	1.58	33	19	9	5	3	2	2	1	1	1	1	1	0	0	0	
3	P 27.2x2.3	1.80	37	22	10	6	4	3	2	1	1	1	1	1	1	0	0	
4	P 34.0x2.3	2.29	51	36	21	12	8	5	4	3	2	2	2	1	1	1	1	
5	P 42.7x2.3	2.92	68	55	39	24	16	11	8	6	5	4	3	3	2	2	2	
6	P 42.7x2.8	3.51	81	66	46	29	18	13	9	7	6	5	4	3	3	2	2	
7	P 48.6x2.3	3.35	79	67	52	36	24	16	12	9	7	6	5	4	3	3	3	
8	P 48.6x2.8	4.03	95	81	62	43	28	19	14	11	9	7	6	5	4	4	3	
9	P 48.6x3.2	4.56	107	91	70	48	31	22	16	12	10	8	6	5	5	4	3	
10	P 60.5x2.3	4.21	101	91	78	62	46	32	24	18	14	12	10	8	7	6	5	
11	P 60.5x3.2	5.76	138	125	105	83	61	43	32	24	19	16	13	11	9	8	7	
12	P 60.5x4	7.10	170	153	129	101	74	52	38	29	23	19	15	13	11	9	8	
13	P 76.3x2.8	6.47	157	147	133	115	96	76	58	45	35	29	24	20	17	15	13	
14	P 76.3x3.2	7.35	178	167	151	131	108	86	66	50	40	32	27	22	19	16	14	
15	P 76.3x4	9.09	220	207	186	160	132	105	80	61	48	39	32	27	23	20	17	
16	P 89.1x2.8	7.59	185	177	164	148	129	110	90	72	57	46	38	32	27	24	21	
17	P 89.1x3.2	8.64	211	201	187	168	147	124	102	82	64	52	43	36	31	27	23	
18	P 89.1x4	10.69	261	249	230	207	180	152	125	99	78	63	52	44	38	32	28	
19	P 101.6x3.2	9.89	242	234	221	204	184	162	140	118	97	78	65	54	46	40	35	
20	P 101.6x4	12.26	300	290	273	252	227	199	171	144	118	95	79	66	57	49	42	
21	P 101.6x5	15.17	371	358	337	311	279	245	210	176	143	116	96	81	69	59	52	
22	P 114.3x3.2	11.17	274	267	255	239	221	200	178	156	133	113	93	78	67	58	50	
23	P 114.3x3.6	12.52	307	299	286	268	247	224	199	174	149	126	104	87	74	64	56	
24	P 114.3x4.5	15.52	381	370	354	332	305	276	245	214	183	153	127	107	91	78	68	
25	P 114.3x5.6	19.12	469	456	435	407	374	338	299	260	222	185	153	129	110	95	82	
26	P 139.8x3.6	15.40	379	372	361	346	328	307	284	260	235	210	185	161	139	119	104	
27	P 139.8x4	17.07	420	412	400	384	363	340	314	287	259	231	204	177	152	131	114	
28	P 139.8x4.5	19.13	471	462	448	430	407	381	352	321	290	259	228	198	170	147	128	
29	P 139.8x6	25.22	620	609	590	565	535	500	461	420	378	336	296	256	219	189	165	
30	P 165.2x4.5	22.72	560	553	541	525	505	482	455	427	397	366	334	303	272	242	213	
31	P 165.2x5	25.16	620	612	599	581	559	533	504	472	439	404	369	334	300	267	235	
32	P 165.2x6	30.01	740	730	714	692	666	634	599	561	521	479	437	395	354	315	277	
33	P 165.2x7	34.79	857	846	827	802	771	734	693	649	602	553	504	455	407	362	317	

A2.10 강관의 설계압축강도 표 (하중저항계수설계법) : KDS 14 31 10 ; 2017

SNT275

$E = 210{,}000\,MPa,\ G = 81{,}000\,MPa,\ \phi_c = 0.9 \quad : KL_x = KL_y$

번호	부재 치수	단면적	허용 계수 축하중 ; $P_u = \phi_c P_n$ (kN)															비고
		(cm^2)	0.5m	1.0m	1.5m	2.0m	2.5m	3.0m	3.5m	4.0m	4.5m	5.0m	5.5m	6.0m	6.5m	7.0m	7.5m	
34	P 190.7x4.5	26.32	649	643	633	619	601	581	557	531	503	473	442	411	380	348	317	
35	P 190.7x5	29.17	720	713	701	686	666	643	617	588	556	523	489	454	419	384	350	
36	P 190.7x6	34.82	859	851	837	818	794	766	735	700	662	622	581	539	497	455	414	
37	P 190.7x7	40.40	997	987	971	949	921	888	851	810	766	720	672	623	574	525	477	
38	P 216.3x4.5	29.94	739	735	726	715	701	685	665	644	620	595	568	540	511	481	451	
39	P 216.3x6	39.61	978	971	959	942	922	897	868	837	802	765	727	686	645	604	562	
40	P 216.3x7	46.03	1,136	1,128	1,114	1,094	1,069	1,040	1,006	969	928	884	838	791	742	693	644	
41	P 216.3x8	52.35	1,292	1,282	1,266	1,244	1,215	1,182	1,143	1,100	1,053	1,003	951	897	841	785	729	
42	P 267.4x6	49.27	1,217	1,212	1,202	1,188	1,171	1,150	1,126	1,099	1,069	1,036	1,002	965	926	887	846	
43	P 267.4x7	57.27	1,415	1,408	1,397	1,381	1,361	1,336	1,308	1,276	1,241	1,203	1,163	1,120	1,075	1,028	981	
44	P 267.4x8	65.19	1,611	1,603	1,590	1,571	1,548	1,521	1,488	1,452	1,412	1,368	1,322	1,273	1,221	1,168	1,114	
45	P 267.4x9	73.06	1,805	1,796	1,781	1,761	1,735	1,703	1,667	1,626	1,580	1,531	1,479	1,423	1,365	1,306	1,244	
46	P 318.5x6	58.91	1,456	1,451	1,443	1,432	1,418	1,400	1,380	1,357	1,331	1,303	1,272	1,240	1,205	1,169	1,132	
47	P 318.5x7	68.50	1,693	1,688	1,678	1,665	1,647	1,627	1,603	1,575	1,545	1,512	1,476	1,437	1,397	1,354	1,310	
48	P 318.5x8	78.04	1,929	1,923	1,912	1,896	1,877	1,853	1,826	1,795	1,760	1,722	1,681	1,637	1,591	1,542	1,492	
49	P 318.5x9	87.51	2,163	2,156	2,143	2,126	2,104	2,077	2,045	2,010	1,970	1,927	1,880	1,830	1,778	1,723	1,665	
50	P 355.6x6.3	69.13	1,709	1,705	1,697	1,686	1,673	1,656	1,637	1,615	1,590	1,563	1,534	1,502	1,469	1,433	1,396	
51	P 355.6x8	87.36	2,160	2,154	2,144	2,131	2,113	2,092	2,067	2,039	2,007	1,973	1,935	1,895	1,852	1,806	1,759	
52	P 355.6x9	98.00	2,423	2,417	2,406	2,390	2,370	2,347	2,319	2,287	2,252	2,213	2,171	2,125	2,077	2,026	1,973	
53	P 355.6x12	129.50	3,202	3,193	3,178	3,158	3,131	3,099	3,062	3,019	2,972	2,920	2,863	2,802	2,738	2,670	2,598	
54	P 406.4x9	112.40	2,780	2,774	2,764	2,751	2,734	2,713	2,688	2,660	2,629	2,594	2,556	2,516	2,472	2,426	2,377	
55	P 406.4x12	148.70	3,678	3,670	3,657	3,639	3,616	3,588	3,555	3,517	3,475	3,429	3,378	3,323	3,265	3,203	3,138	
56	P 406.4x16	196.20	4,852	4,842	4,824	4,800	4,768	4,730	4,686	4,635	4,578	4,515	4,446	4,372	4,293	4,209	4,121	
57	P 406.4x19	231.20	5,718	5,705	5,684	5,655	5,617	5,572	5,519	5,458	5,389	5,314	5,232	5,144	5,050	4,950	4,845	
58	P 457.2x9	126.70	3,134	3,129	3,120	3,108	3,093	3,074	3,052	3,026	2,998	2,966	2,932	2,894	2,855	2,812	2,767	
59	P 457.2x12	167.80	4,151	4,144	4,132	4,116	4,095	4,070	4,040	4,006	3,968	3,926	3,879	3,830	3,776	3,719	3,659	
60	P 457.2x16	221.80	5,486	5,477	5,461	5,440	5,412	5,378	5,338	5,293	5,242	5,185	5,123	5,057	4,985	4,909	4,828	
61	P 457.2x19	261.60	6,471	6,460	6,441	6,415	6,382	6,341	6,294	6,240	6,179	6,111	6,037	5,958	5,872	5,781	5,685	
62	P 500.0x9	138.80	3,434	3,429	3,421	3,410	3,396	3,379	3,359	3,336	3,310	3,281	3,250	3,216	3,179	3,140	3,099	
63	P 500.0x12	184.00	4,552	4,546	4,535	4,520	4,501	4,479	4,452	4,421	4,386	4,348	4,305	4,260	4,211	4,158	4,103	
64	P 500.0x14	213.80	5,289	5,282	5,269	5,252	5,230	5,203	5,171	5,135	5,094	5,049	4,999	4,946	4,888	4,827	4,761	
65	P 508.0x9	141.10	3,491	3,486	3,478	3,467	3,453	3,436	3,416	3,393	3,368	3,339	3,308	3,274	3,237	3,199	3,157	
66	P 508.0x12	187.00	4,626	4,620	4,609	4,595	4,576	4,553	4,527	4,496	4,461	4,423	4,381	4,336	4,287	4,235	4,179	

A2.10 강관의 설계압축강도 표 (하중저항계수설계법) : KDS 14 31 10 ; 2017

SNT275

$E = 210{,}000\,MPa,\ G = 81{,}000\,MPa,\ \phi_c = 0.9$: $KL_x = KL_y$

번호	부재 치수	단면적	허용 계수 축하중 ; $P_u = \phi_c P_n$ (kN)															비고
		(cm^2)	0.5m	1.0m	1.5m	2.0m	2.5m	3.0m	3.5m	4.0m	4.5m	5.0m	5.5m	6.0m	6.5m	7.0m	7.5m	
67	P 508.0x14	217.30	5,376	5,368	5,356	5,339	5,318	5,291	5,260	5,224	5,184	5,140	5,091	5,038	4,982	4,921	4,857	
68	P 508.0x16	247.30	6,118	6,109	6,095	6,076	6,051	6,020	5,985	5,944	5,898	5,846	5,790	5,730	5,664	5,595	5,521	
69	P 508.0x19	291.90	7,221	7,211	7,194	7,171	7,141	7,105	7,062	7,013	6,958	6,897	6,830	6,758	6,680	6,597	6,508	
70	P 508.0x22	335.90	8,310	8,298	8,278	8,251	8,217	8,174	8,125	8,068	8,003	7,932	7,855	7,770	7,680	7,583	7,480	
71	P 558.8x9	155.50	3,847	3,843	3,836	3,826	3,813	3,798	3,780	3,759	3,735	3,709	3,681	3,650	3,616	3,580	3,542	
72	P 558.8x12	206.10	5,099	5,093	5,084	5,071	5,054	5,033	5,009	4,981	4,949	4,914	4,876	4,834	4,790	4,742	4,691	
73	P 558.8x16	272.80	6,749	6,742	6,729	6,711	6,689	6,661	6,628	6,591	6,549	6,502	6,451	6,395	6,335	6,271	6,203	
74	P 558.8x19	322.20	7,971	7,962	7,947	7,926	7,899	7,866	7,827	7,783	7,732	7,677	7,616	7,549	7,478	7,401	7,320	
75	P 558.8x22	371.00	9,179	9,168	9,151	9,126	9,094	9,056	9,011	8,959	8,901	8,836	8,765	8,688	8,604	8,516	8,421	
76	P 600.0x9	167.10	4,134	4,130	4,124	4,115	4,103	4,089	4,072	4,052	4,031	4,006	3,980	3,951	3,919	3,886	3,850	
77	P 600.0x12	221.70	5,485	5,480	5,471	5,459	5,443	5,424	5,401	5,376	5,346	5,314	5,278	5,239	5,197	5,153	5,105	
78	P 600.0x14	257.70	6,376	6,370	6,360	6,345	6,327	6,304	6,278	6,247	6,213	6,175	6,133	6,087	6,038	5,986	5,930	
79	P 600.0x16	293.60	7,264	7,257	7,245	7,229	7,208	7,182	7,152	7,117	7,078	7,035	6,987	6,935	6,879	6,819	6,756	
80	P 609.6x9	169.80	4,201	4,197	4,191	4,182	4,170	4,156	4,139	4,120	4,099	4,075	4,048	4,020	3,989	3,956	3,920	
81	P 609.6x12	225.30	5,574	5,569	5,561	5,548	5,533	5,514	5,492	5,466	5,437	5,405	5,370	5,331	5,290	5,246	5,198	
82	P 609.6x14	262.00	6,482	6,476	6,466	6,452	6,434	6,412	6,386	6,356	6,323	6,285	6,244	6,200	6,152	6,100	6,045	
83	P 609.6x16	298.40	7,383	7,376	7,365	7,348	7,328	7,302	7,272	7,238	7,199	7,157	7,109	7,058	7,003	6,943	6,880	
84	P 609.6x19	352.20	8,714	8,706	8,692	8,673	8,648	8,618	8,582	8,541	8,495	8,444	8,388	8,327	8,261	8,190	8,115	
85	P 609.6x22	406.10	10,048	10,038	10,022	10,000	9,971	9,936	9,894	9,847	9,793	9,734	9,668	9,597	9,520	9,438	9,351	
86	P 700.0x9	195.40	4,835	4,832	4,826	4,818	4,808	4,796	4,781	4,765	4,746	4,725	4,702	4,676	4,649	4,620	4,589	
87	P 700.0x12	259.40	6,419	6,414	6,407	6,396	6,383	6,366	6,347	6,324	6,299	6,271	6,240	6,206	6,170	6,131	6,089	
88	P 700.0x14	301.70	7,465	7,460	7,451	7,439	7,423	7,404	7,382	7,356	7,326	7,294	7,258	7,218	7,176	7,131	7,082	
89	P 700.0x16	343.80	8,507	8,501	8,491	8,477	8,459	8,437	8,411	8,381	8,347	8,310	8,268	8,223	8,175	8,123	8,067	
90	P 711.2x9	198.50	4,912	4,908	4,903	4,895	4,885	4,873	4,859	4,842	4,824	4,803	4,781	4,756	4,729	4,700	4,670	
91	P 711.2x12	263.60	6,523	6,518	6,511	6,500	6,487	6,471	6,452	6,430	6,405	6,377	6,347	6,314	6,278	6,240	6,198	
92	P 711.2x14	306.60	7,587	7,581	7,573	7,561	7,545	7,526	7,504	7,479	7,450	7,418	7,382	7,344	7,302	7,257	7,210	
93	P 711.2x16	349.40	8,646	8,640	8,630	8,616	8,598	8,577	8,551	8,522	8,488	8,452	8,411	8,367	8,319	8,267	8,213	
94	P 711.2x19	413.20	10,224	10,217	10,205	10,189	10,168	10,142	10,111	10,076	10,037	9,993	9,944	9,892	9,835	9,773	9,708	
95	P 711.2x22	476.30	11,786	11,777	11,764	11,745	11,720	11,690	11,655	11,614	11,568	11,517	11,460	11,399	11,333	11,262	11,186	

A2.11 BH / POS-H형강의 설계압축강도 표 (하중저항계수설계법) : KDS 14 31 10 ; 2017

SN355

$E = 210,000\,MPa,\ G = 81,000\,MPa,\ \phi_c = 0.9 \quad : KL_x = KL_y$

번호	부재 치수	단면적	허용 계수 축하중 ; $P_u = \phi_c P_n$ (kN)															비고
		(cm^2)	2.5m	3.0m	3.5m	4.0m	4.5m	5.0m	5.5m	6.0m	6.5m	7.0m	7.5m	8.0m	8.5m	9.0m	9.5m	
1	PH 300x300x10/15	117	3,459	3,343	3,211	3,065	2,907	2,741	2,568	2,391	2,213	2,035	1,860	1,689	1,525	1,365	1,225	
2	PH 300x300x15/15	130.5	3,824	3,682	3,520	3,342	3,151	2,951	2,744	2,534	2,325	2,117	1,915	1,721	1,532	1,366	1,226	
3	PH 300x300x15/20	159	4,691	4,530	4,346	4,143	3,925	3,694	3,455	3,211	2,965	2,721	2,480	2,247	2,023	1,806	1,621	
4	PH 300x300x15/25	187.5	5,555	5,373	5,166	4,937	4,690	4,428	4,156	3,876	3,594	3,313	3,035	2,763	2,501	2,245	2,015	
5	PH 300x300x20/30	228	6,754	6,533	6,282	6,003	5,703	5,384	5,053	4,714	4,371	4,028	3,690	3,360	3,041	2,730	2,450	
6	PH 350x350x10/15	137	4,124	4,027	3,908	3,775	3,629	3,473	3,308	3,137	2,960	2,781	2,600	2,420	2,242	2,068	1,898	
7	PH 350x350x15/15	153	4,588	4,461	4,316	4,155	3,979	3,792	3,595	3,391	3,182	2,971	2,760	2,551	2,346	2,147	1,954	
8	PH 350x350x15/20	186.5	5,624	5,482	5,320	5,138	4,940	4,728	4,503	4,270	4,030	3,786	3,540	3,295	3,053	2,815	2,584	
9	PH 350x350x15/25	220	6,651	6,491	6,307	6,101	5,876	5,634	5,378	5,111	4,836	4,556	4,273	3,989	3,708	3,432	3,162	
10	PH 350x350x20/30	268	8,092	7,893	7,664	7,408	7,129	6,829	6,512	6,182	5,842	5,495	5,146	4,798	4,453	4,114	3,783	
11	PH 400x400x15/15	175.5	5,341	5,228	5,098	4,951	4,790	4,616	4,432	4,238	4,037	3,830	3,620	3,408	3,196	2,986	2,779	
12	PH 400x400x15/20	214	6,532	6,410	6,262	6,096	5,913	5,715	5,504	5,282	5,051	4,812	4,568	4,321	4,073	3,826	3,580	
13	PH 400x400x15/25	252.5	7,722	7,591	7,426	7,241	7,036	6,813	6,576	6,325	6,064	5,793	5,516	5,235	4,951	4,667	4,384	
14	PH 400x400x20/30	308	9,426	9,249	9,044	8,813	8,559	8,283	7,989	7,679	7,355	7,021	6,679	6,331	5,982	5,632	5,284	
15	PH 400x400x20/35	346	10,606	10,415	10,193	9,942	9,666	9,367	9,046	8,708	8,355	7,989	7,614	7,233	6,848	6,462	6,078	
16	PH 400x400x20/40	384	11,780	11,571	11,329	11,057	10,755	10,428	10,078	9,708	9,322	8,921	8,510	8,092	7,670	7,245	6,822	
17	PH 400x400x25/45	437.5	12,694	12,482	12,236	11,957	11,649	11,315	10,956	10,576	10,178	9,765	9,340	8,907	8,467	8,024	7,582	
18	PH 400x400x25/50	475	13,792	13,566	13,303	13,006	12,677	12,320	11,937	11,531	11,105	10,662	10,207	9,742	9,270	8,794	8,317	
19	PH 400x400x25/55	512.5	14,892	14,652	14,373	14,058	13,709	13,330	12,923	12,491	12,038	11,567	11,082	10,586	10,083	9,575	9,065	
20	PH 400x400x30/60	564	16,388	16,124	15,817	15,471	15,087	14,669	14,221	13,746	13,248	12,730	12,196	11,650	11,096	10,537	9,976	
21	PH 400x400x30/65	601	17,463	17,182	16,855	16,486	16,077	15,632	15,154	14,648	14,117	13,565	12,996	12,414	11,824	11,228	10,631	
22	PH 400x400x30/70	638	18,551	18,257	17,916	17,531	17,104	16,639	16,140	15,611	15,055	14,477	13,881	13,271	12,651	12,025	11,397	
23	PH 450x450x15/20	241.5	7,435	7,322	7,194	7,042	6,873	6,689	6,491	6,281	6,061	5,831	5,595	5,352	5,106	4,857	4,607	
24	PH 450x450x15/25	285	8,784	8,660	8,521	8,349	8,159	7,952	7,729	7,491	7,242	6,982	6,713	6,436	6,155	5,870	5,583	
25	PH 450x450x20/30	348	10,736	10,580	10,392	10,179	9,943	9,686	9,410	9,116	8,807	8,485	8,153	7,811	7,464	7,112	6,758	
26	PH 450x450x20/35	391	12,078	11,917	11,716	11,488	11,236	10,959	10,662	10,346	10,013	9,665	9,305	8,935	8,557	8,174	7,787	
27	PH 450x450x20/40	434	13,423	13,238	13,019	12,770	12,493	12,192	11,866	11,520	11,156	10,775	10,380	9,974	9,559	9,138	8,713	
28	PH 450x450x25/45	495	14,478	14,286	14,062	13,808	13,526	13,217	12,884	12,529	12,155	11,763	11,355	10,936	10,506	10,069	9,626	
29	PH 450x450x25/50	537.5	15,729	15,524	15,285	15,013	14,711	14,381	14,025	13,645	13,244	12,823	12,387	11,937	11,475	11,006	10,530	
30	PH 450x450x25/55	580	16,981	16,763	16,509	16,221	15,900	15,549	15,170	14,766	14,339	13,891	13,426	12,946	12,454	11,952	11,444	
31	PH 450x450x30/60	639	18,699	18,455	18,171	17,848	17,489	17,097	16,674	16,222	15,745	15,245	14,726	14,191	13,642	13,084	12,518	
32	PH 450x450x30/65	681	19,938	19,682	19,384	19,045	18,669	18,257	17,812	17,337	16,836	16,310	15,764	15,200	14,623	14,034	13,437	
33	PH 450x450x30/70	723	21,178	20,911	20,599	20,245	19,851	19,420	18,955	18,458	17,933	17,382	16,809	16,218	15,611	14,993	14,365	

A2.11 BH / POS-H형강의 설계압축강도 표 (하중저항계수설계법) : KDS 14 31 10 ; 2017

SN355

$E = 210{,}000\,MPa,\ G = 81{,}000\,MPa,\ \phi_c = 0.9 \quad : KL_x = KL_y$

번호	부재 치수	단면적	허용 계수 축하중 ; $P_u = \phi_c P_n$ (kN)															비고
		(cm^2)	2.5m	3.0m	3.5m	4.0m	4.5m	5.0m	5.5m	6.0m	6.5m	7.0m	7.5m	8.0m	8.5m	9.0m	9.5m	
34	PH 500x500x20/30	388	12,038	11,898	11,740	11,546	11,330	11,093	10,837	10,564	10,274	9,970	9,654	9,327	8,992	8,649	8,300	
35	PH 500x500x20/35	436	13,538	13,389	13,214	13,002	12,767	12,508	12,228	11,929	11,612	11,279	10,932	10,573	10,204	9,827	9,443	
36	PH 500x500x20/40	484	15,040	14,885	14,692	14,464	14,210	13,930	13,628	13,305	12,962	12,601	12,225	11,836	11,435	11,025	10,607	
37	PH 500x500x25/45	552.5	16,238	16,068	15,861	15,624	15,361	15,072	14,758	14,422	14,066	13,691	13,299	12,893	12,474	12,045	11,607	
38	PH 500x500x25/50	600	17,648	17,469	17,250	17,000	16,722	16,417	16,085	15,730	15,353	14,956	14,541	14,110	13,665	13,209	12,743	
39	PH 500x500x25/55	647.5	19,061	18,862	18,629	18,363	18,067	17,742	17,389	17,011	16,609	16,186	15,743	15,284	14,809	14,322	13,824	
40	PH 500x500x30/60	714	21,011	20,788	20,527	20,231	19,899	19,536	19,142	18,719	18,270	17,798	17,304	16,791	16,261	15,718	15,164	
41	PH 500x500x30/65	761	22,402	22,168	21,894	21,582	21,234	20,852	20,438	19,993	19,521	19,023	18,503	17,963	17,405	16,832	16,247	
42	PH 500x500x30/70	808	23,794	23,549	23,262	22,936	22,572	22,171	21,737	21,271	20,776	20,255	19,709	19,142	18,556	17,954	17,339	
43	PH 550x550x20/30	428	13,340	13,205	13,054	12,886	12,685	12,463	12,223	11,965	11,691	11,401	11,099	10,784	10,459	10,125	9,783	
44	PH 550x550x20/35	481	15,000	14,854	14,693	14,518	14,300	14,061	13,801	13,522	13,225	12,911	12,582	12,240	11,887	11,523	11,150	
45	PH 550x550x20/40	534	16,661	16,506	16,337	16,143	15,908	15,649	15,367	15,065	14,743	14,403	14,046	13,675	13,290	12,894	12,488	
46	PH 550x550x25/45	610	17,990	17,840	17,661	17,443	17,200	16,932	16,640	16,327	15,992	15,639	15,269	14,882	14,481	14,068	13,644	
47	PH 550x550x25/50	662.5	19,548	19,394	19,202	18,972	18,714	18,431	18,122	17,790	17,435	17,061	16,668	16,257	15,831	15,392	14,940	
48	PH 550x550x25/55	715	21,108	20,950	20,735	20,490	20,215	19,913	19,584	19,230	18,852	18,453	18,033	17,595	17,140	16,671	16,188	
49	PH 550x550x30/60	789	23,305	23,109	22,869	22,595	22,288	21,950	21,582	21,186	20,765	20,319	19,850	19,361	18,854	18,331	17,793	
50	PH 550x550x30/65	841	24,855	24,642	24,389	24,101	23,778	23,422	23,035	22,619	22,174	21,704	21,211	20,695	20,160	19,608	19,041	
51	PH 550x550x30/70	893	26,402	26,176	25,911	25,609	25,270	24,897	24,491	24,054	23,588	23,095	22,577	22,036	21,474	20,893	20,297	
52	PH 600x600x20/30	468	14,641	14,512	14,366	14,205	14,032	13,837	13,613	13,372	13,115	12,844	12,558	12,260	11,950	11,630	11,301	
53	PH 600x600x20/35	526	16,461	16,321	16,163	15,991	15,808	15,598	15,355	15,094	14,815	14,520	14,209	13,884	13,547	13,197	12,838	
54	PH 600x600x20/40	584	18,282	18,131	17,964	17,783	17,592	17,350	17,087	16,804	16,501	16,181	15,843	15,490	15,123	14,743	14,351	
55	PH 600x600x25/45	667.5	19,745	19,596	19,433	19,250	19,024	18,774	18,502	18,209	17,895	17,562	17,212	16,845	16,463	16,068	15,660	
56	PH 600x600x25/50	725	21,453	21,298	21,130	20,931	20,692	20,427	20,138	19,827	19,494	19,141	18,768	18,378	17,972	17,551	17,116	
57	PH 600x600x25/55	782.5	23,162	23,002	22,830	22,604	22,348	22,066	21,758	21,426	21,070	20,693	20,296	19,879	19,445	18,995	18,531	
58	PH 600x600x30/60	864	25,582	25,413	25,199	24,944	24,659	24,343	23,999	23,628	23,232	22,810	22,367	21,902	21,418	20,916	20,398	
59	PH 600x600x30/65	921	27,280	27,107	26,873	26,604	26,304	25,971	25,609	25,218	24,800	24,356	23,888	23,398	22,887	22,357	21,810	
60	PH 600x600x30/70	978	28,979	28,802	28,559	28,281	27,969	27,624	27,248	26,842	26,408	25,947	25,461	24,951	24,419	23,868	23,299	
61	PH 650x650x25/50	787.5	23,359	23,206	23,038	22,857	22,644	22,394	22,120	21,824	21,507	21,170	20,814	20,440	20,049	19,642	19,222	
62	PH 650x650x25/55	850	25,218	25,059	24,884	24,700	24,468	24,204	23,915	23,602	23,267	22,911	22,534	22,138	21,725	21,294	20,849	
63	PH 650x650x30/60	939	27,863	27,693	27,509	27,282	27,015	26,720	26,397	26,048	25,675	25,277	24,856	24,415	23,953	23,473	22,976	
64	PH 650x650x30/65	1001	29,710	29,535	29,347	29,096	28,815	28,503	28,163	27,795	27,401	26,981	26,537	26,071	25,584	25,077	24,552	
65	PH 650x650x30/70	1063	31,558	31,380	31,184	30,924	30,632	30,308	29,955	29,572	29,162	28,726	28,264	27,779	27,271	26,743	26,196	
66	PH 700x700x30/50	880	26,153	26,000	25,827	25,640	25,434	25,183	24,908	24,611	24,292	23,952	23,592	23,213	22,817	22,404	21,975	

A2.11 BH / POS-H형강의 설계압축강도 표 (하중저항계수설계법) : KDS 14 31 10 ; 2017

SN355

$E = 210,000\,MPa,\ G = 81,000\,MPa,\ \phi_c = 0.9 \quad : KL_x = KL_y$

번호	부재 치수	단면적	허용 계수 축하중 ; $P_u = \phi_c P_n$ (kN)															비고
		(cm^2)	2.5m	3.0m	3.5m	4.0m	4.5m	5.0m	5.5m	6.0m	6.5m	7.0m	7.5m	8.0m	8.5m	9.0m	9.5m	
67	PH 700x700x30/55	947	28,149	27,988	27,809	27,616	27,395	27,131	26,842	26,528	26,192	25,833	25,453	25,054	24,635	24,199	23,746	
68	PH 700x700x40/60	1072	31,866	31,689	31,494	31,247	30,968	30,659	30,321	29,955	29,562	29,144	28,701	28,236	27,748	27,240	26,713	
69	PH 700x700x40/65	1138	33,834	33,651	33,452	33,196	32,906	32,584	32,233	31,853	31,444	31,009	30,548	30,063	29,555	29,026	28,477	
70	PH 700x700x40/70	1204	35,803	35,615	35,404	35,134	34,830	34,494	34,126	33,727	33,300	32,844	32,361	31,853	31,321	30,766	30,190	
71	PH 800x800x30/50	1010	30,112	29,970	29,807	29,627	29,430	29,221	29,000	28,753	28,468	28,163	27,840	27,498	27,139	26,763	26,371	
72	PH 800x800x30/55	1087	32,411	32,260	32,089	31,900	31,695	31,478	31,252	30,979	30,678	30,356	30,014	29,652	29,272	28,874	28,460	
73	PH 800x800x40/60	1232	36,733	36,564	36,374	36,165	35,942	35,666	35,362	35,033	34,679	34,301	33,899	33,475	33,029	32,562	32,076	
74	PH 800x800x40/65	1308	39,003	38,827	38,629	38,415	38,183	37,895	37,580	37,237	36,868	36,473	36,054	35,611	35,146	34,659	34,152	
75	PH 800x800x40/70	1384	41,273	41,090	40,886	40,667	40,427	40,128	39,800	39,444	39,060	38,650	38,214	37,754	37,270	36,764	36,236	

A2.11 BH / POS-H형강의 설계압축강도 표 (하중저항계수설계법) : KDS 14 31 10 ; 2017

SM355

$E = 210{,}000\,MPa,\ G = 81{,}000\,MPa,\ \phi_c = 0.9 \quad : KL_x = KL_y$

번호	부재 치수	단면적	허용 계수 축하중 ; $P_u = \phi_c P_n$ (kN)															비고
		(cm^2)	2.5m	3.0m	3.5m	4.0m	4.5m	5.0m	5.5m	6.0m	6.5m	7.0m	7.5m	8.0m	8.5m	9.0m	9.5m	
1	PH 300x300x10/15	117	3,459	3,343	3,211	3,065	2,907	2,741	2,568	2,391	2,213	2,035	1,860	1,689	1,525	1,365	1,225	
2	PH 300x300x15/15	130.5	3,824	3,682	3,520	3,342	3,151	2,951	2,744	2,534	2,325	2,117	1,915	1,721	1,532	1,366	1,226	
3	PH 300x300x15/20	159	4,569	4,416	4,242	4,049	3,842	3,622	3,394	3,161	2,925	2,691	2,460	2,235	2,018	1,806	1,621	
4	PH 300x300x15/25	187.5	5,410	5,238	5,041	4,824	4,589	4,340	4,080	3,814	3,544	3,273	3,006	2,744	2,491	2,245	2,015	
5	PH 300x300x20/30	228	6,578	6,369	6,130	5,866	5,580	5,277	4,962	4,637	4,309	3,980	3,655	3,337	3,029	2,730	2,450	
6	PH 350x350x10/15	137	4,124	4,027	3,908	3,775	3,629	3,473	3,308	3,137	2,960	2,781	2,600	2,420	2,242	2,068	1,898	
7	PH 350x350x15/15	153	4,588	4,461	4,316	4,155	3,979	3,792	3,595	3,391	3,182	2,971	2,760	2,551	2,346	2,147	1,954	
8	PH 350x350x15/20	186.5	5,474	5,340	5,187	5,014	4,826	4,624	4,411	4,189	3,960	3,726	3,491	3,256	3,023	2,794	2,571	
9	PH 350x350x15/25	220	6,473	6,322	6,148	5,953	5,739	5,509	5,266	5,012	4,750	4,482	4,211	3,939	3,669	3,403	3,143	
10	PH 350x350x20/30	268	7,876	7,688	7,471	7,229	6,964	6,679	6,377	6,063	5,739	5,408	5,074	4,739	4,408	4,081	3,762	
11	PH 400x400x15/15	175.5	5,341	5,228	5,098	4,951	4,790	4,616	4,432	4,238	4,037	3,830	3,620	3,408	3,196	2,986	2,779	
12	PH 400x400x15/20	214	6,356	6,241	6,101	5,944	5,770	5,583	5,382	5,171	4,950	4,723	4,490	4,254	4,017	3,779	3,543	
13	PH 400x400x15/25	252.5	7,514	7,390	7,234	7,058	6,864	6,653	6,428	6,189	5,941	5,683	5,419	5,150	4,878	4,606	4,334	
14	PH 400x400x20/30	308	9,171	9,004	8,810	8,592	8,351	8,089	7,810	7,515	7,207	6,888	6,562	6,230	5,895	5,560	5,226	
15	PH 400x400x20/35	346	10,319	10,138	9,928	9,691	9,430	9,145	8,841	8,520	8,184	7,835	7,478	7,114	6,746	6,376	6,007	
16	PH 400x400x20/40	384	11,462	11,264	11,035	10,777	10,491	10,181	9,849	9,497	9,129	8,748	8,356	7,957	7,553	7,147	6,741	
17	PH 400x400x25/45	437.5	12,694	12,482	12,236	11,957	11,649	11,315	10,956	10,576	10,178	9,765	9,340	8,907	8,467	8,024	7,582	
18	PH 400x400x25/50	475	13,792	13,566	13,303	13,006	12,677	12,320	11,937	11,531	11,105	10,662	10,207	9,742	9,270	8,794	8,317	
19	PH 400x400x25/55	512.5	14,892	14,652	14,373	14,058	13,709	13,330	12,923	12,491	12,038	11,567	11,082	10,586	10,083	9,575	9,065	
20	PH 400x400x30/60	564	16,388	16,124	15,817	15,471	15,087	14,669	14,221	13,746	13,248	12,730	12,196	11,650	11,096	10,537	9,976	
21	PH 400x400x30/65	601	17,463	17,182	16,855	16,486	16,077	15,632	15,154	14,648	14,117	13,565	12,996	12,414	11,824	11,228	10,631	
22	PH 400x400x30/70	638	18,551	18,257	17,916	17,531	17,104	16,639	16,140	15,611	15,055	14,477	13,881	13,271	12,651	12,025	11,397	
23	PH 450x450x15/20	241.5	7,233	7,126	7,005	6,861	6,701	6,526	6,339	6,140	5,930	5,712	5,487	5,255	5,020	4,782	4,542	
24	PH 450x450x15/25	285	8,545	8,428	8,296	8,134	7,954	7,757	7,546	7,321	7,083	6,836	6,580	6,317	6,048	5,775	5,501	
25	PH 450x450x20/30	348	10,444	10,296	10,119	9,917	9,694	9,450	9,188	8,909	8,615	8,309	7,992	7,667	7,335	6,999	6,661	
26	PH 450x450x20/35	391	11,749	11,597	11,407	11,191	10,952	10,690	10,408	10,108	9,792	9,461	9,118	8,765	8,405	8,039	7,669	
27	PH 450x450x20/40	434	13,057	12,882	12,675	12,439	12,177	11,891	11,583	11,254	10,908	10,546	10,170	9,783	9,387	8,985	8,579	
28	PH 450x450x25/45	495	14,478	14,286	14,062	13,808	13,526	13,217	12,884	12,529	12,155	11,763	11,355	10,936	10,506	10,069	9,626	
29	PH 450x450x25/50	537.5	15,729	15,524	15,285	15,013	14,711	14,381	14,025	13,645	13,244	12,823	12,387	11,937	11,475	11,006	10,530	
30	PH 450x450x25/55	580	16,981	16,763	16,509	16,221	15,900	15,549	15,170	14,766	14,339	13,891	13,426	12,946	12,454	11,952	11,444	
31	PH 450x450x30/60	639	18,699	18,455	18,171	17,848	17,489	17,097	16,674	16,222	15,745	15,245	14,726	14,191	13,642	13,084	12,518	
32	PH 450x450x30/65	681	19,938	19,682	19,384	19,045	18,669	18,257	17,812	17,337	16,836	16,310	15,764	15,200	14,623	14,034	13,437	
33	PH 450x450x30/70	723	21,178	20,911	20,599	20,245	19,851	19,420	18,955	18,458	17,933	17,382	16,809	16,218	15,611	14,993	14,365	

A2.11 BH / POS-H형강의 설계압축강도 표 (하중저항계수설계법) : KDS 14 31 10 ; 2017

SM355

$E = 210{,}000\,MPa,\ G = 81{,}000\,MPa,\ \phi_c = 0.9 \quad : KL_x = KL_y$

번호	부재 치수	단면적	허용 계수 축하중 ; $P_u = \phi_c P_n$ (kN)															비고
		(cm^2)	2.5m	3.0m	3.5m	4.0m	4.5m	5.0m	5.5m	6.0m	6.5m	7.0m	7.5m	8.0m	8.5m	9.0m	9.5m	
34	PH 500x500x20/30	388	11,709	11,576	11,427	11,243	11,038	10,814	10,572	10,312	10,038	9,749	9,449	9,138	8,818	8,491	8,158	
35	PH 500x500x20/35	436	13,167	13,026	12,861	12,661	12,437	12,193	11,927	11,644	11,343	11,027	10,697	10,356	10,004	9,644	9,278	
36	PH 500x500x20/40	484	14,628	14,481	14,299	14,083	13,842	13,578	13,291	12,985	12,659	12,317	11,960	11,590	11,208	10,817	10,418	
37	PH 500x500x25/45	552.5	16,238	16,068	15,861	15,624	15,361	15,072	14,758	14,422	14,066	13,691	13,299	12,893	12,474	12,045	11,607	
38	PH 500x500x25/50	600	17,648	17,469	17,250	17,000	16,722	16,417	16,085	15,730	15,353	14,956	14,541	14,110	13,665	13,209	12,743	
39	PH 500x500x25/55	647.5	19,061	18,862	18,629	18,363	18,067	17,742	17,389	17,011	16,609	16,186	15,743	15,284	14,809	14,322	13,824	
40	PH 500x500x30/60	714	21,011	20,788	20,527	20,231	19,899	19,536	19,142	18,719	18,270	17,798	17,304	16,791	16,261	15,718	15,164	
41	PH 500x500x30/65	761	22,402	22,168	21,894	21,582	21,234	20,852	20,438	19,993	19,521	19,023	18,503	17,963	17,405	16,832	16,247	
42	PH 500x500x30/70	808	23,794	23,549	23,262	22,936	22,572	22,171	21,737	21,271	20,776	20,255	19,709	19,142	18,556	17,954	17,339	
43	PH 550x550x20/30	428	12,973	12,846	12,703	12,544	12,354	12,144	11,916	11,672	11,411	11,137	10,850	10,551	10,241	9,923	9,598	
44	PH 550x550x20/35	481	14,587	14,449	14,297	14,132	13,926	13,699	13,453	13,188	12,907	12,609	12,297	11,972	11,636	11,289	10,934	
45	PH 550x550x20/40	534	16,202	16,056	15,896	15,713	15,490	15,245	14,978	14,692	14,386	14,064	13,725	13,373	13,007	12,630	12,244	
46	PH 550x550x25/45	610	17,990	17,840	17,661	17,443	17,200	16,932	16,640	16,327	15,992	15,639	15,269	14,882	14,481	14,068	13,644	
47	PH 550x550x25/50	662.5	19,548	19,394	19,202	18,972	18,714	18,431	18,122	17,790	17,435	17,061	16,668	16,257	15,831	15,392	14,940	
48	PH 550x550x25/55	715	21,108	20,950	20,735	20,490	20,215	19,913	19,584	19,230	18,852	18,453	18,033	17,595	17,140	16,671	16,188	
49	PH 550x550x30/60	789	23,305	23,109	22,869	22,595	22,288	21,950	21,582	21,186	20,765	20,319	19,850	19,361	18,854	18,331	17,793	
50	PH 550x550x30/65	841	24,855	24,642	24,389	24,101	23,778	23,422	23,035	22,619	22,174	21,704	21,211	20,695	20,160	19,608	19,041	
51	PH 550x550x30/70	893	26,402	26,176	25,911	25,609	25,270	24,897	24,491	24,054	23,588	23,095	22,577	22,036	21,474	20,893	20,297	
52	PH 600x600x20/30	468	14,237	14,115	13,977	13,825	13,661	13,476	13,265	13,037	12,793	12,535	12,264	11,981	11,687	11,382	11,069	
53	PH 600x600x20/35	526	16,007	15,874	15,725	15,562	15,389	15,190	14,961	14,713	14,449	14,169	13,874	13,566	13,245	12,913	12,571	
54	PH 600x600x20/40	584	17,777	17,635	17,476	17,305	17,125	16,896	16,647	16,379	16,092	15,788	15,468	15,133	14,784	14,423	14,050	
55	PH 600x600x25/45	667.5	19,745	19,596	19,433	19,250	19,024	18,774	18,502	18,209	17,895	17,562	17,212	16,845	16,463	16,068	15,660	
56	PH 600x600x25/50	725	21,453	21,298	21,130	20,931	20,692	20,427	20,138	19,827	19,494	19,141	18,768	18,378	17,972	17,551	17,116	
57	PH 600x600x25/55	782.5	23,162	23,002	22,830	22,604	22,348	22,066	21,758	21,426	21,070	20,693	20,296	19,879	19,445	18,995	18,531	
58	PH 600x600x30/60	864	25,582	25,413	25,199	24,944	24,659	24,343	23,999	23,628	23,232	22,810	22,367	21,902	21,418	20,916	20,398	
59	PH 600x600x30/65	921	27,280	27,107	26,873	26,604	26,304	25,971	25,609	25,218	24,800	24,356	23,888	23,398	22,887	22,357	21,810	
60	PH 600x600x30/70	978	28,979	28,802	28,559	28,281	27,969	27,624	27,248	26,842	26,408	25,947	25,461	24,951	24,419	23,868	23,299	
61	PH 650x650x25/50	787.5	23,359	23,206	23,038	22,857	22,644	22,394	22,120	21,824	21,507	21,170	20,814	20,440	20,049	19,642	19,222	
62	PH 650x650x25/55	850	25,218	25,059	24,884	24,700	24,468	24,204	23,915	23,602	23,267	22,911	22,534	22,138	21,725	21,294	20,849	
63	PH 650x650x30/60	939	27,863	27,693	27,509	27,282	27,015	26,720	26,397	26,048	25,675	25,277	24,856	24,415	23,953	23,473	22,976	
64	PH 650x650x30/65	1001	29,710	29,535	29,347	29,096	28,815	28,503	28,163	27,795	27,401	26,981	26,537	26,071	25,584	25,077	24,552	
65	PH 650x650x30/70	1063	31,558	31,380	31,184	30,924	30,632	30,308	29,955	29,572	29,162	28,726	28,264	27,779	27,271	26,743	26,196	
66	PH 700x700x30/50	880	26,153	26,000	25,827	25,640	25,434	25,183	24,908	24,611	24,292	23,952	23,592	23,213	22,817	22,404	21,975	

A2.11 BH / POS-H형강의 설계압축강도 표 (하중저항계수설계법) : KDS 14 31 10 ; 2017

SM355

$E = 210,000\,MPa,\ G = 81,000\,MPa,\ \phi_c = 0.9$: $KL_x = KL_y$

번호	부재 치수	단면적	허용 계수 축하중 ; $P_u = \phi_c P_n$ (kN)															비고
		(cm^2)	2.5m	3.0m	3.5m	4.0m	4.5m	5.0m	5.5m	6.0m	6.5m	7.0m	7.5m	8.0m	8.5m	9.0m	9.5m	
67	PH 700x700x30/55	947	28,149	27,988	27,809	27,616	27,395	27,131	26,842	26,528	26,192	25,833	25,453	25,054	24,635	24,199	23,746	
68	PH 700x700x40/60	1072	31,866	31,689	31,494	31,247	30,968	30,659	30,321	29,955	29,562	29,144	28,701	28,236	27,748	27,240	26,713	
69	PH 700x700x40/65	1138	33,834	33,651	33,452	33,196	32,906	32,584	32,233	31,853	31,444	31,009	30,548	30,063	29,555	29,026	28,477	
70	PH 700x700x40/70	1204	35,803	35,615	35,404	35,134	34,830	34,494	34,126	33,727	33,300	32,844	32,361	31,853	31,321	30,766	30,190	
71	PH 800x800x30/50	1010	30,112	29,970	29,807	29,627	29,430	29,221	29,000	28,753	28,468	28,163	27,840	27,498	27,139	26,763	26,371	
72	PH 800x800x30/55	1087	32,411	32,260	32,089	31,900	31,695	31,478	31,252	30,979	30,678	30,356	30,014	29,652	29,272	28,874	28,460	
73	PH 800x800x40/60	1232	36,733	36,564	36,374	36,165	35,942	35,666	35,362	35,033	34,679	34,301	33,899	33,475	33,029	32,562	32,076	
74	PH 800x800x40/65	1308	39,003	38,827	38,629	38,415	38,183	37,895	37,580	37,237	36,868	36,473	36,054	35,611	35,146	34,659	34,152	
75	PH 800x800x40/70	1384	41,273	41,090	40,886	40,667	40,427	40,128	39,800	39,444	39,060	38,650	38,214	37,754	37,270	36,764	36,236	

A2.12 Double Web H / POS-ㅍ형강의 설계압축강도 표 (하중저항계수설계법) : KDS 14 31 10 ; 2017

SN355

$E = 210{,}000\,MPa,\ G = 81{,}000\,MPa,\ \phi_c = 0.9 \quad : KL_x = KL_y$

번호	부재 치수	단면적	허용 계수 축하중 ; $P_u = \phi_c P_n$ (kN)															비고
		(cm^2)	2.5m	3.0m	3.5m	4.0m	4.5m	5.0m	5.5m	6.0m	6.5m	7.0m	7.5m	8.0m	8.5m	9.0m	9.5m	
1	PII 400x400x15/15	231	7,087	6,961	6,815	6,651	6,470	6,273	6,063	5,840	5,608	5,367	5,120	4,868	4,614	4,359	4,104	
2	PII 400x400x15/20	268	8,234	8,093	7,930	7,746	7,543	7,322	7,085	6,835	6,572	6,300	6,021	5,735	5,447	5,156	4,866	
3	PII 400x400x15/25	305	9,378	9,220	9,038	8,832	8,604	8,357	8,091	7,810	7,516	7,211	6,896	6,576	6,251	5,923	5,596	
4	PII 400x400x20/30	376	11,552	11,355	11,126	10,868	10,583	10,272	9,940	9,589	9,221	8,839	8,447	8,047	7,642	7,234	6,827	
5	PII 400x400x20/35	412	12,667	12,455	12,209	11,931	11,623	11,289	10,930	10,551	10,153	9,740	9,316	8,882	8,443	8,001	7,559	
6	PII 400x400x20/40	448	13,784	13,557	13,294	12,996	12,667	12,309	11,926	11,519	11,093	10,650	10,194	9,728	9,256	8,780	8,303	
7	PII 400x400x30/45	546	15,854	15,594	15,291	14,950	14,572	14,162	13,721	13,254	12,765	12,256	11,733	11,198	10,655	10,108	9,561	
8	PII 400x400x30/50	580	16,853	16,581	16,266	15,910	15,515	15,086	14,625	14,136	13,624	13,091	12,542	11,981	11,411	10,836	10,259	
9	PII 400x400x40/60	704	20,442	20,106	19,716	19,276	18,789	18,260	17,691	17,089	16,458	15,803	15,128	14,438	13,738	13,033	12,327	
10	PII 400x400x40/70	768	22,316	21,956	21,538	21,066	20,544	19,975	19,365	18,718	18,040	17,334	16,607	15,864	15,109	14,348	13,585	
11	PII 450x450x15/20	303	9,407	9,289	9,152	8,996	8,822	8,632	8,426	8,207	7,975	7,732	7,479	7,218	6,949	6,676	6,399	
12	PII 450x450x15/25	345	10,716	10,584	10,430	10,254	10,060	9,846	9,615	9,369	9,108	8,835	8,550	8,256	7,954	7,646	7,333	
13	PII 450x450x20/30	426	13,226	13,060	12,867	12,647	12,403	12,136	11,847	11,538	11,212	10,870	10,515	10,147	9,770	9,386	8,996	
14	PII 450x450x20/35	467	14,499	14,317	14,105	13,865	13,597	13,304	12,987	12,649	12,291	11,917	11,527	11,124	10,711	10,289	9,862	
15	PII 450x450x20/40	508	15,779	15,584	15,357	15,099	14,812	14,498	14,158	13,795	13,412	13,009	12,590	12,157	11,712	11,259	10,798	
16	PII 450x450x30/45	621	18,207	17,985	17,725	17,430	17,102	16,743	16,354	15,939	15,500	15,039	14,559	14,063	13,554	13,034	12,506	
17	PII 450x450x30/50	660	19,359	19,126	18,855	18,546	18,203	17,826	17,419	16,984	16,523	16,040	15,536	15,016	14,480	13,933	13,378	
18	PII 450x450x40/60	804	23,562	23,269	22,928	22,540	22,109	21,637	21,127	20,582	20,005	19,401	18,772	18,122	17,455	16,775	16,084	
19	PII 450x450x40/70	878	25,754	25,444	25,083	24,672	24,215	23,714	23,173	22,594	21,981	21,338	20,668	19,975	19,263	18,536	17,796	
20	PII 500x500x20/30	476	14,879	14,736	14,569	14,379	14,166	13,932	13,678	13,405	13,115	12,808	12,486	12,152	11,805	11,449	11,083	
21	PII 500x500x20/35	522	16,316	16,160	15,977	15,768	15,535	15,278	15,000	14,700	14,382	14,046	13,693	13,326	12,946	12,555	12,154	
22	PII 500x500x20/40	568	17,754	17,584	17,385	17,158	16,904	16,625	16,322	15,996	15,649	15,283	14,900	14,500	14,087	13,661	13,225	
23	PII 500x500x30/45	696	20,543	20,352	20,128	19,873	19,587	19,273	18,932	18,565	18,174	17,762	17,329	16,878	16,411	15,929	15,436	
24	PII 500x500x30/50	740	21,842	21,638	21,400	21,129	20,825	20,492	20,129	19,739	19,323	18,885	18,424	17,945	17,448	16,936	16,411	
25	PII 500x500x40/60	904	26,674	26,422	26,127	25,791	25,416	25,002	24,553	24,071	23,557	23,015	22,446	21,853	21,240	20,608	19,961	
26	PII 500x500x40/70	988	29,153	28,877	28,555	28,188	27,777	27,326	26,835	26,308	25,746	25,153	24,532	23,884	23,214	22,523	21,815	
27	PII 600x600x20/30	576	18,151	18,040	17,911	17,763	17,597	17,413	17,212	16,994	16,761	16,512	16,250	15,973	15,684	15,384	15,072	
28	PII 600x600x20/35	632	19,912	19,790	19,647	19,482	19,298	19,094	18,871	18,630	18,371	18,096	17,805	17,498	17,178	16,845	16,500	
29	PII 600x600x20/40	688	21,673	21,539	21,381	21,200	20,997	20,773	20,527	20,262	19,978	19,675	19,355	19,018	18,667	18,301	17,922	
30	PII 600x600x30/45	846	25,169	25,021	24,848	24,650	24,428	24,181	23,912	23,620	23,307	22,973	22,620	22,249	21,861	21,456	21,036	
31	PII 600x600x30/50	900	26,771	26,613	26,427	26,214	25,974	25,709	25,419	25,106	24,769	24,411	24,031	23,633	23,215	22,781	22,330	
32	PII 600x600x40/60	1104	32,834	32,638	32,407	32,143	31,846	31,517	31,158	30,769	30,352	29,908	29,438	28,944	28,427	27,889	27,331	
33	PII 600x600x40/70	1208	35,922	35,704	35,449	35,156	34,828	34,464	34,067	33,637	33,176	32,685	32,166	31,620	31,049	30,454	29,838	

A2.12 Double Web H / POS-ㅍ형강의 설계압축강도 표 (하중저항계수설계법) : KDS 14 31 10 ; 2017

SM355

$E = 210{,}000\,MPa,\ G = 81{,}000\,MPa,\ \phi_c = 0.9 \quad : KL_x = KL_y$

번호	부재 치수	단면적	허용 계수 축하중 ; $P_u = \phi_c P_n$ (kN)															비고
		(cm^2)	2.5m	3.0m	3.5m	4.0m	4.5m	5.0m	5.5m	6.0m	6.5m	7.0m	7.5m	8.0m	8.5m	9.0m	9.5m	
1	PII 400x400x15/15	231	7,087	6,961	6,815	6,651	6,470	6,273	6,063	5,840	5,608	5,367	5,120	4,868	4,614	4,359	4,104	
2	PII 400x400x15/20	268	8,011	7,878	7,724	7,549	7,357	7,147	6,922	6,684	6,435	6,176	5,909	5,637	5,361	5,083	4,805	
3	PII 400x400x15/25	305	9,123	8,975	8,802	8,607	8,391	8,157	7,905	7,638	7,358	7,067	6,768	6,462	6,151	5,838	5,524	
4	PII 400x400x20/30	376	11,239	11,053	10,836	10,592	10,321	10,027	9,712	9,378	9,028	8,665	8,291	7,909	7,522	7,132	6,741	
5	PII 400x400x20/35	412	12,324	12,123	11,890	11,627	11,335	11,018	10,678	10,317	9,939	9,547	9,142	8,728	8,309	7,886	7,462	
6	PII 400x400x20/40	448	13,410	13,195	12,946	12,665	12,353	12,014	11,649	11,263	10,858	10,436	10,002	9,558	9,106	8,651	8,194	
7	PII 400x400x30/45	546	15,854	15,594	15,291	14,950	14,572	14,162	13,721	13,254	12,765	12,256	11,733	11,198	10,655	10,108	9,561	
8	PII 400x400x30/50	580	16,853	16,581	16,266	15,910	15,515	15,086	14,625	14,136	13,624	13,091	12,542	11,981	11,411	10,836	10,259	
9	PII 400x400x40/60	704	20,442	20,106	19,716	19,276	18,789	18,260	17,691	17,089	16,458	15,803	15,128	14,438	13,738	13,033	12,327	
10	PII 400x400x40/70	768	22,316	21,956	21,538	21,066	20,544	19,975	19,365	18,718	18,040	17,334	16,607	15,864	15,109	14,348	13,585	
11	PII 450x450x15/20	303	9,150	9,038	8,908	8,760	8,596	8,416	8,221	8,013	7,793	7,562	7,321	7,072	6,817	6,556	6,291	
12	PII 450x450x15/25	345	10,422	10,297	10,152	9,986	9,801	9,599	9,381	9,147	8,899	8,640	8,369	8,089	7,802	7,508	7,209	
13	PII 450x450x20/30	426	12,864	12,707	12,524	12,317	12,085	11,832	11,558	11,266	10,956	10,631	10,293	9,943	9,584	9,218	8,845	
14	PII 450x450x20/35	467	14,102	13,930	13,730	13,502	13,248	12,971	12,671	12,350	12,011	11,654	11,284	10,900	10,507	10,105	9,696	
15	PII 450x450x20/40	508	15,347	15,163	14,948	14,704	14,432	14,134	13,813	13,468	13,104	12,722	12,323	11,911	11,488	11,055	10,615	
16	PII 450x450x30/45	621	18,207	17,985	17,725	17,430	17,102	16,743	16,354	15,939	15,500	15,039	14,559	14,063	13,554	13,034	12,506	
17	PII 450x450x30/50	660	19,359	19,126	18,855	18,546	18,203	17,826	17,419	16,984	16,523	16,040	15,536	15,016	14,480	13,933	13,378	
18	PII 450x450x40/60	804	23,562	23,269	22,928	22,540	22,109	21,637	21,127	20,582	20,005	19,401	18,772	18,122	17,455	16,775	16,084	
19	PII 450x450x40/70	878	25,754	25,444	25,083	24,672	24,215	23,714	23,173	22,594	21,981	21,338	20,668	19,975	19,263	18,536	17,796	
20	PII 500x500x20/30	476	14,468	14,334	14,176	13,996	13,795	13,573	13,332	13,074	12,798	12,507	12,202	11,884	11,555	11,215	10,868	
21	PII 500x500x20/35	522	15,867	15,719	15,546	15,348	15,128	14,885	14,621	14,337	14,035	13,716	13,381	13,033	12,672	12,299	11,918	
22	PII 500x500x20/40	568	17,265	17,104	16,916	16,701	16,461	16,196	15,909	15,601	15,272	14,925	14,561	14,181	13,788	13,383	12,968	
23	PII 500x500x30/45	696	20,543	20,352	20,128	19,873	19,587	19,273	18,932	18,565	18,174	17,762	17,329	16,878	16,411	15,929	15,436	
24	PII 500x500x30/50	740	21,842	21,638	21,400	21,129	20,825	20,492	20,129	19,739	19,323	18,885	18,424	17,945	17,448	16,936	16,411	
25	PII 500x500x40/60	904	26,674	26,422	26,127	25,791	25,416	25,002	24,553	24,071	23,557	23,015	22,446	21,853	21,240	20,608	19,961	
26	PII 500x500x40/70	988	29,153	28,877	28,555	28,188	27,777	27,326	26,835	26,308	25,746	25,153	24,532	23,884	23,214	22,523	21,815	
27	PII 600x600x20/30	576	17,646	17,542	17,420	17,280	17,123	16,949	16,759	16,553	16,332	16,096	15,847	15,585	15,311	15,026	14,730	
28	PII 600x600x20/35	632	19,359	19,243	19,108	18,953	18,778	18,585	18,374	18,146	17,901	17,640	17,364	17,074	16,771	16,455	16,127	
29	PII 600x600x20/40	688	21,071	20,944	20,795	20,624	20,432	20,220	19,988	19,737	19,467	19,180	18,877	18,558	18,224	17,877	17,517	
30	PII 600x600x30/45	846	25,169	25,021	24,848	24,650	24,428	24,181	23,912	23,620	23,307	22,973	22,620	22,249	21,861	21,456	21,036	
31	PII 600x600x30/50	900	26,771	26,613	26,427	26,214	25,974	25,709	25,419	25,106	24,769	24,411	24,031	23,633	23,215	22,781	22,330	
32	PII 600x600x40/60	1104	32,834	32,638	32,407	32,143	31,846	31,517	31,158	30,769	30,352	29,908	29,438	28,944	28,427	27,889	27,331	
33	PII 600x600x40/70	1208	35,922	35,704	35,449	35,156	34,828	34,464	34,067	33,637	33,176	32,685	32,166	31,620	31,049	30,454	29,838	

A3 단면계수 산정

A3.1 구형 단면

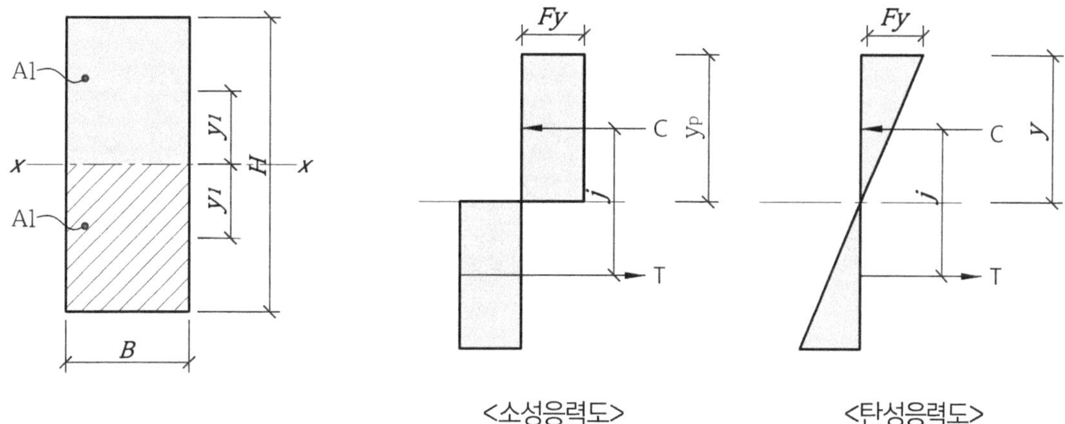

<소성응력도> <탄성응력도>

소성단면계수 산정;

$y_p = H/2 \quad ,C = T = \frac{1}{2} B\, H\, F_y \quad ,j = 2 \times \frac{H}{4} = \frac{H}{2}$

$M_p = (C \text{ or } T) \times j \ = \frac{1}{2} BHF_y \times \frac{H}{2} = \frac{1}{4} BH^2 F_y = Z_x F_y$

$\therefore Z_x = \frac{1}{4} BH^2$ 또는 $Z_x = \sum A_i y_i = 2 \times (\frac{1}{2} BH) \times \frac{H}{4} = \frac{1}{4} BH^2$

탄성단면계수 산정 ;

$y = H/2 \quad ,C = T = \frac{1}{2} B \frac{H}{2} F_y = \frac{1}{4} BH^2 F_y \quad ,j = 2 \times \frac{2}{3} \times \frac{H}{2} = \frac{2}{3} H$

$M_y = (C \text{ or } T) \times j = \frac{1}{4} BH^2 F_y \times \frac{2}{3} H = \frac{1}{6} BH^2 F_y = S_x F_y$

$\therefore S_x = \frac{1}{6} BH^2$

형상계수 ; $S_f = \frac{M_p}{M_y} = \frac{BH^2/4}{BH^2/6} = 1.5$

A3.2 필렛 단면

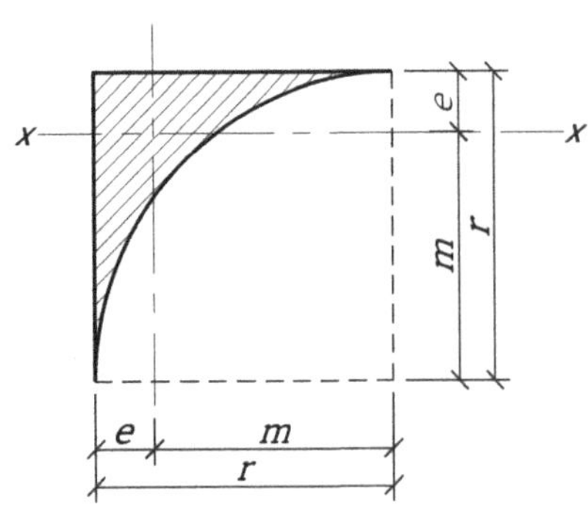

단면중심 ;

$$m = \frac{r}{6(1-\pi/4)} = 0.7766\,r$$

$$e = r - m = 0.2234\,r$$

단면적 및 단면2차모멘트 ;

$$A = (1 - \frac{\pi}{4})r^2$$

$$I_x = (\frac{1}{3} - \frac{\pi}{16} - \frac{1}{36(1-\pi/4)})r^4$$

A3.3 H-형강 단면

(1) X-축

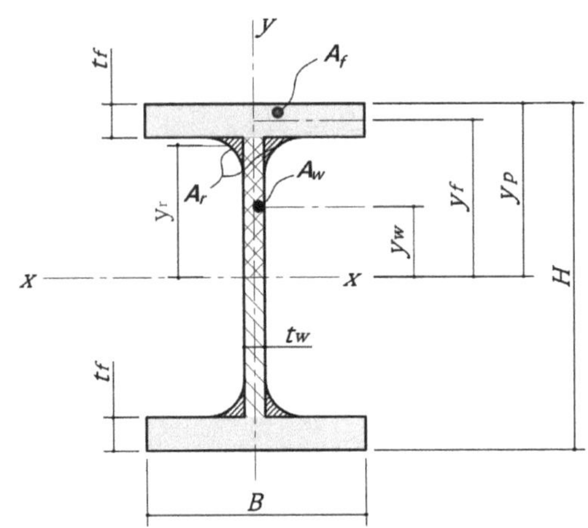

$$y_p = H/2$$

$A_f = B\,t_f$ $\qquad$ $y_f = (H - t_f)/2$

$A_w = (H - 2\,t_f)t_w$ $\qquad$ $y_w = (H - 2t_f)/4$

$A_r = 2r^2(1 - \pi/4)$ $\qquad$ $y_r = 0.5H - t_f - 0.2234r$

$Z_x = 2(A_f\,y_f + A_w\,y_w + A_r\,y_r)$ 또는

$$Z_x = 2(A_f\,y_f + A_r\,y_r) + \frac{1}{4}t_w(H - 2t_f)^2$$

$$= Bt_f(H - t_f) + 4r^2(1 - \pi/4)(0.5H - t_f - 0.2234r) + \frac{1}{4}t_w(H - 2t_f)^2$$

(2) Y-축

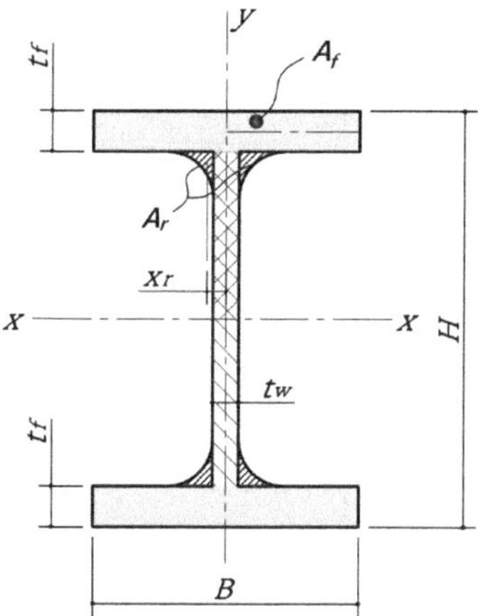

$A_r = r^2(1-\pi/4)$ $\qquad$ $x_r = t_w/2 + 0.2234r$

$$Z_y = \frac{1}{4}[t_f B^2 + (H-2t_f)t_w^2] + 4A_r\, x_r$$

A3.4 ㄱ형강 단면

(1) X-축

소성중립축(y_{pf}) 플랜지 내에 있는 경우

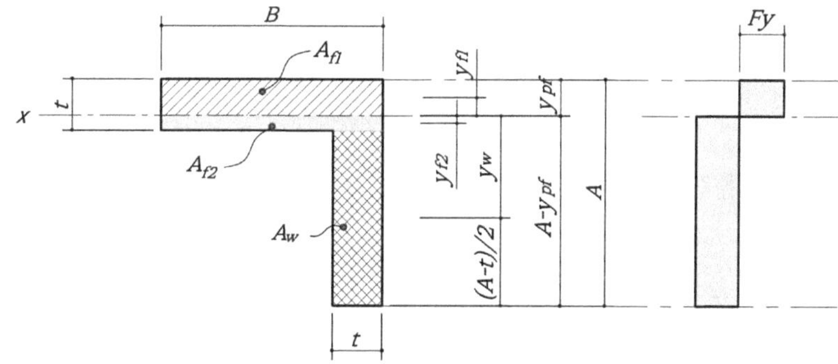

$$y_{pf} = \frac{Bt + (A-t)t}{2B}$$

$A_{f1} = B\,y_{pf}$ $\qquad$ $y_{f1} = y_{pf}/2$

$A_{f2} = B(t-y_{pf})$ $\qquad$ $y_{f2} = (t-y_{pf})/2$

$A_w = (A-t)t$ $\qquad$ $y_w = A/2 - h_{pf} + t/2$

$$Z_x = A_{f1}\,y_{f1} + A_{f2}\,y_{f2} + A_w\,y_w$$

$$= \frac{1}{2}By_{pf}^2 + \frac{1}{2}B(t-y_{pf})^2 + (A-t)t(A/2 - y_{pf} + t/2)$$

(2) X-축

소성중립축(y_{pw}) 웨브 내에 있는 경우

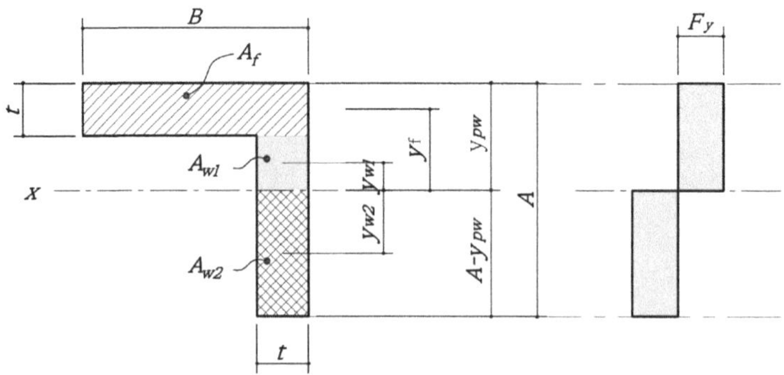

$$y_{pw} = A - \frac{Bt + (A-t)t}{2t}$$

$A_f = Bt$ $\qquad$ $y_f = y_{pw} - t/2$

$A_{w1} = (y_{pw} - t)t$ $\qquad$ $y_{w1} = (y_{pw} - t)/2$

$A_{w2} = (A - y_{pw})t$ $\qquad$ $y_{w2} = (A - y_{pw})/2$

$$Z_x = A_f y_f + A_{w1} y_{w1} + A_{w2} y_{w2}$$

$$= Bt(y_{pw} - t) + \frac{1}{2}(y_{pw} - t/)^2 t + \frac{1}{2}(A - y_{pw})^2 t$$

A3.5. 비대칭I형 단면

(1) X-축

소성중립축(y_{pf}) 플랜지 내에 있는 경우 ; $A_c \geq (A_w + A_t)$인 경우

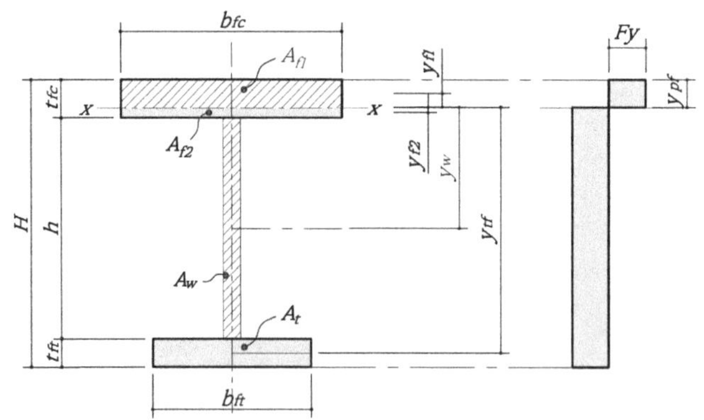

$$y_{pf} = \frac{A}{2b_{fc}}, \quad h = H - (t_{fc} + t_{ft})$$

$A_{f1} = b_{fc} y_{pf}$ $\qquad$ $y_{f1} = y_{pf}/2$

$A_{f2} = b_{fc}(t_{fc} - y_{pf})$ $\qquad$ $y_{f2} = (t_{fc} - y_{pf})/2$

$A_w = t_w h$ $\qquad$ $y_w = (t_{fc} - y_{pf} + h/2)$

$A_t = b_{ft} t_{ft}$ $\qquad$ $y_{tf} = (t_{fc} - y_{pf} + h + t_{ft}/2)$

$$Z_x = A_{f1}\,y_{f1} + A_{f2}\,y_{f2} + A_w\,y_w + A_{tf}\,y_{tf}$$

$$= b_{fc}\frac{y_{pf^2}}{2} + \frac{1}{2}b_{fc}(t_{fc} - y_{pf})^2 + t_w h(t_{fc} - y_{pf} + h/2) + b_{ft}\,t_{ft}\,(t_{fc} - y_{pf} + h + t_{ft}/2)$$

(2) X-축

소성중립축(y_{pw}) 웨브 내에 있는 경우 ; $A_c < (A_w + A_t)$ 인 경우

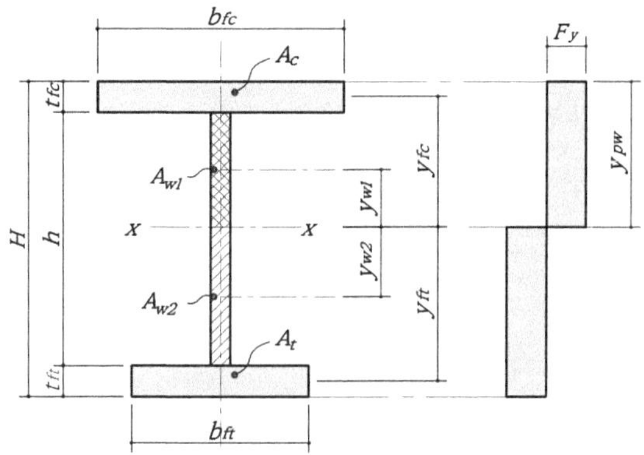

$$y_{pw} = \frac{A - 2A_c}{2t_w} + t_{fc}$$

$A_c = b_{fc}t_{fc}$ $\qquad$ $y_{f1} = y_{pw} - t_{fc}/2$

$A_{w1} = t_w(y_{pw} - t_{fc})$ $\qquad$ $y_{w1} = (y_{pw} - t_{fc})/2$

$A_{w2} = t_w(H - y_{pw} - t_{ft})$ $\qquad$ $y_{w2} = (H - y_{pw} - t_{ft})/2$

$A_t = b_{ft}\,t_{ft}$ $\qquad$ $y_{tf} = (H - y_{pw} - t_{ft}/2)$

$$Z_x = A_c\,y_{f1} + A_{w1}\,y_{w1} + A_{w2}\,y_{w2} + A_t\,y_{tf}$$

$$= b_{fc}t_{fc}(y_{pw} - \frac{t_{fc}}{2}) + \frac{1}{2}(y_{pw} - t_{fc})^2 t_w + \frac{1}{2}(H - y_{pw} - t_{ft})^2 t_w + b_{ft}t_{ft}(H - y_{pw} - \frac{t_{ft}}{2})$$

(3) Y-축

$$Z_y = \frac{1}{4}(t_{fc}b_{fc}^2 + h\,t_w^2 + t_{ft}b_{ft}^2)$$

참고 문헌

건축구조기준 및 해설, 2009, (사)대한건축학회

건축구조기준 및 해설, 2016, (사)대한건축학회

KDS 14 31 05 : 2017 강구조설계 일반사항(하중저항계수설계법)

KDS 14 31 10 : 2017 강구조 부재 설계기준(하중저항계수설계법)

KDS 41 10 05 : 2022 건축구조기준 총칙

KDS 41 30 10 : 2022 건축물 강구조 설계기준

강구조 한계상태설계법, 송현수 2001

철골구조의 설계, 신종순 저

강구조설계규준 및 해설, 1983, 대한건축학회

하중저항계수법에 의한 강구조설계기준, 2009. (사)한국강구조학회

한계상태설계법에 의한 강구조설계 예제집, 2002, 대한건축학회

KBC2009에 따른 강구조내진설계매뉴얼, (사)한국건축구조기술사회

KBC2009 건축구조기준에 따른 내진설계 예제집, (사)한국건축구조기술사회

KBC2009에 따른 강구조 설계예제집, 2009, (사)한국강구조학회, (사)한국건축구조기술사회

하중저항계수법에 의한 강구조설계기준, 2011. (사)한국강구조학회

재료역학, 제2개정판, Gere & Timoshenko

AISC, “Specification for Structural Steel Buildings (ANSI/AISC 360-22)”, 2022

STEEl CONSTRUCTION MANUAL VOL.I,II, AISC, 14Ed. 2011

DESIGN EXAMPLES, Version 14.0, AISC, 2011

STEEL STRUCTURES DESIGN AND BEHAVIOR 4th Ed. harles G. Salmon, John E Johnson

STRUCTURAL STEEL DESIGN, 4th Ed. Macormac

DESIGN OF STEEL STRUCTURES, 3th Ed. Gaylord

THE BEHAVIOUR AND DESIGN OF STEEL STRUCTURES TO EC3 4th Ed. NS Trahair, MA Bradford, DA Nethercot, L Gardner

BUCKLING STRENGTH OF METAL STRUCTURES, Friedrich Bleich

STEEL DESIGNERS' MANUAL, 5th Ed. Graham W. Owens, Peter R. Knowles

STEEL DESIGN BUILDINGS ANALYSIS AND DESIGN 3rd Ed. Stanley W. Crawley, Robert M. Dillon

BASIC STEEL DESIGN with LRFD, Theodore V. Galambos, F.J. Lin, Bruce G. Johnston

“COLUMNS ; FROM THEORY TO PRACTICE”, ENGINEERING JOURNAL, AISC, 26.1 (1st Quarter, 1986)

“BUCKLING OF STEEL ANGLE AND TEE STRUTS”, JOUNAL OF THE STRUCTURAL DIVISION, ASCE,1998, ST11(Nov. 1972)

최창식
한양대학교 공과대학 건축공학부 교수
공학박사
건축구조기술사

박무용
(주) 한국건설공법
건축구조기술사
전, 한국중공업

황기수
(주) 한국건설공법
건축구조기술사
전, 한국중공업

이병희
(주) C.F.T
공학박사

강구조 압축재 설계 매뉴얼

2023년 9월 15일 1판 1쇄 발행
2023년 12월 5일 1판 2쇄 발행

저 자	최 창 식, 황 기 수, 이 병 희, 박 무 용
발 행 인	강 해 작
발 행 처	기 문 당
주 소	서울시 성동구 무학봉 28길 4-1
전 화	02) 2295-6171(代)~5
팩 스	02) 6971-8188
출판등록	1976. 10. 7(1-44)
홈페이지	http://www.kimoondang.com
I S B N	978-89-6225-374-0 93540